小さな会社の
FileMaker
データベース作成・運用ガイド
Pro 15/14 対応

富田宏昭 著

本書内容に関するお問い合わせについて

本書に関するご質問、正誤表については、下記の Web サイトをご参照ください。

正誤表　　　　http://www.shoeisha.co.jp/book/errata/
刊行物 Q&A　　http://www.shoeisha.co.jp/book/qa/

インターネットをご利用でない場合は、FAX または郵便で、下記にお問い合わせください。

〒160-0006　東京都新宿区舟町5
（株）翔泳社 愛読者サービスセンター
FAX 番号：03-5362-3818
電話でのご質問は、お受けしておりません。

※本書に記載された URL 等は予告なく変更される場合があります。
※本書の出版にあたっては正確な記述につとめましたが、著者や出版社などのいずれも、本書の内容に対して何らかの保証
　をするものではなく、内容やサンプルに基づくいかなる運用結果に関してもいっさいの責任を負いません。
※本書に掲載されているサンプルプログラムやスクリプト、および実行結果を記した画面イメージなどは、特定の設定に基
　づいた環境にて再現される一例です。
※本書に記載されている会社名、製品名はそれぞれ各社の商標および登録商標です。
※本書の内容は、2016 年 8 月執筆時点のものです。

はじめに

　本書は、マルチプラットフォームデータベース「FileMaker」を使い、業務アプリケーションを開発するために必要な知識を基本的な操作から解説した入門書です。
　次の方を対象読者として書かれています。

・初めてFileMakerアプリケーションを製作する初心者
・時間や予算が限られている中で、業務アプリケーション開発の体系的な知識と開発ノウハウを習得したいIT担当者
・システムに業務を合わせるのではなく、業務にシステムを合わせることを目標にする開発者

　FileMakerは直感的な操作感を持ちながら、作り手の自由な発想をそのまま形にできる、学習コストの低さと柔軟性が強みの総合アプリケーションプラットフォームです。個人での集計・統計用ツールから、部門間レベルの業務アプリケーションまで幅広いニーズに対応できます。FileMakerを採用することで、予算を抑えながら、業務の変革に耐える、柔軟性に富んだ業務アプリケーションをスピーディに実現できるようになるでしょう。
　しかし、業務の変革に耐えるアプリケーションを開発するには、FileMakerの使い方をただ覚えるだけでは実現できません。システムで実現したい業務の問題や課題を洗い出し、ピンポイントで改善策を講じる設計の力と、FileMakerでどのように構築するかという知識と訓練が必要です。
　また、非常に高い自由度を持つFileMakerですが、ときとしてそれは弱点を持つアプリケーションの開発につながります。FileMakerの基礎を知らないまま、やみくもに開発を進めてしまうと、気付かないうちに保守性や信頼性に欠ける業務アプリケーションができあがってしまうでしょう。
　本書では一貫して「実際の業務にシステムを合わせること」に重きを置いています。FileMakerの使い方に留まらず、仮想のシナリオを元に業務の効率化を目指すための考え方と、FileMakerでどのように業務を実現するかを段階を追って解説していきます。情報システム設計の基礎知識をはじめ、FileMakerで業務アプリケーションを開発する際の注意点や開発ノウハウを余すことなく網羅しました。
　FileMakerの基礎的な機能はもちろん、外部Webサービスとの連携方法、iOSデバイスとの連携といったFileMakerの高い拡張性・機能性を活かし、実践レベルで役立つ業務アプリケーションの構築方法を学習・理解できるように工夫を凝らしました。
　本書が読者の皆様にとって、業務アプリケーション開発のヒントと、FileMakerの楽しさを知るきっかけになれば幸いです。

2016年8月吉日
富田宏昭

CONTENTS

Interview **FileMaker業務システムの開発事例** ……………………… 007

Chapter 1 社内の業務を効率化するデータベースシステムとは …… 015

- 01 FileMakerとスマートフォンで実現！営業からデータ管理まで ……………… 016
- Column WebDirect で Web にも対応 ……………………………………………… 019
- 02 業務を「効率化」するときに必要な考え方 …………………………………… 021
- 03 実際の業務が非効率である原因を知る ………………………………………… 023
- 04 システム開発フローの実現 ……………………………………………………… 029
- Column 工数の算出法 ……………………………………………………………… 033
- +αプラスアルファ 課題発見に役立つ手法 ……………………………………… 034
- Column ブレインストーミングの注意点 ………………………………………… 035
- 05 「業務にシステムを合わせる」と考える ……………………………………… 037
- 06 変化に対応できるシステム作り ………………………………………………… 039

Chapter 2 社内業務を効率化するデータベース設計に必要な考え方 ……………………………………………… 043

- 01 既存の業務がどのようになっているかを分析する …………………………… 044
- 02 データと業務の流れを知る ……………………………………………………… 046
- 03 業務の処理やデータの整理で業務を改善する方法とは ……………………… 048
- Column 正規化のルール …………………………………………………………… 053
- 04 FileMakerでデータベースシステムを開発する際の注意 …………………… 054
- Column グローバルフィールド …………………………………………………… 056

Chapter 3 かんたんFileMakerデータベース講座 ……………………… 057

- 01 FileMakerに触ってみよう ……………………………………………………… 058
- 02 リレーションの組み方 …………………………………………………………… 066
- 03 イベント処理の方法 ……………………………………………………………… 074

04 ファイルの分離 ······ 076
[Column] AES256を使用したファイル暗号化 ······ 078
05 画面遷移の設計 ······ 081
06 例外処理とは ······ 084
07 ネットワーク共有による共同利用 ······ 087
[Column] バックアップは万全に ······ 094

Chapter 4 顧客管理システムを作る ······ 095

01 顧客管理システムの概要 ······ 096
02 単一テーブルでデータを整理する ······ 099
[Column] 表記ゆれとは ······ 102
03 顧客データの取り込みと編集 ······ 103
04 フィールドの追加、実データ投入 ······ 108
[Column] フィールドピッカー ······ 109
05 郵便番号を用いた住所情報自動入力 ······ 113
[Column] スクリプト本文の見方 ······ 125
06 WebビューアでGoogle Mapsと連携する ······ 130
[Column] 迷ったときはマニュアルを！ ······ 134

Chapter 5 営業データ管理システムを作る ······ 135

01 営業データベースで必要な情報の見方 ······ 136
02 営業データベースを設計する ······ 140
03 営業活動管理システムを作成する ······ 147
04 インスペクタを利用したユーザインターフェイスの変更 ······ 157
05 期間内での営業成績をグラフ化する ······ 171
[Column] スクリプト内でレイアウトを切り替えるには ······ 175
[Column] グラフの見た目にだまされないように ······ 189
+α プラスアルファ より効率良くデータの入力をするために ······ 190

005

Chapter 6 iPhone/iPadと連動したデータ管理システムを作る … 191

- 01 PCとモバイルデバイスに対応する画面を作る … 192
- 02 FileMaker Goの使い方 … 201
- 03 メディアファイルの作成・連携 … 213
- 04 GPSとWebビューアで、地図上に情報を表示 … 219
- Column Webビューアを利用する場合の注意点 … 226
- 05 URLスキームを使ったテクニック … 227

Chapter 7 見積&請求書管理システムを作る … 233

- 01 システムの概要と税率 … 234
- 02 フラグ管理とテーブル最適化、画面遷移設計 … 239
- 03 見積書の入力UI作成 … 248
- 04 見積書帳票の作成、印刷・PDF化 … 265
- 05 請求書の入力UI作成 … 275
- 06 既存システムに対する改修 … 291

index … 301

Interview

FileMaker業務システムの開発事例

FileMakerシステムを実際に開発・使用している事例をご紹介します。

01 膨大な量のデータを一元で管理!

不動産業務を行っている株式会社ベストラインでは、毎日追加・変更される物件情報に加え、お客様の個人情報などの膨大な量のデータを、FileMakerシステムで管理しています。

店頭の様子

会社名 株式会社ベストライン

URL http://e-bestline.jp/

会社概要 福井県内の不動産売買および住宅ローンコンサルティング業務を行う会社。地域密着型の営業活動を展開している。

01 FileMakerシステムで行っている業務の内容は?

常時1,400件を超える販売中の物件の管理と、買主と売主の顧客管理がメインです。特に物件は、毎日追加／変更されるものに加え、1万件を超える過去の物件も蓄積し管理しています。ほかに、契約管理、入金管理、領収証発行や、組織として管理する住所録も自社で開発して利用しています。

02 システムの操作は難しくないですか?

難しくはないです、すぐに慣れます。営業担当とデータ入力者とを分け、営業担当者には営業に集中してもらうため営業に関する操作は複雑にせず（あえて機能を増やさず）、操作に戸惑う要素を減らすなど、運用上の工夫もしています。

03 システムを導入しようと思ったきっかけは?

以前は物件管理に3種類のソフトを利用し、同じデータを3回入力していました。顧客と物件のマッチング用ソフト、HP公開用ソフト、物件情報を載せたシートを作成するためのExcelの3種類です。システム導入の目的は、これらを一元化することにありました。

04 FileMakerを選んだ決め手は?

開発が容易で短期間に実効性のあるシステムを開発できる点と、複数のユーザが同時にアクセスしても安全にデータを共有できる点。iPhone／iPadからのアクセスも容易な点。また、システムの維持を考えると、社内開発者を比較的短期間で育成できる点も考慮しました。

05 システム開発で印象に残っていることは?

売主管理のシステムを3週間で開発、その後次々と機能を追加していき、「小さく始めて大きく育てる」を実現できたことです。機能の追加／変更が容易なため、ユーザの要望を受けてから簡単なものなら早くて数時間で実装できたことが印象深いですね。

06 開発の前に確認しておけば良かったという点は?

あるシステムでは開発がかなり進んだ段階で業務が変更になり、時間的に難しかったため変則的な方法で対応したことがあります。ユーザも想定していない将来の仕様変更の可能性を確認できておくと良かったと思います。

07 システムの導入で業務に変化はありましたか?

以前は、煩雑なペーパーワークや重複するデータ入力など、多くの非効率な作業に業務時間を割いていました。システム導入後は、ペーパーワークは格段に減り、データ入力も省力化でき、また、多くの業務をシステムの中で完結できる状態に近づきました。

02 現場とデスクをFileMakerシステムで結ぶ!

軟包装グラビア印刷会社のユニオングラビア株式会社では、現場と社内との連携をFileMakerシステムを使用して実現しています。

ユニオングラビア株式会社の社屋

会社名 ユニオングラビア株式会社

URL http://www.union-gr.co.jp/

会社概要 食品、雑貨、DM用フィルムの印刷を専門とする軟包装グラビア印刷会社。

01 FileMakerシステムで行っている業務の内容は?

現場の作業実績、検品実績、受注管理システムから取得したデータを用いたスケジュール作成、残紙管理を行っています。また、FileMaker GoとiOSアプリケーションを連携することで工程管理用のラベルを印刷しています。

02 システムの操作は難しくないですか?

旧環境(FileMaker 11とインスタントWeb公開)で構築していた当時は操作に慣れてもらうことに時間がかかりましたが、現環境(FileMaker 14とiPad)に変更してからはスマートフォンで画面を指で操作することに慣れている人が多かったことから、直感的に利用できるということで操作は簡単になりました。

03 システムを導入しようと思ったきっかけは?

私が検品作業で使っていた検品実績を営業担当に見せて利便性をアピールしたことで、現場で使ってみようという意見をもらえ、FileMaker 11とインスタントWeb公開を利用した環境でシステムに印刷実績を追加した形で構築。結果、評判が良かったことで現在のFileMaker 14とiPadを導入する流れになりました。

04 FileMakerを選んだ決め手は?

部長との昼休みの雑談の中で「取引先でFileMakerを使っているがうちでも使えないか?」と言う一言からでした。

05 システム開発で印象に残っていることは?

新しい環境でラベル印刷の問題が発生したとき、ネットで見かけた企業様のブログ記事で開発途中のiOSアプリケーションが、まさに抱えていた問題を解決できるものだと直感し、さっそく問い合わせしたことで最終的に製品版をリリースするきっかけになれたことです。また、iOSアプリケーションは2015年のFileMakerカンファレンスで出展されました。

06 システムの導入で業務に変化はありましたか?

現場の作業状況を事務所からも把握できるようになったこと、ラベル印刷を行うことで製品に手書きしていた品名や数量の書き漏れがなくなったことです。また、クレーム発生時の過去履歴の確認や実績集計でいままでできなかった改善や対策を立てられるようになりました。

Interview / FileMaker業務システムの開発事例

03 顧客管理が断然楽に!

オーダースーツの専門店の吉田スーツでは、顧客一人一人の細かな情報をFileMakerシステムを利用して把握することで、レベルの高いサービス提供に努めています。

店内の様子(吉田スーツ下北沢店)

会社名 吉田スーツ
眼鏡専門店 YAMASEN

URL 吉田スーツ
http://www.yoshida-suit.com
眼鏡専門店 YAMASEN
https://www.yamasen.co.jp

会社概要 都内に三店舗を構えるオーダースーツの専門店、吉田スーツ。FileMakerシステム開発を担当したのは眼鏡専門店YAMASEN。

01 FileMakerシステムで行っている業務の内容は?

お客様のデータの管理を行っています。紙媒体で保存しているお客様の型紙データを写真に撮って購入履歴の情報とリンクさせたり、DMやバースデーカードを出す際に住所や年齢などを一覧にしたり、絞り込みを行う際に使用しています。

02 システムの操作は難しくないですか?

最初はかなり難しそうな印象がありましたが、直感的に使用できるため、容易に操作できます。

03 システムを導入しようと思ったきっかけは?

お客様の好みとその傾向を知るためです。お客様にオリジナルのスタイルや、イベントなどを紹介するDMを送る際に、年齢や最終の来店履歴、スーツを普段よく着用するかどうかなどで絞り込みをかけて、お客様に最適の情報をお知らせできると考えたからです。

04 FileMakerを選んだ決め手は?

顧客管理の新しい方法を模索しているときに、FileMakerの評判を耳にし、さらに友人の堀部様(YAMASEN店長)からおすすめされたことが決め手になりました。弊社のFileMakerのシステム開発は堀部様に行っていただきました。

05 システム開発で印象に残っていることは?

モバイルソリューションFileMaker Goです。店舗内WifiネットワークのiPadから簡単にホストのデータにアクセスできることが印象に残っています。採寸情報などをiPadのカメラで撮影し、画像データとして登録するといった活用が簡単に実現できました。

06 システムの導入で業務に変化はありましたか?

顧客管理が断然楽になりました。紙の場合だと劣化や破損などで大切な情報を失う可能性もありますが、データとして保存することによりそのリスクが減り、安心できるようになりました。

07 今後検討していることはありますか?

今後は、現在3店舗ある店舗間でVPNを利用して本店のホストPCのFileMakerにアクセスするシステムを検討しています。

※質問1〜4、7は吉田スーツ、質問5、6はYAMASENが回答

04 FileMakerシステムをフル活用!

ビートルズのファンクラブ「ザ・ビートルズクラブ」では、その利便性から、基幹システムの100% FileMakerシステム化を目指しています。

組織名 ザ・ビートルズクラブ

TEL 03-5453-2700

iPadと連携させることで倉庫内でも大活躍

組織概要 ビートルズが生んだ音楽・文化を継承し、創造的に発展させていくことを目指して活動するファンクラブ。ビートルズが来日した1966年に設立。

01 FileMakerによる開発を始めたきっかけは?

ODBCにFileMakerが対応したことです。ファンクラブの基幹システムに使用されているVBとOracleとの連携が容易になったので、基幹システムを補完する目的で本格的に導入が進みました。

02 FileMakerシステムで行っている業務の内容は?

基幹システムの商品マスタと連携しながら、常時1,000点超えるグッズの在庫管理をすべてFileMakerで行っています。また、コンサートチケットの発送業務にバーコードリーダーを活用することにより、敏速で正確な発送を行えています。

03 FileMakerによる開発で便利な点は?

PDCAという言葉で言うと、DA（実行→改善）の素早いサイクルが実現できる点ですね。システムに改善すべきことを、朝に社員が気が付いたとします。すると、昼には改善され、午後にはシステムに組み込まれ、通常業務の一部として使用できます。

04 FileMakerのシステム開発で多いニーズは?

基幹システムの修正や機能追加です。基幹システムを修正すると、それなりの期間と予算がかかってしまいますが、FileMakerを使用することにより短期間でコストもほとんどかからずに、基幹システムにはない機能を追加できます。Oracleとの連携に加えて、開発の容易さがあるFileMakerだからこそ、社内のシステムを合理化できています。

05 iPhoneやiPadと連携したシステムの開発は?

在庫管理システムで使用しています。倉庫内作業でiPadとBluetoothのバーコードリーダーが活躍しています。デスクワークをしている担当者が、MacやPCで出入庫指示を出します。すると倉庫担当のiPad上には、その指示に加えて、該当する商品が倉庫内のどこにあってどこに収めるかが表示されます。その指示に従って、バーコードリーダーを使ってピッキングや荷受けをすると瞬時に在庫がシステムに反映されます。iPadを使用することにより出荷ミスがまったくと言って良いほどなくなりました。

06 システムの導入で業務に変化はありましたか?

社内の情報共有が容易に、そして、素早くできることになったことが評価されています。倉庫担当者からは、ピッキングが容易になったことで、とても喜ばれています。いまでは繁忙期に入ってくるアルバイトが、まったく商品知識がないにも関わらず、iPadの使用方法を5分程度説明するだけで、普通にピッキング作業を行っています。

07 今後検討していることはありますか?

今後基幹システムをすべてFileMakerに移行することです。システムの100%がFileMakerになることによって、さらなる合理化が進むので、想像するだけで楽しみでなりません。インターネット上のSQLサーバとの連携や決済代行会社とのシステム連携も可能と検証されたので、全システムをFileMaker化することが可能です。

Interview

05 フルカスタマイズの業務システムを開発!

オープンソースソフトウェアで各企業に最適なシステムを届ける株式会社キクミミ。企業文化と業務に合わせたフルカスタマイズの業務システムの開発には、FileMakerの利用が欠かせません。

FileMaker業務システムの開発事例

会社名 株式会社キクミミ
URL http://www.kiku33.com/

事業概要 キクミミはFileMakerやオープンソースソフトウェアで、あるいは連携させながら企業のさまざまな業務のためのシステム開発や環境構築を行っている。

01 FileMakerによる開発を始めたきっかけは?

Windows環境で、VBとAccessを開発ツールに使っておりましたがMac OSとWindowsの両方の環境に対応させるシステム開発を行う際にFileMakerの存在を知りました。開発効率の高さに驚きました。

02 御社で得意としている業務システムは?

独特であったり複雑であったりするワークフローを持つ企業の仕組みを見ると燃えます。FileMakerは単独使用、部門使用、さらにカスタムWebと組み合わせて全社横断や社外公開なども設計次第で拡大できる可能性を持っています。
現在キクミミではカスタムWebのナレッジを使って、他のオープンソースソフトウェアと組み合わせて集計・統計処理の高速化を実現する手法を確立させようとしています。

03 FileMakerによる開発で便利な点は?

発想、設計、実装、運用までのスピードが早いことです。そして業務の変化に対して柔軟であることでしょうか。もちろんいくつかの条件はあると思いますが企業の業務の変化についていける業務システムの開発基盤として優秀であると思います。

04 FileMakerのシステム開発で多いニーズは?

弊社の場合、何らかの理由で既製品業務システムの採用を断念したお客様からの依頼が多いのですが、「運用後は改修を可能な限り内製化したい」「テーブル構造を整理してほしい」といった運用を重視し土台とルールを構築してほしいというご要望が多いのが特徴だと思います。

05 iPhoneやiPadと連携したシステムの開発は?

社内でも社外でも同様の業務を行えることが現在では必要要件となっています。これを満たす道具としてFileMaker GoやWeb Direct、カスタムWeb公開がありますが、弊社はその道具にこだわりはありません。お客様が目指すゴールに一番早く到達できる方法を実現するだけです。

06 FileMakerによる業務開発で印象に残ったものは?

弊社が業務システムの基盤整備を行った企業の話ですが、数年ぶりにバージョン更新の件で伺ったときのことです。納品したシステムを中心に派生した仕組みが多数稼働しているのを見せてもらいました。ユーザさん達が独力で作り上げていったそうです。中には非常に高度な技術レベルのものもあり驚いたのですが、システムは業務とユーザによって育っていくものだということを改めて実感しました。

07 FileMakerによる業務システムを納品されたお客様の反応は?

とりあえず運用できるシステムをFileMakerで構築し、業務フローを検証しつつ改修、業務が固まったらより堅牢かつ高速な基盤に移植というのは、弊社ではよくある手法なのですが、お客様がFileMakerを手放そうとしない。業務の変化に素早くシステムがついてこれることを知ってしまうからです。目論見通りにはなりませんが、FileMakerを紹介して良かったとと思える瞬間です。

08 今後どのようなFileMakerによる業務システムを開発される予定ですか?

弊社は、お客様の企業文化と業務を中心にフルカスタマイズの業務システムを作る会社です。私達のものづくりがお客様の業務システムに対する期待を超えていけるように、FileMakerという道具と組み合わせて使うさまざまな技術を絶えず磨いています。

本書で扱うFileMaker業務アプリケーションと本書の解説方法について

FileMakerを利用した業務アプリケーションの作成について

本書では、業務アプリケーション開発にFileMakerを利用しています。業務に役立つサンプルアプリケーションの実際の作成手順のほか、システムで実現したい業務の問題や課題を洗い出すための情報システム設計の基礎知識についても解説しています。

手順の詳細はポイントとして丁寧に解説していますので、初めてFileMakerを使用する方でも無理なくシステムを作成できます。

情報システム設計の基礎知識

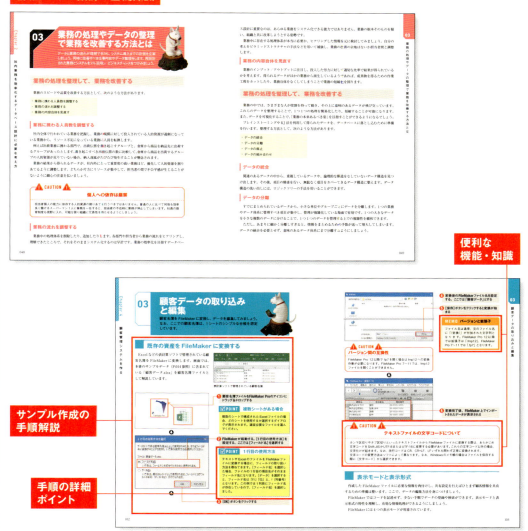

便利な機能・知識

サンプル作成の手順解説

手順の詳細ポイント

本書のサンプルと対応バージョンについて

本書のサンプル

本書のサンプルは右のURLからダウンロードして利用できます。

●サンプルのダウンロードサイト
URL http://www.shoeisha.co.jp/book/download

本書のサンプルの構成は図の通りです。各Chapterのフォルダには、そのChapterの開始前のデータ「着手前」と、終了後のデータ「完成」が入っています。詳しくはサンプルの「README.txt」をご覧ください。

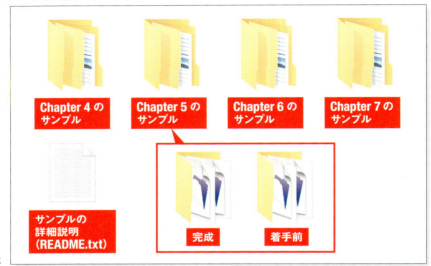

本書のサンプル構成

FileMakerの対応バージョン

本書の解説ならびにサンプルの作成はFileMaker Pro 15をベースにしています。バージョンによって操作方法が異なる場合は、その都度メモや注釈を入れています。

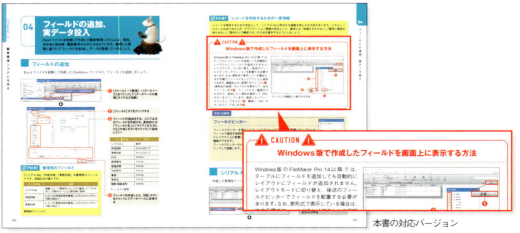

本書の対応バージョン

Chapter 1

社内の業務を効率化するデータベースシステムとは

効率化を目指した業務システムの構築や刷新を図るには、データベースにおける基礎知識はもちろんのこと、いまの業務を深く理解し、関係者同士で議論を重ねることが必要不可欠です。本書では業務の効率化に必要な考え方と、FileMaker Pro を使用した業務システムを構築する方法ついてご紹介します。

01 FileMakerとスマートフォンで実現！営業からデータ管理まで

はじめにFileMakerの特徴とラインナップ、データ連携について説明します。

FileMakerとは

FileMakerとは、WindowsとMac OS X（Mac OS Xは2016年秋に「macOS」と名称が変更になる予定）上で動作する、データベースとインターフェイスの統合型リレーショナルデータベースです。執筆時点におけるFileMakerのプロダクトは、次の種類が用意されています。

プロダクト	内容
FileMaker Pro	WindowsとMac OS X上で動作するクライアントソフトウェア
FileMaker Pro Advanced	FileMaker Proの上位ソフトウェア。開発者向け
FileMaker Server	FileMakerファイルをホストするためのサーバソフトウェア。中規模〜大規模向け
FileMaker Go for iPad & iPhone	iOSを搭載したiPhone/iPod touch/iPad上で動作するクライアントソフトウェア

FileMakerプラットフォーム

> **MEMO　FileMakerプロダクトのバージョン変移**
>
> FileMaker 12以前までは、FileMaker Server Advancedと呼ばれるFileMaker Serverの上位プロダクトが存在していました。エンタープライズ向けの機能は、FileMaker Server Advancedでのみ提供されていましたが、FileMaker 13以降では、すべての機能がFileMaker Serverに統合されています。

　もともとFileMakerはMac OS上で動作する、カード型のデータベースでした。2004年発売のFileMaker Pro 7で、本格的なリレーショナルデータベース機能が搭載されました。バージョンを重ねるにつれて、OracleやMySQL、PostgreSQLなどとの連動、Webアプリケーションとの連携、モバイルデバイスへの対応がなされました。今日では、マルチプラットフォーム上で動作する、強力なデータベース開発環境の1つとなっています。

　FileMakerの特徴は、プログラミングの知識や学習なしに、簡単にデータベースを使用したアプリケーションが開発できることです。グラフィカルなユーザインターフェイス（GUI）上ですべてのアプリケーション開発が完結します。通常、データベースを使用したアプリケーションでは何らかのプログラミング言語を学習し、SQLなどによるデータベースの問い合わせ手順の習得が必要になります。

　FileMakerでは、データベースやリレーションの定義から、画面の設計のすべてを簡単な操作で行うことができます。特別なプログラミング言語の学習は必要ありません。また、外部ソフトウェアやデー

タベースとの連携や、複雑なデータ処理を一括で行うためのスクリプト機能も用意されています。業務の小規模から大規模なものまで、可用性・汎用性の高いアプリケーションを構築できます。

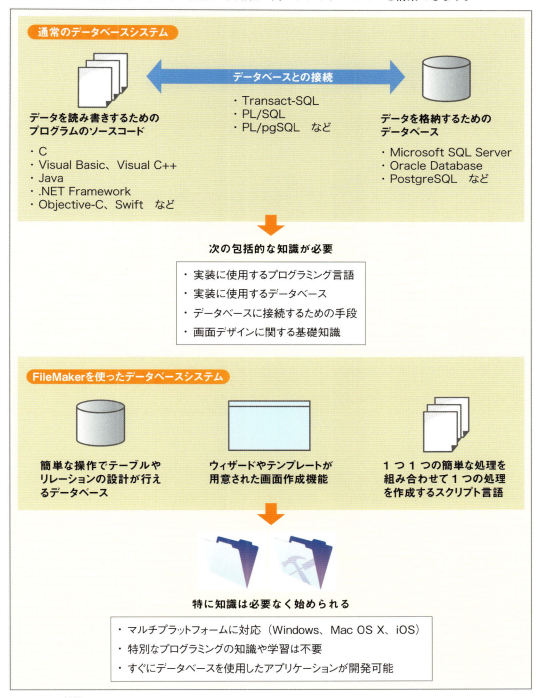

FileMakerの特徴

なぜ FileMaker を選ぶか

　限られた時間・人員・予算の中で、業務にシステムを追従させることが可能なプラットフォームとして、FileMaker を選ぶ理由には次のものがあります。

- ライセンスフィーの圧縮
- 習得コストの圧縮
- 作り手へのやさしさ
- ファイルフォーマット対応
- 拡張性の高さ
- 保守の容易さ

ライセンスフィーの圧縮

　FileMaker Pro のライセンスは、1 ライセンスあたり 38,000 円（税抜価格）です。一般的なパッケージシステムは、安くても 1 ライセンスあたり数十万円。高いものでは数百万円規模になります。機能の豊富さを考えると非常に安価です。

　また、パッケージシステムを自社の業務に合わせようとすると、ライセンス代に加えて改修費用が発生することもあります。FileMaker Pro では、プロダクトのライセンス代を最初に払うだけで、すべての開発環境を利用することができます。

> **MEMO　大規模なシステム環境の場合のライセンス代**
>
> 数十台〜数百台の環境下で使用する場合でも、ボリュームライセンス（VL）版を導入することで、ライセンス代の圧縮が可能です。また、FileMaker 15 を 5 名以上のチームで利用する場合は、FileMaker Licensing for Teams（FLT）と呼ばれるユーザ数ベースの年間ライセンスを使用することで初期費用を圧縮できます。詳しくは FileMaker Store を参照してください。

習得コストの圧縮

　FileMaker でのアプリケーション開発は、基本的にすべてにグラフィカルなインターフェイス（GUI）を使用します。データベースを変更したり、設定をしたりするときに特別な言語の習得は必要ありません。

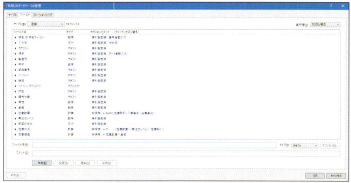

データベースの定義画面

> **COLUMN**
>
> ## WebDirect で Web にも対応
>
> 本書では扱いませんが、FileMaker Server では WebDirect がサポートされ、FileMaker で作成した機能をそのまま Web ブラウザ上で動作させることが可能です。FileMaker Pro と同じように、フィールドに変更を加えた内容が即時にサーバに反映されます。FileMaker Server と FileMaker Pro を使うことで、HTML や JavaScript、PHP などのコードを書くことなく、PC 向け Web ブラウザ、iOS の Mobile Safari、Android の Chrome と幅広いプラットフォームに対応した Web アプリケーションを作成できます。

作り手へのやさしさ

　FileMaker ではデータベースに限らず、画面上に配置する情報も、すべてマウス操作のドラッグ＆ドロップで完結できます。また、一括処理や操作の自動化を図るための「スクリプト」も、小さい処理体系を組み合わせて積み木のように作成していきます。

　ヘルプやチュートリアルも豊富に用意されており、開発プロセスを一から学びながら、誰でも FileMaker アプリケーション開発者になれます。さらに、あらかじめ用意されたテンプレートを業務に試してみたり、拡張したりすることも可能です。

ファイルフォーマット対応

　FileMaker では、事務や日常業務でよく利用される Excel 形式（xls、xlsx）のファイルをはじめ、各ソフトウェアとのデータ連携を行う際に利用される汎用データフォーマット、カンマ区切りのテキストファイル（csv）や、タブ区切りのテキストファイル（tab）、XML マークアップ（xml）の読み書きに対応しています。

拡張性の高さ

　ほかのデータベースのデータや、FileMaker のデータを 2 次利用する際に用いる手法は、CSV や XML といった物理ファイルのやり取りだけではありません。FileMaker では、ほかのデータベースとの連携や、FileMaker 内のデータを Web アプリケーションと連携するための機能も提供されています。また、FileMaker Pro では、OS の Web ブラウザ機能を利用して、アプリケーション内に外部 Web アプリケーションをそのまま表示させることも可能です。

　このほか、FileMaker は外部のプログラムを実行することもできます。FileMaker が不得意とすることを外部ソフトウェアと密な連携を取ることで、さまざまな場面で通用するアプリケーションの開発を実現します。

保守の容易さ

　FileMaker では、一般的なデータベースを利用したアプリケーションにありがちな「データベースの機能追加を図る際は、アプリケーション全体を止めなければならない」ということはありません。誰かが FileMaker アプリケーションを開いている場合でも、リアルタイムにデータベースを変更・追加

したり、画面に配置する情報を組み替えたりすることができます。これは業務で頻繁に使用され、高い稼働率を求められるアプリケーションには好都合です。

FileMakerとスマートフォンでデータ連携

FileMaker とスマートフォンやタブレットを組み合わせることで、さまざまな業務への可能性が広がります。社内業務を FileMaker Pro アプリケーションで、社外業務を FileMaker Go を利用して構築し、シームレスなデータ連携を実現できます。モバイルデバイスの機動力と FileMaker の高速なアプリケーション開発環境を連携し、社内外・場所を選ばない柔軟なデータ連携が可能になります。

例えば FileMaker Pro と FileMaker Server、FileMaker Go を組み合わせることで、次のような仕組みも構築できるようになります。

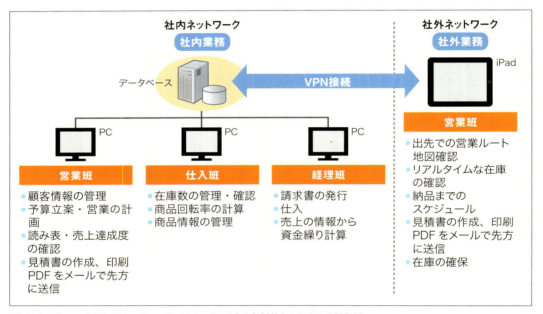

FileMaker Server と FileMaker Pro、FileMaker Go で作る包括的なシステムの開発例

まずは業務に注目!

業務を効率化するための情報システムは、数多くリリースされています。しかし、これらを導入したからと言ってすぐに業務が改善し、効率化することはまれです。「業務を効率化する」作業に取りかかる前に、業務を効率化した果てにある社内の様子を想像し、いま一度現行の業務に注目してみましょう。

02 業務を「効率化」するときに必要な考え方

システム導入の話になると出てくる、「業務の効率化」。効率化とは何なのか考えておきましょう。

「効率化」とは

「効率化」したい

あなたが勤める会社では現在、顧客管理を営業担当者が個別に表計算ソフトなどで行っています。会社と取引のある顧客情報は一元化されておらず、各担当者のPCに点在している状態です。営業成績や営業活動の履歴も担当者だけが把握しており、結果、社内会議のための資料作成や意思決定に多大な時間が費やされています。

PCの知識に詳しいあなたは上長から「社内業務の効率が悪くなって困っている。システムを入れると、業務が改善して、売上も伸びるらしいんだけど。予算もないので、君にやってもらいたい。1ヵ月やるから、業務を効率良く遂行するためのシステムを構築してくれ」と依頼を受けました。

あなたは上長に、具体的に社内業務のどこが効率が悪いのか尋ねました。しかし、上長からは「各担当者に聞いてくれ」の一点張りで、要領を得た回答をもらえません。上長の言葉の「効率化」とは、誰の立場から見た事柄で、具体的に何を指しているのでしょうか。

あなたは、各現場の担当者に現在の業務に潜む問題点と、具体的な改善が可能かどうかを判断することにしました。

「効率化」の留意点

冒頭のケースは多少オーバーですが、どこの職場でも考えられる一場面です。上司や経営者、コンサルティング専門会社まで、いたるところで「効率化」というキーワードが出てきます。

ひとくくりに「業務を効率化」と言っても、さまざまな例が存在します。すぐに思いつくのは「既存の業務から、無駄を取り除く」「既存の業務に、リソースを追加投入する」といったところでしょう。しかし、ここでの業務の効率化とは、いったい何のことでしょうか？ 何をもって、「効率が良くなった」とするのでしょうか？

激しい企業競争から抜きん出るには、注力したい業務を見据え、組織全体で効率の良い業務が継続的に行えるかにかかっています。一口に「業務の効率化」と言っても、解決にいたるまでの手段はさまざまです。効率化を目指すには、それまで見えてこなかった問題や課題を正確にクリアしていく必要があります。うわべの言葉に踊らされることなく、冷静に現実の業務を客観的にとらえて「最終的に業務を

どのような形にしたいのか」を明確にする必要があります。

「効率化」とシステム導入はイコールではない

まずは業務の効率化に先立ち、「効率化」の言葉の意味を再度確認しておきましょう。

効率化	合理化	省力化
効率とは、費やした労力に対する仕事のはかどり具合のこと。物事が無駄なく、効率良く行われるようにすることを「効率化」と呼ぶ。	新しい技術や設備を導入することで、労働組織・管理体系を編成し直し、生産性の向上を図ることを「合理化」と呼ぶ。	省力とは、労力を省くこと。機械の導入や作業を合理化し、手間や労働力を省くことを「省力化」と呼ぶ。コンピュータの最も得意とするジャンル。

効率化の意味

　業務の「効率化」を図る前に、まず組織や会社の問題が「業務の非効率」であるのか、「業務が非合理的」であるのかを突き詰める必要があります。コンピュータシステムは、データの入力や各種数字を集計するときの手間を省力化できます。しかし、業務そのものの効率化を図ることはできません。

　パッケージ製品にしろ、自社での内製開発システムにしろ、コンピュータシステムを導入するだけで、既存の業務が自動的に効率化することはまずありえません。「業務の効率化」と言葉にすると簡単ですが、実現するには裏に潜むさまざまな背景や課題をクリアする必要があります。

　コンピュータシステムを導入して業務を省力化するだけではなく、既存の業務や注力したい業務を見据えて、社員や取引先がどのように連携するべきか。それらの過程で、どのような手段でデータがやり取りされているかを分析し、既存の業務スタイルを変化させて、はじめて「業務の効率化」が実現します。

　既存の業務がなぜ「効率的ではない」と思うのか。本当にいまの業務は「効率的ではない」のか。業務のどの部分に非効率な部分が存在するか。具体的にどのような策を講じれば、業務の効率化を図れるのか。キーワードに踊らされることなく、効率化を阻む要素を探るための方法について次節で詳しく紹介していきます。

03 実際の業務が非効率である原因を知る

業務の効率化を図るためには、現在現場で起きている業務の「効率ではない」箇所を見つけ出さねばなりません。業務を深く理解し、問題点や課題を見つけ出すための思考のツールについて学習しましょう。

既存業務の非効率を見つけ出す

情報システムの導入だけで、実際の業務の効率が高くなることはありません。既存の業務をそのままIT化するだけでは、データの入力が「紙とペン」から「マウスとキーボード」に変わるだけで、そこから先の発展は望めないでしょう。

業務を効率良くしたいなら、「現在の業務がなぜ効率的に行えていないか」を洗い出す必要があります。従業員の年齢やITスキルには関係なく、業務の流れそのものを注視しなければ見えてこない問題です。まずは既存の業務を知ることから始めましょう。

調査のためには、次の事前準備を行います。

ヒアリング相手を決める
経営層、調査対象の部門長・課長、現場のリーダー、現場の社員
既存業務に関連する資料を集める
規定、組織図、人員構成、対社外・社内で使用する帳票類
現状業務を可視化する
フローチャート図などによる表現、問題点の整理、改善対象・目標・範囲の設定
スケジュールの作成
ヒアリング日時調整、分析・提案、改善、運用開始、見直しまでのスパン

事前準備

また、情報システムによる業務の効率化を図るため、次の2点を明確にしましょう。

- 誰のための情報システムにするか
- 情報システムの目標地点

業務に携わる全員の要望を情報システムに反映させても、全員が満足する情報システムにはなりません。業務に携わる担当者の役割ごとに「何が効率的で、何が非効率か」が異なるからです。次のページの図と表は各立場での要望と、何が効率的なのかの例です。

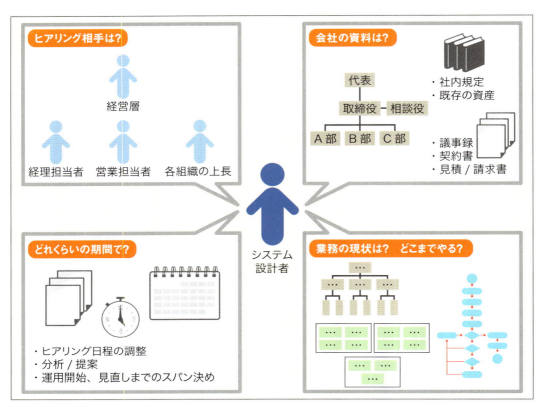

現状を調査するための準備

利用者	知りたいこと	「効率的」の定義
経営層	業務が社にとって利益または、不利益をもたらすか/同時に、高い顧客満足度を維持できるか	より少ないコストで、より大きな利益を生み出すこと
現場責任者	業務が決められた期限内に終わるのか、進捗率と残件は何か	手戻りが少なく、エラーの少ない高品質な業務をこなすこと
現場担当者	自分がやるべき業務の範囲は何か	業務を短時間で、簡単なルーチンワークでこなすこと

各利用者の要望と「効率」の定義

　現場の責任者と担当者の「効率的」が相反関係にあることがわかります。業務を短時間で、簡単なルーチンワークでこなせるように設計することは重要なことです。しかし、同時に業務のどこかで、ヒューマンエラーを防ぐための仕組みを作る必要があります。この「エラーを防ぐための仕組み」をうまく組み込まないと、現場責任者が「効率的だ」と考える「手戻りが少なく、エラーの少ない高品質な業務がこなせること」を達成できません。

　かといって、エラーを防ぐために各処理で、誰かがハンコを押さない限り先に進めないとなると、短時間で業務ができなくなります。一番初めのヒアリング対象やシステムの目標地点の設定を見誤ることは、情報システム導入の失敗に直結します。しっかりと計画立案をし、事前準備をしましょう。うわべの言葉を聞くだけでは、真に効率の良いシステム化は不可能です。どちらかの意見に偏ることなく、システムに携わる担当者全員の、要望や言葉が出てきた背景をくみ取って課題を見つけ出す必要があります。

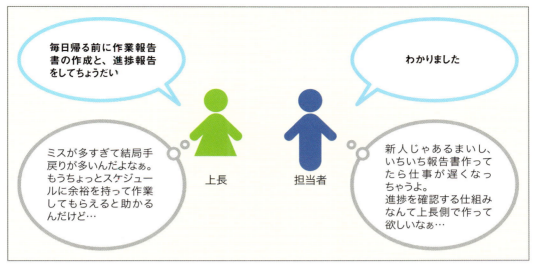

言葉の背景を読み取る

　事前準備をして、計画が立案できたら、いよいよ各担当者へのヒアリング開始です。

より深い情報を聞き出すための、思考のツール

　各担当者から業務の話を聞き出すと同時に、業務が非効率になっている原因を探ります。このとき、なぜ「業務が非効率なのか」を明らかにする必要があります。問題点を具体的にできればできるほど、改善策を打ちやすくなるでしょう。

　例えば、「見るべき資料が多すぎて手数がかかっている」という声は結果であり、問題解決のためには情報が少なすぎます。「手数がかかっている」の手数とは何を指しているのか（What）、誰が感じていることなのか（Who）、どこで発生しているのか（Where）、いつから発生しているのか（When）、どのような方法でこなしているのか（How）、なぜ非効率だと考えられるのか（Why）など、5W1Hや後述の思考ツール（思考のための枠組み）を用いながら問題を具体的にしていきます。

　問題点を抽象的なままにしておくと、「手数が多い＝手数を少なくする」「業務が遅い＝業務を速くする」と考えるようになります。結果、担当者の能力に依存するような抽象的な改善しかできなくなってしまいます。

　そこで、より深い情報を聞き出して、情報をまとめる際に有用な思考ツールを紹介します。

思考ツール①：ロジックツリー

　ロジックツリーとは、1つの物事をさまざまな要素に細かく分解し、論理展開をツリー状に表現する手法です。主に問題や課題を発見して、解決案を探し出す際に用います。

　ロジックツリーはある1つの物事に対して、物事を構成する要素を重複なく、漏れがないように洗い

出していきます。この「重複することがなく、かつ、抜け漏れのない」状態のことを、MECE（Mutually Exclusive and Collectively Exhaustive）と呼びます。

ロジックツリーではこのMECEの考え方が重要となります。要素を分解するときには、MECEを意識して解決策を掘り下げて考えていきます。

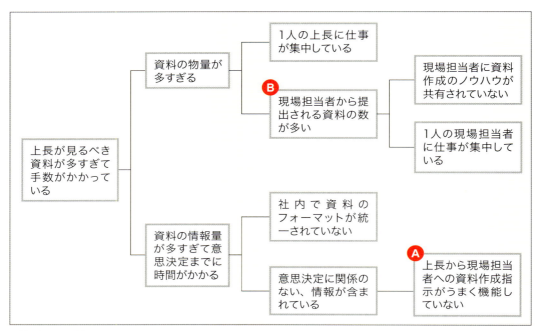

ロジックツリーの例

ロジックツリーを使った考え方は、次のようなメリットがあります。

・問題や課題の全体像を、簡単に把握できる
・議論の中で、ある物事の比較対象を明確にできる

MECEの考え方に基づいたロジックツリーは、該当するツリーを見るだけで問題の全体像や解決すべき課題の関係性が明確になります。問題点のあたりがついているが、詳細や関係性が不明瞭な場合に、ロジックツリーを用いた考え方は大きな効力を発揮します。

また、議論の中で何かと別の何かを比較検討する場面では、ロジックツリーを用いた考え方をすることで、議論が適正か明確に判断できるようになります。それぞれがお互いにまったく関係のない事柄であったり、物事の階層が異なっていたりする場合は、比較する意味はないと言ってもよいでしょう。

上記のロジックツリーの例でⒶの問題点に対する解決策と、Ⓑの問題点に対する解決策の比較は、問題の階層の位置や、前提条件が異なるため、比較することができません。ロジックツリーで物事の関係性を可視化することで、より有意義な議論に交わすことができるようになります。

思考ツール②：ピラミッドストラクチャ

　ピラミッドストラクチャとは、1つの主張に対して、主張の裏付けや根拠の構成を組み立て、論理展開をピラミッド上に表現する手法です。主に、相手に自分の主張を伝える際のコミュニケーション時に用います。

　ピラミッドストラクチャでは、まずピラミッドの頂点に主張を配置します。この主張に対する根拠や裏付けを、ピラミッドの下に図式化していきます。

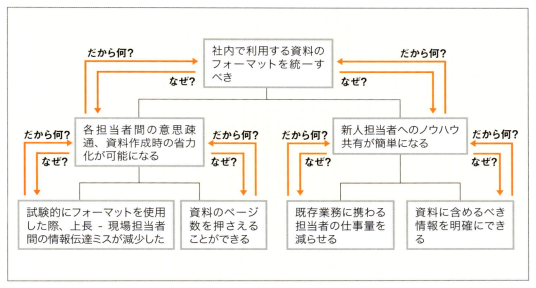

ピラミッドストラクチャの例

　ロジックツリーが物事を1つずつ細かい要素に分解していくのに対して、ピラミッドストラクチャでは1つの大きな主張があり、主張に対して根拠を補填・結合していく考え方をします。また、ロジックツリーはそれぞれの情報が1つのグループとして紐付けられるのに対し、ピラミッドストラクチャではそれぞれの情報が主張と根拠として紐付けます。このため、完成したピラミッドストラクチャは、ピラミッドのどの部分を切り出しても、ピラミッドの上部から下部に向かって「なぜ？（Why？）」に答える関係となります。逆に、ピラミッドの下段から上部に向かっては「だから何？（What？）」に答える関係となります。

　1つの主張に対する根拠や裏付けを整理し、可視化することで、相手に主張を伝える際にどの論点を強調すれば良いのかを明確にすることができます。

> **☑ POINT　ピラミッドストラクチャの活用法**
>
> ピラミッドの頂点に配置する主張は、初期段階では仮説でもOKです。根拠が揃ってくるにつれて、仮説が明確な裏付けを持った主張となっていきます。裏付けと呼べる根拠が揃わない場合は、逆にその仮説が主張として弱いと考えることができます。このため、ピラミッドストラクチャは主張（仮説）が正しいかどうかの判断を下すための情報の整理術としても役立ちます。

ピラミッドストラクチャを使った考え方は、次のようなメリットがあります。

- 論理構成を可視化し、主張に対する根拠や裏付けを簡単に把握できる
- 1つの主張に対して、根拠や裏付けが弱い箇所を明確にできる

　問題に対する改善案を主張する際に、根拠や裏付けで補強するように図式化ができます。また、主張と根拠の関係図を確認することで、主張を補強する根拠に漏れや論理の飛躍がないかを把握しやすくなります。

　さらに、ピラミッドストラクチャを用いて1つの主張に対する複数の裏付け・根拠の論理構造を組み立てていくことで、主張に対する裏付けや根拠の強弱が明確になります。ここから、相手に伝える主張にどのメッセージを含めるべきかを整理できるようになります。

　裏付けや根拠が強い箇所を利用すれば、相手に主張を正確に伝える可能性を大きくできます。裏付けや根拠が弱い・乏しい箇所が目立つ場合は、主張（仮説）として成り立たない可能性が出てきたり、相手に主張を伝え切れない場面が想定できます。主張と根拠の関係図を横断して確認できることで、相手に伝えるべきメッセージを簡単に絞り込むことが可能です。

> **☑ POINT　MECEを活用する**
>
> ピラミッドストラクチャでも、裏付けや根拠を組み立てる際はMECEの考え方を用いて、漏れのないようにしましょう。

　問題点が抽象的のまま安易な改善をするのではなく、上記のような考え方の手法を用いてさまざまな立場の関係者との議論をしましょう。お互いの理解を深めることで、問題点が具体的になり、具体的な対策をピンポイントで実施することが可能になります。ロジックツリーを用いて問題点を洗い出し、全体像を捕捉。その問題を解決するための情報をピラミッドストラクチャで組み立てて1つの主張とし、有意義な議論が交わせるように準備をしましょう。

04 システム開発フローの実現

システムの開発には、さまざまな情報が必要になります。情報収集や意思決定の順番も重要です。開発に必要な手続きと開発モデル、実践で使用できる議論やデータの整理手法について説明します。

システム開発の手法を学ぶ

システムを開発するには、Chapter 1の03で出てきた「担当者からのヒアリング」を含めてさまざまな手続きが必要になります。

❶ヒアリング：各業務の担当者の現状や、要望を聞き出す
❷分析：各業務の担当者から聞き取ったことや、現場の状況から感じたことを書き出し、分析する
❸要件定義：システム化で実現されるべき仕組みや性能、予定をまとめる
❹データ整理：実際の業務上でやり取りされるデータを整理し、システムで扱うデータの範囲を決める
❺システム実装：要件の実現に向けての仕組み作り

今日では円滑にシステムを開発するための手法として、これらの手続きを1つの枠組みに納めた開発モデルがいくつも存在します。ここでは有名なものを2つ紹介します。

ウォーターフォールモデル

ウォーターフォールモデルとは、プロジェクト全体をいくつかの工程に分離し、それらの工程で仕様書や要件定義書などのドキュメントを定義して、これらの成果物に基づいて後ろの工程を順序に行っていく開発モデルです。

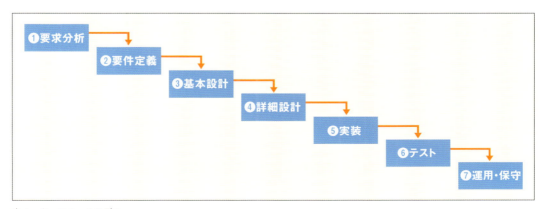

ウォーターフォールモデル

前ページの図では、ソフトウェアの開発工程を7つに分離しています。

- ❶要求分析
- ❷要件定義
- ❸基本設計
- ❹詳細設計
- ❺実装
- ❻テスト
- ❼運用・保守

これらの工程に従い、一番上から順にソフトウェアを開発していきます。例えば、要求分析のフェーズでは「要求分析書」を作成し、この成果物に従い「要件定義」を行うといった具合です。

ウォーターフォールモデルでは、最初に工程を分離してそれぞれの成果物やスケジュールをある程度定めることができるため、進捗管理を容易に行えるメリットがあります。反面、次のステップに進むための成果物が間違っていたり、ソフトウェアの開発中に仕様が変更されてしまうと、その分の後戻りが発生してしまい、スケジュールを圧迫するデメリットもあります。

アジャイルモデル

アジャイルモデルとは、プロジェクトの期間を短期間とし、短い工程を反復して、段階的にソフトウェアの開発を行っていく開発モデルです。

右の図では、ソフトウェアの1つの機能を実装するまでの開発工程を3つにしています。

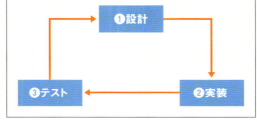

アジャイルモデル

- ❶設計
- ❷実装
- ❸テスト

設計やドキュメント化、実装からテストまでの期間を比較的短い期間でこなすのが特徴です。1つの反復内で、1つの小さな機能を追加します。この反復を何度も行い、最終的に1つの大きなソフトウェアを開発します。

アジャイルモデルを採用した場合、プロジェクトの初期段階で、実際のシステム利用者に業務をシステムとして具現化したものを見せることになります。そのため、システム開発前半の設計段階では発覚しにくい問題を、早期に発見することが可能になります。

業務変革のスピードにも対応できる開発手法ですが、反面、システム改良に向けて各担当者やシステム開発者の時間を確保する必要が出てきます。意思決定に時間がかかる組織の場合、アジャイルモデルのメリットを損なう危険性もあるので注意が必要です。

システム開発の手法はこのほかにも確立されていますが、決定打はありません。システム開発の環境や、利用者、業務変革のスピード、システム改良に向けて各担当者やシステム開発者が割ける時間など、さまざまな要因に対して最適解が変わってきます。

システム開発の工程とは

システム開発の進め方や流れについて理解を深めたところで、それぞれの工程で行う内容を見ていきましょう。

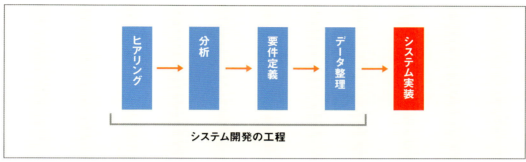

システム開発の工程

ヒアリング

業務に携わる、さまざまな役割を持った担当者から内容を聞き出します。担当者によって業務への理解度、伝達能力は大きく異なってきます。話を聞く側には「聞き出す」能力が望まれます。

単純にその場で返ってきた答えに対して、さらに質問するだけでは「抜け」が生じやすいものです。担当者にヒアリングする前に、あらかじめ次の方法で議題を共有しておきましょう。

- メールやメーリングリストなどを用いて、議題を共有する
- WikiやRedmineといったオープンソースのプロダクトを利用して、議題を共有する
- 会議中にプロジェクタなどを利用して常に議題を参加者全員が目に見えるようにする

また、ヒアリングの前に質問事項と、予想される返答をロジックツリーの手法を用いて整理・吟味しておきましょう。事前に準備をしておくことで、短時間で抜けが生じにくいヒアリングを行うことができます。

ヒアリングを行ったら、当日中にプロジェクトや会議の参加者に議事録を配布しておくことも重要な業務です。議論の中で方針や結論が決まったら、その方針や結論にいたった過程をすべて記録しておくことで、会議自体の出戻りを抑制することができます。

分析

各業務担当者のヒアリングから得られた要望や、現場の状況から感じたことを書き出します。その内容を元に人や仕事の流れで改善すべきポイントを洗い出し、業務の分析を試みます。

各要素の比較や、関連付けを行う際には5W1Hの考え方や、ロジックツリーを用いた手法が有効です。

要件定義

要件定義とは、これから新しく作成する、または導入するシステムにおいて、実現されるべき仕組みや性能、予定をまとめたものです。要件の例として、次のようなものが挙げられます。

- リアルタイムで在庫や有効在庫数、商品の回転率と売上が参照できるようにする
- 集計や売上の情報を参照する1つ1つのアクションにおいて、ユーザの操作待ち時間はすべて3秒以内とする
- 来年の4月にテスト運用を開始し、テスト運用開始から6ヵ月以内に本番稼働

これらの要望事項をまとめたものが「要件定義書」です。システム開発の初期に要件を定義し、要件を実現するために後の工程で設計や実装の予定を立てていきます。顧客や業務によっては、要件が定まっていなかったり、要件が実際の業務に沿っていない場合もありえます。

> **✓ POINT　開発者は現場を見る**
>
> 要件定義書に記された要件を実現するため、設計や実装を始める前に、要件が発生するにいたった業務の背景をアプリケーション設計者や開発者が知り、理解するようにしましょう。可能ならば、現場の業務を実際に確認したり、現場作業担当者の横で業務を体感し、課題や考えを共有できると良いでしょう。初期の段階で開発側が業務を理解することで、最終的な成果物と顧客の要望にすれ違いが生じるのを極力抑えることが可能になります。

データ整理

実際の業務で扱われているデータの構造や、データの流れを整理します。データの整理方法については、Chapter 2でご紹介します。

システム実装

これまでのヒアリングから業務の分析、要件定義、データの整理ができたら、いよいよシステムの実装に取りかかります。

システム実装の要点

システムの実装に先立って押さえておきたい要点について確認します。

実装方法

アプリケーションの開発を行うにあたり、使用するプラットフォームや、プログラミング言語を選定します。

工数算出・検討

プログラムの作成やドキュメントの作成、導入支援、テストケースの作成に要する工数を算出し、検討します。ソフトウェアの開発では、1人が1ヵ月で行うことのできる作業量として「人月」と呼ばれる単位が採用される場面が多いです。同様の単位として「人日」「人時」が存在します。

作業内容	工数	備考
顧客名簿のシステム化 （登録・変更・削除・検索）	16時間	ー
見積書作成フォームの作成	12時間	ー
ドキュメントの作成時間	8時間	PDF形式での入稿。必要に応じて、動画を用いたマニュアルの作成を行う
テストケースの作成、動作テスト	20時間	ー
合計	56時間	ー

工数表の例

COLUMN

工数の算出法

実現するソフトウェアの機能ごとに重み付けをし、数値化した点数からソフトウェアの規模を計算する手法を「ファンクションポイント法（FP法）」と呼びます。ソフトウェアの規模や、開発に要する工数の算出法については、このほかにもさまざまな手法が確立しています。

テストケース

システムに対して利用者がある操作を行ったとき、どのような結果が期待されるかの対比表（テストケース）を作成します。利用者が画面を通して見ることになる項目やボタンについて考慮した操作を元に、構築しなければなりません。

また、開発途中や完成したシステムに対してテストケースに従ったテスト（試験）を行うことで、システムの品質や間違いを見つけ出します。

システムのライフタイム

既存のシステム改修に要する時間に比べて、業務の変革スピードのほうが速いと言えます。向こう10年のデータを蓄積できるよう、データが貯まっても問題無く運用を続けられるシステム作りを目指すのか、次のシステム導入までのつなぎの仕組みを目指すのかでは、システムに要求される能力も変わってきます。

システムを導入する場面や利用者、蓄積するデータの種類に応じて、有効なライフタイムの目安を決めておきましょう。

リリースサイクル

システムの運用を開始してから、システムの再改修を行うタイミングや周期（リリースサイクル）を決定します。多くのシステム開発では、運用開始イコール開発終了とはなりません。システムを継続的に利用するユーザがいる以上、さまざまな改善点や要求事項があがってくることが予見できます。

運用が開始してからも、定期的にシステムの利用者にヒアリングを行うことで、より効率の良い業務がこなせるようにシステムを改善していきましょう。

課題発見に役立つ手法

限られた時間内で業務に潜む問題や課題を発見するには、技術と訓練が必要です。先人の知恵を借り、議論の手法と、整理とまとめの手法を身につけましょう。

コミュニケーションで長く維持できる関係を築く

　現在、要件や課題を見つけ出すためさまざまな手法が確立していますが、ここでは最もオーソドックスな方法「ブレインストーミング」を取り上げます。ブレインストーミングとは、アレックス・F・オズボーン氏によって考案された会議の手法の1つです。既存の枠組みにとらわれないアイデアを出し合うことで、アイデアの連鎖や、相乗効果、改良案を期待します。

　今日ではブレインストーミングを用いる場面や、参加者に応じて多様なルールが確立されています。ここでは、ブレインストーミングの代表的な決まりごとをご紹介します。

結論を出さない

　ブレインストーミングでは、判断や結論をその場で出さないようにします。アイデアに対する判断や結論を会議中に出してしまうと、そこから先の新しいアイデアが生まれる機会を奪いかねません。議題の結論は、ブレインストーミングを経て出てきたアイデアを整理した上で行います。ブレインストーミングでは、アイデアの誕生を最優先としましょう。

アイデアの質より量

　さまざまな立場の参加者や角度から、より多くのアイデアが出されることが望まれます。このとき、アイデアの質を追求するのではなく、アイデアの量を重視するようにします。

批判をしない

　ブレインストーミングの場において批判は厳禁です。アイデアに対し、批判をしてしまうと、そのアイデアを元にした改良案の発案を阻害するばかりか、自由なアイデアや意見が出てくる機会を奪いかねません。ブレインストーミングの進行役（議長）は、会議が円滑に進むように注意を払いましょう。

奇抜なアイデアを大事に

　誰でも思いつきそうなアイデアよりも、常識や業務の背景からは考えもつかないような奇抜なアイデアや、斬新なアイデアを重視します。

アイデアを組み合わせて、改善する

ブレインストーミングの場で出されたアイデアを組み合わせたり、一部を変化させて、新しいアイデアを生み出します。

COLUMN

ブレインストーミングの注意点

ブレインストーミングの場では、参加者は平等の立場です。上司部下の関係や、権限を会議に持ち込むと、自由なアイデアが出るチャンスがなくなる可能性があります。かといって、上司だけ・部下だけの会議ではアイデアが偏ってしまうでしょう。ブレインストーミングの主催者は、場を設ける際に、参加者一人一人が自由なアイデアを出しやすい環境になるように配慮しましょう。

整理とまとめの手法：KJ法

ブレインストーミングを経て出されたアイデアを整理して、判断や結論を出すための材料とします。アイデアを整理する数々の方法が確立していますが、ここではKJ法について取り上げたいと思います。

KJ法とは、川喜田二郎氏によって考案されたデータをまとめる手法です。発明者の名前にちなんで、KJ法と名付けられています。1つ1つの情報をカードに記述し、カードをグルーピング、図解して、1つの文書に段階を追ってまとめます。KJ法では次の4つの段階を踏んで、情報の整理・可視化を行います。

情報のカード化

ブレインストーミングで出されたアイデアを、1アイデアにつき1枚のカードにまとめます。このとき、カード1枚には複数の情報を書き込まないように注意します。

カードのグルーピング

カード化された情報を似たような情報や、関連する情報といった単位でグルーピングします。このとき、会議などで出ている情報や経験を元にした、先入観のあるグルーピングにならないように注意します。

グルーピングの単位は、カードの情報が導き出された議論や背景にとらわれず、カード単体の情報形式を元に行いましょう。

図解化（KJ法A型）

各グループにカードを分類したら、グループ同士での関連を、矢印や記号を用いて図に表現していきます。関連の例は次の通りです。

- 2つのグループは、関係がある
- 2つのグループは、原因や結果の関係にある
- 2つのグループは、因果的である
- 2つのグループは、互いに反対である
- 2つのグループは、同じである
- 2つのグループは、同じではない

叙述化（KJ法B型）

KJ法A型で図解化されたものを用いて、論文や記事に書き起こします。この段階でうまく文章化ができない場合は、図解化の段階で適切な関連付けが行えていないなどの問題があります。

05 「業務にシステムを合わせる」と考える

業務効率化を目的にしたシステムを構築する場合は、システムに業務を合わせるのではなく、業務にシステムを合わせる考え方が必要です。

業務は常に変わるもの

　ここまでシステム開発の分析手法や開発手法をおおまかに取り上げてきましたが、実際のところ型通りにはまってくれるシステム開発はそうそうありません。システム開発に要する期間よりも、企業を取り巻く環境や業務が変化する期間のほうがはるかに短いからです。

　仕様を確定してからシステム開発に取りかかったとしても、システム開発が完了する頃には既存の業務が大幅に変化していることはよくある話です。せめて納品を完了してから仕様変更の話になってほしいところですが、それでは業務をシステムに合わせることになってしまいます。改修が完了するまでにまた業務が変化すれば、仕様変更→改修の繰り返しとなり、いつまで経っても有用なデータが蓄積されません。

　しかし、システムに業務を合わせてしまった場合、その業務はシステムでカバーされた範囲から外に飛び出すことが難しくなります。システムではカバーできていない情報が知りたい担当者は、自前で用意しなければなりません。CSVなどで情報を書き出せるようにしていても、せっかく効率化したはずの業務が今度はシステムの外で発生した集計業務がボトルネックとなり、引いてはシステムの存在自体が非効率の原因になってしまう場合もあります。

　会社の業務をシステムに合わせることが可能なケースはごくわずかです。この場合、あらかじめ「変革する業務にシステムを合わせる考え方」をしたほうが得策でしょう。そのためには当然、割かなければならない必要なリソース量も変わってきます。

検討事項	内容
時間の確保	自分がその業務のためのシステム開発・改修に追従するための時間を取れるか。「仕様変更発生」→「リリース」までのサイクルをどれだけ短くできるか
人員の確保	システム開発・改修のための開発者や、保守担当者をどれだけ確保できるか
予算の確保	運用・保守に必要なハードウェア、ソフトウェア、人件費をどれだけ確保できるか

必要になるリソースの検討

　大規模なプロジェクトや会社の左右を握るプロジェクトなら、満足な時間・人員・予算が確保できます。ところが現場の日常業務を効率化するプロジェクトの場合、残念ながら時間・人員・予算を確保できるほうがまれです。このため、システム開発を始めるにあたりソフトウェアの選定が重要になってきます。次のような視点で選定をしましょう。

- 表計算ソフトとデータベースソフトを連携する（例：ExcelとAccess）
- プログラミング言語を習得して独自開発する（例：VBA）
- アプリケーションプラットフォームを利用する（例：FileMaker）

表計算ソフトとオープンソースのソフトウェアを連携する

　表計算ソフトはPCにあらかじめインストールされているものを使用すれば、予算を削減できます。これに目的に合ったオープンソースのソフトウェアを連携させることで、業務を回す方法です。予算は削減できますが、表計算ソフトやオープンソースソフトウェアに用意されている機能だけで業務を回さなければなりません。最終的に、ソフトウェアに業務を合わせるようになってしまいます。

　個人だけで回っている業務を、効率化する場合に適した方法です。数人〜数十人規模の部門間レベルで使用するシステムでは、各担当者のITスキルも要求されるため、難しい運用になるでしょう。

プログラミング言語を習得して独自開発する

　担当者が各種プログラミング言語などを習得して、システムを開発する方法です。以前は開発環境を揃えるだけでも高額な費用（スペックの高いPC、ライセンス料など）が発生していました。最近では、開発環境や各種情報も無料または、比較的安価で揃えることが可能です。習得と開発の時間が充分に確保できれば、1つの進め方として検討しても良いでしょう。

　ごくごく限られた人数だけで利用する小規模なシステムの場合は、書き捨てのコードでも構いません。部門間レベルで使用するシステムの場合は、RASISを満たすシステム開発を心がける必要があります。

> **MEMO　RASISとは**
>
> コンピュータシステムに関する著名な評価指標の1つです。システムを評価する5項目の頭文字をとって、RASIS（Reliability/Availability/Serviceability/Integrity/Security）と呼ばれています。Chapter 3の02「リレーションの組み方」で詳しく説明します。

アプリケーションプラットフォームを利用する

　アプリケーションプラットフォームは無料から有料まであり、それぞれ得意分野と苦手分野があります。習得コストの低いものを選べば、一からプログラミング言語などを習得するよりは、比較的短い時間で運用開始まで漕ぎつけます。

　アプリケーションプラットフォームの選定や開発手法を間違わなければ、個人利用から部門間レベルで使用するシステムまで、幅広いニーズに対応できます。その反面、習得コストの低いアプリケーションは、動作速度のパフォーマンス面で行き詰まった際の解決手段が限られてきます。

　日常業務を効率化するプロジェクトでは、時間も人員も予算も限られます。また、システム開発者はプロジェクトが終了して自らの手を離れ、運用が軌道に乗った後のことまで考えなければなりません。限られた条件下で柔軟に変化対応できるシステムを目指すには、目的を遂行するためのソフトウェアの選定はもちろんのこと、業務全体に携わる担当者の意識改革も重要になってきます。

06 変化に対応できるシステム作り

システムの開発中の度重なる仕様変更と作り直しは、常に形が変わる業務をシステム化する以上、切っても切れない問題です。

「全部をシステム化しない」という考え方

　アプリケーションの開発前の段階で柔軟に変化に対応できるシステムにするには、さまざまな準備が必要です。そのためには開発手法やソフトウェアの選定も重要ですが、何よりもシステムで実現する範囲を明確にしておくことがポイントになってきます。

　コンピュータ上のプログラムは、自発的に考えて手を動かしてくれる訳ではありません。あらかじめ決められたプログラムに応じて、各種計算と表示を行うに過ぎません。結局のところ、柔軟に変化に対応する点は人間に委ねられます。

　業務のほとんどを自動化で行えるようにアプリケーションを開発すると、想定外の事象が発生した際に、システムだけでは対応が不可能になります。この場合、柔軟に変化に対応できる人間のための「のりしろ」を残しておかないと、変化に対応できないシステムとなってしまいます。

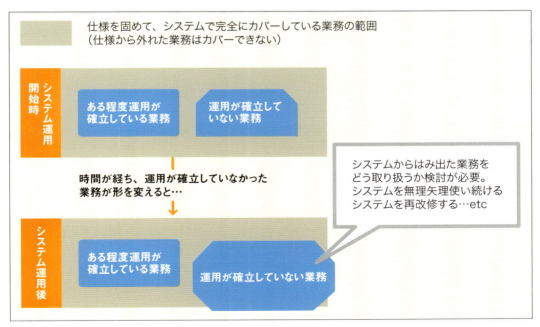

「のりしろ」がないシステム

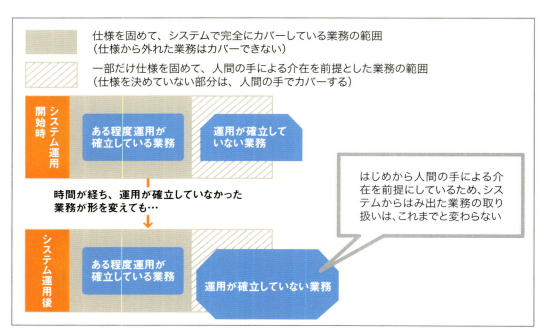

「のりしろ」があるシステム

　開発前の段階でこれらの指標を決めるには、業務をヒアリング後、システムでカバーする範囲を明確にします。
　システム化をしたい範囲と、システム化をしたほうが良い範囲、システム化をしないほうが良い範囲は、システムで実現する業務や、システム利用者やその立場、企業や組織の文化で大きく異なってきます。残念ながら、どのパターンに当てはまる正解はありません。

「全部をシステム化しない」という考え方

　情報システム導入の近道は、焦らず、欲張らないことです。コンピュータのプログラムは、プログラムのソースコードを変えるだけですぐに処理が変更されます。しかし、業務は人の手で行う以上、容易に変更が効くものではありません。次の点を踏まえて、どのようなシステムを構築するべきかを考えてみましょう。

システムの利用者数

　システム運用開始当初の想定利用者数と、今後の想定利用者数を想像します。利用者数が多ければ多いほど、ハードウェアのスペックや、良質な通信インフラが要求されます。また、ハードウェアのスペックをきちんと活かすことができるような、コンピュータにとってやさしいプログラミングも必要になってきます。

システムから出力する情報の速報性

　システムから出力する帳票や集計された情報に、速報性が求められるかどうかを確認します。すべての情報をリアルタイムに取得したいところですが、実現するにはとても難易度の高いシステム設計や開発・運用が必要になります。

　初期段階では理想を追求せず、情報に求められる速報性に優先順位を付け、優先度の高いものに注目しましょう。システムの開発に割ける時間や予算、そして運用開始後に保守ができる範囲内で実現可能な着地点を見つけます。

システムで実現したい業務が運用されてきた期間

　システムで実現しようとしている業務が、過去どのくらいの期間で運用されてきたものかを確認します。この期間が長ければ長いほど、同時に問題や課題点が少なければ少ないほど、業務の運用が確立している（＝将来的に業務が変化するスピードが緩やか）と言えるでしょう。逆に、期間が短ければ短いほど、業務の運用が確立しきっていない（＝将来的に、業務が変化するスピードが速い）と言えます。

　初期段階のシステム化に最も向いているのは、「長期間、統一されたルールがあり、人手がかかっている以外に問題や課題がない業務」です。これらにマッチする業務は、システム化することで大幅な省力化が期待できます。

業務に対して、問題点や改善点などは考えられるか

　システムが導入済の有無を問わずに、現行の業務に対して問題点や課題を検査します。そして、システム導入に伴う業務の省力化で問題点や課題がすべて改善されるかを問います。

　Chapter 1の03で紹介したロジックツリーやピラミッドストラクチャなどの思考のツールを駆使し、業務の各部分をシステム化することで得られるメリット・デメリットを比較しましょう。

業務の変化に現場が追従できるか

　業務の変化するスピードに、現場担当者が追従できるかを検討します。どこの組織でもそうですが、いろいろな特徴を持った人が会社の中で働いています。業務内容の変化に強い人もいれば、変化を嫌う人もいます。情報システムの目的は、業務の効率化・省力化であって、個人を排斥したり、攻撃するようなツールではありません。コンピュータやシステムを第一に考えるのではなく、組織の風土を考慮し、組織のスタイルや業務スピードを尊重したシステム構築を目指しましょう。

現場の業務変化にシステムが追従できるか

　現場の業務が変化するスピードがあまりに速い場合は、あえてそこだけをシステム化せずに、人の手に依存させることも1つの手段です。システム化には「すべての業務をカバーしなければならない」というルールはありません。最初から全部の業務をカバーするようなシステムを目指すと、プロジェクトの失敗に直結してしまいます。

　システム化するべき範囲を明確にし、アプリケーション開発に段階を設定することで、仕様の漏れや

業務の変革のスピードが想定より速くても、人の手で業務を遂行することができます。運用を続ける内に、ひと通りの業務が固まってきたところで、次のステップでその部分をシステム化すれば良いのです。

　アプリケーション開発の初期段階では、業務のすべてをカバーする魔法のようなシステムを目指すのではなく、極力小さくなるように心がけましょう。システム化となると「あれもやりたい」「これもやりたい」と最初から話が膨らみがちですが、それらは段階を追って検討するようにしてください。人の手が介在できる余地のある、のりしろを持たせたシステムを目指しましょう。

Chapter 2

社内業務を効率化する
データベース設計に
必要な考え方

システムを作る前に、どのようなシステムが必要なのか、
何を優先するべきかを決定する必要があります。ここでは
システム開発までにやるべきことを解説します。

01 既存の業務がどのようになっているかを分析する

社内業務の効率化を目指す仕組み作りには、現行の業務を知り、詳しく分析する必要があります。業務に携わる担当者や上長、経営層まで、幅広い層を巻き込んで業務分析のための計画を立てましょう。

なぜ業務分析をするのか

　既存の業務をシステム化によって効率化・省力化を図る場合、まずは既存の業務がどのようになっているかを分析しなければなりません。

　各担当者の「システム化に求める希望や願望」は、会社全体の業務から見たとき、規模が限られたものになりがちです。そのため、各担当者の希望をそのままシステムに詰め込んで形にしただけでは、まったくまとまりのない業務アプリケーションができあがってしまいます。業務分析を行う目的はさまざまですが、アプリケーション開発の場合は、大きなものとして「要件定義をより正確なものに昇華させるため」ということが挙げられます。

　既存の業務を分析することで、データの量や規模、業務の流れなど業務の現状を明確にできます。システム化したい業務やデータの規模を、アプリケーションの開発者を含めてプロジェクトの参加者が理解することが重要です。

　業務の分析を行い、記号や図表を用いた文章で業務の内容を可視化することで、システム化するべき業務の範囲を絞り込むことが可能です。また、既存の要件定義のモレや間違いを修正する機会も得ることができます。

> **☑ POINT　要件定義は偏らず広い視点で**
>
> 要件定義をまとめる際には、さまざまな担当者の目に触れ、意見や指摘を受けやすい環境で行いましょう。特定の立場に属する担当者の比重が大きすぎると、ほかの担当者の要求が満たされなくなる場合があります。各担当者だけではなく、部門や社内レベルでの業務の流れを把握し、業務全体からシステムに対する要求を探り出すように分析を行いましょう。

業務分析の方法・予定を決める

　業務を分析するには、分析する元のデータが必要になります。分析したい業務に携わるさまざまな立場の担当者に、調査を行う方法を考えます。

　業務分析の予定を立てる際に、5W1Hの手法を用いて表としてまとめておくと、調査対象のモレや間違いを防ぎつつ、効率の良い業務分析を行えます。

分析する業務	調査の目的(Why)	調査の内容(What)	調査のくくり(Where)	調査の対象者(Who)	調査の方法(How)	成果物
営業	営業業務の目的と方法の確認、実態の確認	営業業務の実態	営業部門別の業務ごと	営業担当者、営業部門長	アンケート、業務説明資料（売上集計、読み表など）、ヒアリング	業務定義書
仕入	仕入業務の目的と方法の確認、現行業務のボトルネック調査	仕入業務の実態、仕入原因で発生している問題点	商品の仕入業務	仕入担当者、在庫管理責任者	アンケート、業務説明資料（在庫表、商品回転率推移表など）、ヒアリング	業務フロー図
棚卸	棚卸業務の目的と方法の確認、人員・業務の規模の調査	棚卸業務の実態、棚卸業務に要している人員の数・作業時間の計測	商品の棚卸業務	棚卸担当者、倉庫管理者	アンケート、業務説明資料（棚卸表など）、実地調査	業務棚卸表

業務分析の方法と成果物の例

　より良いシステムを作るためには、業務を理解し、分析するための潤沢な時間が必要です。しかし業務分析には、日々業務に追われている各担当者の時間を割いてもらう必要があります。現実問題として、システム開発のためだけに関係各位の時間が取れることは、残念ながら滅多にありません。限られた貴重な時間やリソースを有効に活用し、最大限の成果を出せるように努力しましょう。

01　既存の業務がどのようになっているかを分析する

Chapter 2 データと業務の流れを知る

社内業務を効率化するデータベース設計に必要な考え方

02 データと業務の流れを知る

現行業務の分析ができたら、業務上でどのようなデータがやり取りされ、仕事が進んでいるかを調査します。データと業務の流れを調査し、現行業務の理解度を深めることで、改善点が見えてきます。

データをかき集め、まとめる

業務でどのようなデータが組み合わさって仕事が進んでいるかを知り、業務をより深く理解しましょう。データを収集するには、次のような方法があります。

- 業務で使用している、紙媒体の資料を預かり、概要・用途の説明を受ける
- 業務で使用している、コンピュータ上のファイルを預かり、概要・用途の説明を受ける
- 業務を行っている担当者の横に座り、何をしているかを実際に見る

以下は業務で使用または作成されるデータを、5W1Hの切り口でまとめた表の例です。

データ名	データの目的・使うとき（Why、When）	データの内容（What）	データの媒体（Where）	データの作成者・利用者（Who）	データの作成方法（How）	現行の運用や、問題点など
往訪作業報告書	取引先往訪時の作業内容を記録。担当者や作業時の注意点・状況・環境をまとめ、今後の活動に役立てる	取引先会社名、往訪日時、作業内容、注意点、作業担当者、先方担当者、次回往訪予定日時	紙（A4縦）	作成者：往訪作業者 利用者：全員	報告書のテンプレートに従い、筆記用具で記入	作業者の直帰などで、当日中に書類があがらない場合がある
議事録	会議内容を記録。意思決定や情報共有のため。会議直後に関係者に配布し、意識や理解にすれ違いがないかの確認も兼ねる	会議参加者名、会議日時、会議の目的、会議内容	Word形式のドキュメント	作成者：会議書記担当者 利用者：会議参加者	オープンソースのオフィススイートを使用して作成	テンプレートが存在せず、記録される情報は各担当者によって異なる
顧客名簿	営業担当者が管理する名刺を利用して、得意先の連絡先や担当者情報、住所を記録。納品、請求書・挨拶状送付に利用	会社名、担当者名、担当者メールアドレス、住所、電話番号、FAX番号	表計算形式のドキュメント	作成者：営業担当者 利用者：営業担当者、経理担当者	Excelや、オープンソースのオフィススイートを使用して作成	ファイルの置き場所が明確になっておらず、担当者のPCや社内共有ファイルサーバに点在している
見積書	取引先の依頼を受けて、商品や価格、納期、条件などを提示するための書類。商取引、提案時に使用	見積日、取引先会社名、見積金額、見積明細（商品名、数量、単位、単価、金額）、取引条件、納期	表計算形式のドキュメント、紙（A4縦）	作成者：営業担当者 利用者：営業担当者、先方決済権限者	Excelや、オープンソースのオフィススイートを使用して作成	紙に印刷し、往訪時に提出またはFAXで送付する

1次データ成果物

データ名	データの目的・使うとき (Why、When)	データの内容 (What)	データの媒体 (Where)	データの作成者・利用者 (Who)	データの作成方法 (How)	現行の運用や、問題点など
請求書	取引先に商品や成果物を納入し、請求金額を提示するための書類。請求時に使用	請求日、取引先会社名、請求金額、請求明細（商品明細、数量、単位、単価、金額）、取引条件、口座情報	表計算形式のドキュメント、紙（A4縦）	作成者：営業担当者、利用者：経理担当者	見積書をベースに、Excelやオープンソースのオフィススイートを使用して作成	紙に印刷し、捺印した上で往訪時に提出または郵送する。取引先によって請求を分割したり、ほかの案件と請求内容をまとめている例がある
営業読み表	取引先や案件ごとの受注確度や売上見込金額を集計。今後の営業活動の予定や、資金繰りの目安に使用	取引先名、売上読み確度、営業担当者、売上見込金額	表計算形式のドキュメント	作成者：営業担当者、利用者：営業担当者、経営層	見積書をベースに、Excelやオープンソースのオフィススイートを使用して作成	重要な資料だが、手動でデータ集計と計算を行うため、2-3週間に一度しか更新できていない状態

2次データ成果物

データ名	データの目的・使うとき (Why、When)	データの内容 (What)	データの媒体 (Where)	データの作成者・利用者 (Who)	データの作成方法 (How)	現行の運用や、問題点など
入金消し込み表	売掛金が請求通りに入金されているかを把握するために使用	取引先名、営業担当者、入金予定日、売掛残高、入金日、入金金額	表計算形式のドキュメント	作成者：経理担当者、利用者：営業担当者、経理担当者、経営層	請求書と銀行の入金情報をベースとして、Excelや、オープンソースのオフィススイートを使用して作成	請求データをまとめるのに時間がかかっている。銀行の入金情報はインターネットバンキングを利用し、データとして取得している

3次データ成果物

　データの組み合わせが妥当かどうかを知るためには、業務のほかに、項目の1つ1つの意味や内容、最終的な目的も確認する必要があります。当然、業務で各担当者の目前を行き交いするデータの中には、担当者によって目的や重みの違う項目が存在しています。

　データが発生する過程や現場を直接目にすることで、現場担当者の視点で「無駄のありそうな工程」や「システムで自動化して楽になりそうな業務」を意識できるようになります。

　組み合わさっているデータの中には「本当は欲しいが、やむを得ず断念している項目」や「担当者が気付いていない、蓄積するべき項目」などがあるかもしれません。これらの取りこぼしを防ぐためにも、ロジックツリーやピラミッドストラクチャといった思考ツールを積極的に活用しましょう。

03 業務の処理やデータの整理で業務を改善する方法とは

データと業務の流れが理解できたら、システム導入までの計画を立案しましょう。同時に改善すべき仕事内容やデータ整理をします。再設計された業務とシステムをフル活用し、ビジネスチャンスをつかみましょう。

業務の処理を整理して、業務を改善する

業務のスピードや品質を改善する方法として、次のような方法があります。

・業務に携わる人員数を調整する
・業務の流れを調整する
・業務の内容自体を見直す

業務に携わる人員数を調整する

社内全体で行われている業務を把握し、業務の規模に対して投入されている人的資源が過剰になっている業務から、リソース不足になっている業務に人員を転換します。

例えば出荷業務に携わる部門で、出荷伝票を書き起こすグループと、倉庫から商品を納品先に出荷するグループがあったとします。書き起こすべき出荷伝票の数に比較して、倉庫から商品を出荷するグループの人的資源が足りていない場合、納入遅延がたびたび発生することが懸念されます。

業務の結果から得られるデータが、社内外にとって重要度の高い業務ほど、優先して人的資源を割りあてるように調整します。どちらか片方にリソースが集中して、担当者の間で不公平感が生じることがないように細心の注意を払いましょう。

 CAUTION

個人への依存は厳禁

担当者個人の能力に依存する人的資源の割りあてを行うべきではありません。普通の人に比べて何倍も効率良く働けるスーパーマン1人に業務を一任すると、担当者の不在時に業務が停止してしまいます。社員の教育制度も視野に入れ、可能な限り組織に冗長性を持たせるようにしましょう。

業務の流れを調整する

業務中の処理体系を削除したり、追加したりします。各部門や担当者から業務の流れをヒアリングし、理解できたところで、それをそのままシステム化するのは早計です。業務の効率化を目指すデータベー

ス設計に重要なのは、あらゆる業務をシステム化できる能力ではありません。業務の根本そのものを疑い、組織と共に改革しようとする姿勢です。

業務中に存在する処理体系が本当に必要か、ヒアリングした情報を元に検討してみましょう。自分の考えをピラミッドストラクチャの手法などを用いて補強し、業務の改善の余地はないか担当者間と調整します。

業務の内容自体を見直す

業務のインプット/アウトプットに注目し、投入した労力に対して適切な比率で結果が得られているかを考えます。得られるデータがほかの業務から派生しているようであれば、成果物を得るための作業工程をカットしたり、業務自体をなくしてしまうことで業務の短縮化を図ります。

業務の処理を整理して、業務を改善する

業務の中では、さまざまな人が役割を持って動き、その上に意味のあるデータが飛び交っています。これらのデータを整理することで、1つ1つの処理を簡易化したり、短縮することが可能になります。また、データを可視化することで、「業務の本来あるべき姿」を目指すことができるようになるでしょう。

ブレインストーミングやKJ法を利用して得られたデータを、データベースに落とし込むために準備を行います。整理する方法として、次のような方法があります。

- データの統合
- データの分離
- データの廃止
- データの組み合わせ

データの統合

関連のあるデータの中から、重複しているデータや、論理的な構造をなしていないデータ構造を見つけ出します。その後、項目の精査を行い、無駄なく項目をカバーできるデータ構造に整えます。データ構造の洗い出しには、ロジックツリーの手法を用いることができます。

データの分離

すでにまとめられているデータから、小さな単位やグループごとにデータを分離します。1つの業務やデータ体系に管理すべき項目が集中し、管理が複雑化している場面で有効です。1つの大きなデータを小さな複数のデータに分けることで、1つ1つのデータを管理する上での複雑性を緩和できます。

ただし、あまりに細かく分離しすぎると、情報をまとめるための手数が返って増大してしまいます。データの統合を必要とせず、意味のあるデータ体系にまで分離するようにしましょう。

データの廃止

管理する必要がなかったり必要性の薄いデータや、優先度の低いデータは、思い切ってデータの管理を廃止することも1つの手段です。データの管理をやめることで、データを記録する業務のスピードを改善できる場合があります。

ただし、やみくもにデータの記録を取りやめてしまうと、後から集計や統計を取る場合に、データ不足で意味のある集計や統計ができなくなってしまう恐れがあります。データを廃止する場合は、優先度と必要性の検討をすべて終えた上で、ほかのデータの整理が完了してから行うようにしましょう。

データの組み合わせ

データとデータを組み合わせて、まったく新しい1つのデータを作ります。集計や統計が必要とされる業務を改善する際、現在のデータの組み合わせが妥当かどうかも含めて、データ同士の組み合わせで別の価値あるデータが作成できないかを検討します。

データ整理の順番

次のようなイメージでデータの整理を行います。

1. 現在の業務で必要なデータをすべて洗い出す
2. データの優先度や必要性を吟味する
3. データの統合や分離を行い、論理的かつ無駄のない構造にする
4. データ同士を組み合わせて、まったく新しいデータを作成する
5. 必要のないデータや、優先度の低いデータ、必要性の薄いデータを取り除く
6. システムで実現する業務と、部分的にシステムで実現する業務、人の手で行う業務に分類する

上記を繰り返し議論して、現在の業務で取り扱うデータを最適化します。データの優先順や流れる量を調整し、順番を並び替え、ひいては業務を改善していきます。

✅ POINT スムーズに運用を移行するコツ

「いつから新しい業務で運用を開始するか」は難しい問題です。新しいシステムの導入時点では、新しい業務に慣れている必要があります。新システムを試験的に運用するタイミングで徐々に新業務に移行するように、各担当者にあらかじめお願いをしましょう。業務の流れを変化させるには、非常に大きな労力を伴います。担当者によっては、反発をしてくることもあるでしょう。業務の繁忙期を避け、新業務への切り替えがスムーズにできるよう、日頃からしっかり関係者とコミュニケーションをしておくことが大切です。

データを整理してみよう

データベースはメンテナンス性を高めるため、データベース内で同じ情報は2回以上登場せず、1つの起点から関連する情報に行けるように設計するのが理想とされています。データベースで同じ情報が

複数回出てくる場合、データの入力や修正作業が複数回必要になります。

そのような場合、業務で使用されているデータの組み合わせを整理して正規化することで、業務内でやり取りされるデータを合理的に扱えるようになり、データを扱うための仕組み作りもいくらか簡単になります。

文章を読むだけではわかりにくいので、具体的な例で考えてみましょう。

次の図は顧客情報を管理する表です。1つの表に顧客情報と住所、社内担当者を記載してあります。この表は、例えば社内担当者の氏名が結婚などで変わった場合、変更する必要があるデータを1つ1つ洗い出して修正する作業が必要になります。

> 鈴木さんの名字が変わったら、該当データを探して、修正する、を繰り返す必要あり

顧客名	郵便番号	住所	社内担当者
株式会社ADC	150-0013	渋谷区恵比寿×-××-×	富田
株式会社DEFGHI	150-0012	渋谷区広尾×-××	鈴木
株式会社JKL	150-0002	渋谷区渋谷×-×-××	佐藤
株式会社MNOP	153-0052	目黒区祐天寺×-××-×	鈴木
QRSTUVWXYZ株式会社	164-0013	中野区弥生町×-××-×	鈴木

顧客情報管理表1

> **MEMO 正規化とは**
> あるひとまとまりのデータを、一定のルールに従って形を変更し、システムやユーザが利用しやすいように整えることを専門的な用語で正規化と呼びます。

上の表を改善したのが、顧客情報管理表2です。顧客情報と社員データを管理する表を分けて、担当者Noで情報を接続するようにしています。この場合、社内担当者の氏名が変更された際、担当者管理表の氏名を1箇所変更するだけで修正作業が済むようになります。

> 担当者No.で紐付いているので、担当者名を変更するだけでOK

顧客管理表

顧客名	郵便番号	住所	社内担当者No
株式会社ADC	150-0013	渋谷区恵比寿×-××-×	1
株式会社DEFGHI	150-0012	渋谷区広尾×-××	2
株式会社JKL	150-0002	渋谷区渋谷×-×-××	3
株式会社MNOP	153-0052	目黒区祐天寺×-××-×	2
QRSTUVWXYZ株式会社	164-0013	中野区弥生町×-××-×	2

担当者管理表

担当者No	担当者名
1	富田
2	鈴木
3	佐藤

顧客情報管理表2

もう1つ別の例を見てみましょう。次の図は請求書を管理する表です。上の表は1つのテーブル（1つの行）に請求書の上部に記載する「請求先」や「請求日」といった情報が格納されています。同時に、1行目の品目、1行目の金額、2行目の品目、2行目の金額…と複数の項目が存在しています。

このように、ひとまとまりのデータの中で繰り返しになっている構造や、データ項目内に内部構造が存在している場合は、それを解消するようにデータを分離していきます。複雑に絡み合ったデータを適切に切り離すことで、データの2次利用・3次利用や、アプリケーションからデータを操作する際のプログラミングの難易度が低下します。

同じ要素が繰り返し並んでいる

顧客名	請求日	請求金額	明細1行目 品目	明細1行目 金額	明細2行目 品目	明細2行目 金額	明細3行目 品目	明細3行目 金額
株式会社ADC	2016/1/15	¥500,000	シュレッダー	¥500,000				
株式会社DEFGHI	2016/2/10	¥2,500,000	システム改良	¥1,500,000	導入費用	¥500,000	ライセンス代	¥500,000
株式会社JKL	2016/3/5	¥40,000	プリンタリース	¥30,000	印刷カウンタ	¥10,000		
株式会社MNOP	2016/3/20	¥150,000	型番A-12345	¥60,000	型番D-4321	¥30,000	導入費用	¥60,000
QRSTUVWXYZ株式会社	2016/4/1	¥700,000	文書管理システム	¥600,000	導入費用	¥100,000		

↓

請求No.	顧客名	請求日	請求金額
1	株式会社ADC	2016/1/15	¥500,000
2	株式会社DEFGHI	2016/2/10	¥2,500,000
3	株式会社JKL	2016/3/5	¥40,000
4	株式会社MNOP	2016/3/20	¥150,000
5	QRSTUVWXYZ株式会社	2016/4/1	¥700,000

請求No.	明細行	品目名	品目金額
1	1	シュレッダー	¥500,000
2	1	システム改良	¥1,500,000
2	2	導入費用	¥500,000
2	3	ライセンス代	¥500,000
3	1	プリンタリース	¥30,000
3	2	印刷カウンタ	¥10,000
4	1	型番A-12345	¥60,000
4	2	型番D-4321	¥30,000
4	3	導入費用	¥60,000
5	1	文書管理システム	¥600,000
5	2	導入費用	¥100,000

繰り返している要素を分離して、請求金額と明細の情報を別々にしている

請求書管理表

COLUMN

正規化のルール

正規化されたデータは、正規形と呼ばれます。正規化の方法や手続き、順番については諸説ありますが、おおむね次の3点のルールに従ってデータを整理します。

- 繰り返しになっている構造や、項目間同士に内部構造が存在する箇所を解消・分離する
- 識別子以外のデータに関数従属している部分を解消・分離する
- すべての有効な識別子のみが網羅され、識別子ごとに有効なひとまとまりのデータが1個以上存在するようにデータ構造を設計する

MEMO 識別子とは

たくさんのデータを個別のものだと識別する項目を識別子と呼びます。例えば、P.051顧客情報管理表2の「担当者No.」は多くの社員を区別するための識別子です。

　システム化成功の秘訣は、効率的ではない業務の流れやデータの持ち方を改善できるかどうかにかかっています。同僚や上司と意見をすり合わせながら、業務の処理やデータが本来あるべきだと考えられる姿に再設計していきましょう。

04 FileMakerでデータベースシステムを開発する際の注意

導入計画とデータの整理ができたら、いよいよ開発です。その前に、FileMakerで陥りやすいミスを紹介します。開発前はピンと来ないかもしれません。作業を始めたら、時折このページに戻って確認をしましょう。

FileMakerの弱点を知る

ここまでFileMakerの強みだけを取り上げてきましたが、その反面、弱みもいくつかあります。FileMakerで業務改善するデータベースシステムを開発するにあたり、特に注意したいのは「簡単に開発できるということは、簡単に（コンピュータにとって）非効率な処理が書けてしまう」ということです。

FileMakerには便利な機能が数多く用意されています。例えば、次のようなものがあります。

機能	内容
計算フィールド	あらかじめ用意されている関数を使って、文字列操作や数値計算を行い、その結果をフィールドに保持。計算式に用いたフィールドが更新されれば、そのフィールドを参照している計算フィールドも自動的に再計算される
集計フィールド	集計をしたい特定のフィールドを選ぶだけで、テーブル内の全レコードを集計する。集計法は「合計」「平均値」「カウント」「最小値」「最大値」「標準偏差」「合計に対する比」から選択するだけ。計算式を記述せずに実装可能

代表的な便利機能

この2種類はFileMakerに用意されているフィールドの型（FileMakerでは「タイプ」と呼ぶ）です。FileMaker独特の考え方で、非常に便利で強力な機能です。例えば見積書の明細金額を合計して表示したい場合は、計算フィールドに「Sum（見積明細::金額）」と入力するだけで、自動的に金額が計算される見積金額フィールドを作成できます。

しかし、コンピュータの内部で行われる演算を理解しないまま使ってしまうと、運用当初はうまく動作していても、データが蓄積されるにつれ動作が非常に遅くなるアプリケーションになってしまいます。

FileMakerを使った業務アプリケーション開発で、はまりがちな落とし穴について取り上げてみます。

落とし穴①：非保存の計算フィールドを作成する

非保存の計算フィールドは、名前の通り、値が保存されていないフィールドのことです。フィールドの値が参照されるタイミング（画面表示時、フィールド値の書き出し時、検索時など）で計算をして、結果を表示します。

常に計算を行うフィールドなので、タイムラグも発生せず、最新の状態でのフィールド値更新が期待できます。便利な機能ですが、コンピュータにとっては非常に効率の悪い処理となりがちです。

というのも、非保存の計算フィールドでは、索引を作成できません。索引とは、コンピュータ内で取り扱われるデータの、ある特定の項目に素早くたどり着けるように目印を立てたものです。これが作成

できないと、検索時に全データを読み込む必要が出てきます。アプリケーションの運用開始直後はデータがそこまで蓄積されていないので、そこそこは軽快に動作します。しかし、データが 10,000 件や 100,000 件の規模になると、処理速度が目に見えて遅くなってきます。

> **MEMO 索引のメリット・デメリット**
>
> 索引を作成すると、検索にかかる時間が短くなり、関連テーブルを検索したり連結することができるようになります。反面で、ファイルサイズが大きくなるデメリットがあります。

また、外部テーブルのフィールド値を参照した計算フィールドの場合、外部テーブルに格納されているレコード量も処理速度に影響していきます。システムで実現したい業務の規模を問わず、FileMaker で業務アプリケーションを開発する際に、計算フィールドを使用するなら次の事項を守りましょう。

- 索引が作成できない計算フィールドは作成しない

計算式内で用いるのは、自テーブル内のフィールドのみにしましょう。外部テーブルのフィールドを参照する場合は、スクリプトトリガを活用します。

> **MEMO スクリプトトリガとは**
>
> 特定のイベント（データが変更されるなど）が発生したときに、スクリプトが実行する仕組みをスクリプトトリガと呼びます。スクリプトトリガを活用して他テーブルのフィールドに値を格納する方法については、Chapter 7 の 03「見積書の入力 UI 作成」を参照してください。

落とし穴②：集計フィールドを多用する

集計フィールドも計算フィールドと同じく、索引を作成できません。テーブル内に大量のレコードが登録されると、一覧画面の表示を完了するまでに数秒～数十秒の遅延が発生してきます。集計フィールドで行えることは、すべてスクリプトトリガで代用が可能です。

集計フィールドは可能な限り、必要最低限の利用に留めましょう。特に、リスト形式を用いたレイアウトには配置するべきではありません。

> **POINT 集計フィールドの利用について**
>
> 本書では Chapter 5 の 05「期間内での営業成績をグラフ化する」で、集計フィールドを使用していますが、それ以外のサンプルでは集計フィールドを利用する場面はありません。

テーブルとリレーションを深く理解しないままに開発を進めても、表面上は動作するシステムが形になります。しかし、運用が進むにつれて徐々に保守性を欠くシステムとなっていきます。FileMakerのメリットを最大限に活かすシステムを作るには、ある程度の訓練が必要になるでしょう。本書では、FileMakerエキスを最大限に有効活用した業務アプリケーションの開発手法をご紹介していきます。

MEMO テーブルとリレーション

テーブルとリレーションについてはChapter 3で詳しく説明します。

COLUMN

グローバルフィールド

FileMaker独自の考え方で、特徴のある仕様に「グローバルフィールド」があります。「グローバル」という設定を行ったフィールドのことです。
グローバルフィールドには、「1テーブルの全レコードに共通した値を格納できる」ようになります。使い方によっては便利な場面もありますが、仕様を複雑にしてしまう危険性があります。
FileMakerやRASISの考え方をマスターするまでは、なるべくグローバルフィールドは用いないほうが良いでしょう。なお、本書ではグローバルフィールドの使用はありません。

Chapter 3

かんたんFileMaker
データベース講座

業務アプリケーションを開発する前に、あらかじめ用意されているテンプレートを利用して、FileMakerの基礎や用語について理解しましょう。

01 FileMaker に触ってみよう

ここでは FileMaker の画面構成と、テーブルやフィールドなどの基礎を解説します。

Starter Solution を使おう

まずは FileMaker を体験してみましょう。FileMaker には「Starter Solution」と呼ばれる、既存の業務や枠組みに合わせて設計されたテンプレートが用意されています。Starter Solution を用いて、FileMaker の世界に触れていきましょう。

> **MEMO　Starter Solutionとは**
>
> FileMaker が用意している iPad、iPhone、デスクトップ向けのテンプレートです。ビジネス向けや個人向け、教育現場向けにカスタマイズされています。テンプレートを選択するだけで、すぐに FileMaker データベースを使用開始できます。スタートアップのほか、開発するアプリケーションやデザインの参考にもなります。

❶ FileMakerを起動する

❷ 初回起動時は「始めましょう」が開く。「始めましょう」には、FileMaker Pro を使い始めるにあたっての便利なメニューが用意されている

❸ [Starter Solutionを選択する]をクリックする

> **MEMO　「始めましょう」と「起動センター」**
>
> FileMaker Pro を初めて起動した場合は「始めましょう」が表示されます。2回目以降に起動した場合は、FileMakerファイルをすぐに開くための「起動センター」が表示されるようになります。「始めましょう」は [ファイル] メニューからいつでも表示することができます。

❹ ここではタスクの Starter Solution を開く。下方向にスクロールしていき、タスクの [この Starter Solution から作成] をクリックする

01 FileMaker に触ってみよう

✅ POINT
さまざまな Starter Solution

「始めましょう」では、連絡先、目録、コンテンツ管理、タスクの4種類の Starter Solution を作成できます。このほかの Starter Solution は、起動センターの [Starter Solution から新規作成] メニューから作成することができます。収録されている Starter Solution の種類やバージョンは、FileMaker のバージョンによって異なります。

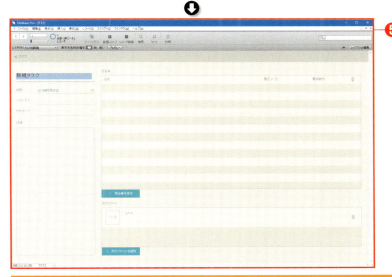

❺ FileMaker Pro のメイン画面が表示される

MEMO 「始めましょう」から作成した Starter Solution

「始めましょう」から作成した Starter Solution は、自動的にデスクトップにファイルが作成されます。

FileMaker Pro 14の場合は、初回起動時に表示される「始めましょう」ではなく、[ファイル]メニューから Starter Solution の作成を行います。

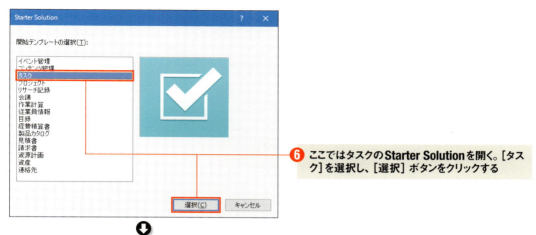

6 ここではタスクのStarter Solutionを開く。[タスク]を選択し、[選択]ボタンをクリックする

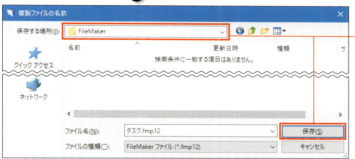

7 ファイル名と保存する場所を選択し、[保存]ボタンをクリックする

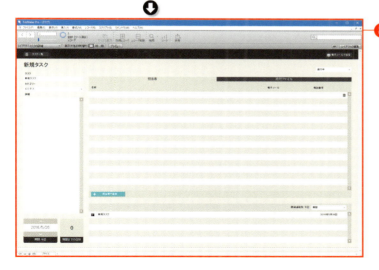

8 FileMaker Proのメイン画面が表示される

POINT　Starter Solutionのバージョンについて

収録されているStarter Solutionの種類やバージョンは、FileMakerのバージョンによって異なります。FileMaker Pro 14の「タスク」は、FileMaker Pro 15の「始めましょう」から作成する「タスク」と作りが異なります。Chapter 3では以降の図版について、FileMaker Pro 15の「タスク」を使用しています。

画面の構成と見方

FileMakerアプリケーションは、主にデータを格納する「テーブル」と、データを入力・表示するための「レイアウト」の2つの要素から成り立っています。

テーブル

テーブルとは「顧客」や「案件」などのひとまとまりの情報の集合体を指した言葉です。テーブルは情報を格納するための「フィールド」を複数個持っています。1つ1つのフィールドに情報を格納していき、その1セットを「レコード」と呼びます。

Excelなどの表計算アプリケーションで、1シート内で扱われている列・行の2次元情報が1テーブルで管理できる情報ととらえるとわかりやすいでしょう。

テーブル同士を特定のフィールド(情報)で紐付け、レコードとレコードを紐付ける仕組みを「リレーションシップ」と呼びます。

> **MEMO リレーションシップについて**
> Chapter 3の02「リレーションの組み方」で詳しく解説します。

テーブル:顧客

	A	B	C
1	顧客名	担当者名	電話番号
2	株式会社キクミミ	富田	03-××××-××××
3	株式会社翔泳社	佐藤・鈴木	03-××××-××××
4	株式会社ABC	高橋	03-××××-××××
5	XYZ株式会社	田中	03-××××-××××

フィールド
レコード

上記の例では…
顧客テーブルには「顧客名」「担当者名」「電話番号」の3フィールドが用意されており
レコードが4件登録されている

テーブル、フィールド、レコードのイメージ図

レイアウト

FileMakerには、レイアウトと呼ばれる画面を複数作成することができます。1つのレイアウトには、必ずテーブルが1つ関連付けられます。用途に応じたレイアウトを用意することで、業務に合わせたアプリケーションと画面動線を設計します。

レイアウト名	テーブル	内容	用途
タスク	タスク	登録されているタスクを一覧表示する	登録されているタスクの確認、進捗(ステータス)の変更
タスクの詳細	タスク	タスクの詳細情報を表示する	タスクの詳細情報、担当者・添付ファイルの追加
タスク｜タブレット	タスク	登録されているタスクを一覧表示する	登録されているタスクの確認
タスク詳細｜タブレット	タスク	タスクの詳細情報を表示する	タスクの詳細情報
担当者｜タブレット	担当者	タスクに関連付ける担当者の登録・確認	担当者情報の登録・確認・変更
添付ファイル｜タブレット	添付ファイル	タスクに関連付けられた添付ファイルの表示	添付ファイル・コメントの表示・変更
タスク｜電話	タスク	登録されているタスクを一覧表示する	登録されているタスクの確認
タスク詳細｜電話	タスク	タスクの詳細情報を表示する	タスクの詳細情報
担当者｜電話	担当者	タスクに関連付ける担当者の登録・確認	担当者情報の登録・確認・変更
添付ファイル｜電話	添付ファイル	タスクに関連付けられた添付ファイルの表示	添付ファイル・コメントの表示・変更

例：Starter Solution「タスク」のレイアウト（一部抜粋）

レイアウトには「オブジェクト」と「レイアウトパート」という要素があります。

オブジェクト

FileMakerではレイアウトに配置された部品に対して操作を行い、データを入力・加工・保存したり、画面の切り替えや機能を呼び出したりします。これらを総称して「オブジェクト」と呼びます。オブジェクトには、さまざまな種類が用意されています。

オブジェクト名	内容
フィールドオブジェクト	FileMakerデータベースに保存されている情報の表示や、入力のためのオブジェクト
グラフィックオブジェクト	レイアウトのデザインを整えるためのオブジェクト
ポータル	関連する複数の情報を列挙表示するためのオブジェクト
タブコントロール	限られた画面領域にタブを使用して複数の情報を配置するためのオブジェクト
スライドコントロール	限られた画面領域にスライドコントロールを使用して複数の情報を配置するためのオブジェクト
Webビューア	Webブラウザを使用して、あらかじめ指定したWebサイトを埋め込むためのオブジェクト
グラフ	FileMakerデータベースに保存されている情報を使用して、グラフを描画するためのオブジェクト
ボタン	さまざまな機能を割りあてるための汎用オブジェクト
ポップオーバーボタン	ポップオーバー領域を作成する。限られた画面領域に複数の情報を配置するためのオブジェクト
ボタンバー	縦、または横方向に連続してボタンを表示するオブジェクト

オブジェクトの種類

> **MEMO グラフィックオブジェクトの種類**
>
> グラフィックオブジェクトには、テキストを埋め込む「テキストオブジェクト」、線や四角形などを表示するための「線オブジェクト」や「長方形オブジェクト」「角丸長方形オブジェクト」「楕円オブジェクト」が用意されています。

FileMakerでは、主に2つのモードを使用して作業をします。レイアウトモードでは、レイアウトにオブジェクトを配置し、ほかのモードで利用するための画面を設計します。ブラウズモードでは、レイアウトに配置されたオブジェクトを操作してデータの入力や表示を行います。

> **MEMO モードの詳細について**
>
> Chapter 4の03「顧客データの取り込みと編集」を参照してください。

レイアウトパート

FileMaker Proのレイアウトは、複数のレイアウトパートから成り立っています。レイアウトパートとは、画面に表示する情報を整理・集計するためにあらかじめ区分けされた部分です。フィールド内のデータの扱い方や表示方法は、レイアウトパートによって異なってきます。レイアウトに配置できるレイアウトパートは、次の11種類です。

	オブジェクト名	内容	1レイアウトに複数回使用可
①	上部ナビゲーション	ナビゲーション用の情報やボタンを配置するためのパート。各画面の最上部に表示される。スクロールやズームイン／ズームアウトは不可。プレビューモードでは表示されず、印刷も行われない	―
②	タイトルヘッダ	プレビューモードでのみ表示。最初の画面またはページの上部に、通常のヘッダ(指定されている場合)に代わって表示される	―
③	ヘッダ	必ずページの上部に表示される	―
④	前部総計	集計フィールドを配置すると、現在の対象レコードすべての集計値を計算して表示する。レポートの先頭(前部)に表示される	―
⑤	ボディ	主要入力・表示領域。各1レコードごとに1回ずつ表示される	―
⑥	前部小計	集計フィールドを配置すると、ソート条件に応じて区切られた小計値を計算して表示する。ボディパートより先頭(前部)に表示される	○
⑦	後部小計	集計フィールドを配置すると、ソート条件に応じて区切られた小計値を計算して表示する。ボディパートより末尾(後部)に表示される	○
⑧	後部総計	集計フィールドを配置すると、現在の対象レコードすべての集計値を計算して表示する。レポートの末尾(後部)に表示される	―
⑨	フッタ	必ずページの下部に表示される	―
⑩	タイトルフッタ	プレビューモードでのみ表示。最初の画面またはページの下部に、通常のフッタ(指定されている場合)に代わって表示される	―
⑪	下部ナビゲーション	ナビゲーション用の情報やボタンを配置するためのパート。各画面の最下部に表示される。スクロールやズームイン／ズームアウトは不可。プレビューモードでは表示されず、印刷も行われない	―

レイアウトパートの種類

> **POINT もっと詳しく知りたい場合**
>
> FileMakerでできることをさらに詳しく知りたい方は、[ヘルプ]メニューからリソースセンターにアクセスして、チュートリアルビデオを見てみましょう。また、基本操作を体系的に学びたい場合は、オンラインヘルプを一読してみることをおすすめします。

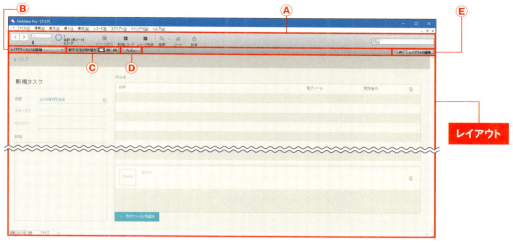

ブラウズモード画面

	名前	機能
A	ツールバー	レコードの追加やソートなどの操作をする
B	レイアウトメニュー	表示するレイアウトを切り替える
C	表示方法の切り替え	レコードの表示形式をフォーム、リスト、表にそれぞれ切り替える
D	プレビューモードに切り替え	印刷出力する場合の画面イメージに切り替える
E	レイアウトモードに切り替え	レイアウトモードに切り替える

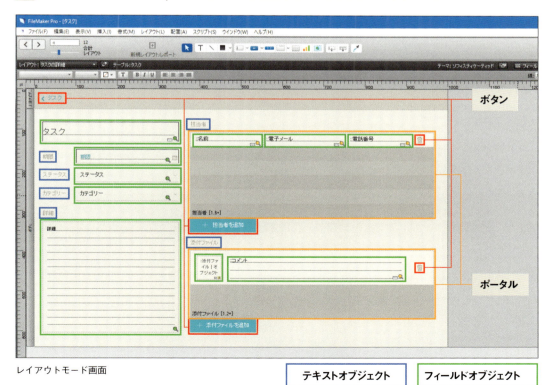

レイアウトモード画面

02 リレーションの組み方

ここでは、FileMaker のリレーションシップの概要と、テーブルオカレンス（TO）とテーブルオカレンスグループ（TOG）についての基礎的な内容について学習します。

FileMaker 特有の機能

　FileMaker でのアプリケーション作成に欠かせない機能として「リレーションシップ」と「スクリプト」、任意のタイミングでスクリプトを実行する「スクリプトトリガ」があります。特にリレーションシップでは、FileMaker 特有の概念として「テーブルオカレンス」と呼ばれる考え方が登場します。

リレーションシップとは

　リレーションとは、英語で「関係」や「つながり」といった意味の言葉になります。Chapter 3 の 01「FileMaker に触ってみよう」でリレーションシップとは「テーブル同士を特定のフィールド（情報）で紐付け、レコードとレコードを紐付ける仕組み」と解説しました。ここでは、もう少し深く掘り下げてリレーションシップを紹介します。

　テーブル同士のデータの関連付けを行うと、どのようなメリットがあるでしょうか。ホテルの業務を例にしてみましょう。

　一般的なホテルでは、お客さんがチェックインして、レストランでご飯を食べて、就寝して、チェックアウト時に精算、といった流れがあります。この業務の流れをデータベースで表現したとします。

　リレーションシップを考慮せずに、1つのテーブルでチェックイン／アウトやレストランでの注文履歴を表現すると次のようになります。

宿泊者	生年月日	連絡先	チェックイン日時	チェックアウト日時	部屋番号	部屋代金	レストラン注文メニュー	レストラン利用日時	レストラン利用料金
富田宏昭	1987/2/1	070-××××-××××	2016/1/5 18:30	2016/1/6 9:00	507	¥8,000	ハンバーグステーキ、コーヒー	2016/1/5 20:00	¥2,800
山田太郎	1970/10/5	090-××××-××××	2016/1/6 19:00	2016/1/7 7:00	901	¥11,000	ディナーコース	2016/1/6 19:30	¥8,000
舟木信子	1984/9/25	03-××××-××××	2016/1/7 20:00	2016/1/8 9:30	402	¥7,000	タマゴサンドイッチ、紅茶	2016/1/7 7:00	¥900
富田宏昭	1987/2/1	070-××××-××××	2016/1/8 18:00	2016/1/9 8:00	509	¥8,000	ミックスナッツ、ワイン	2016/1/7 19:00	¥1,500

リレーションを考慮しないテーブル

このテーブル構成の場合、すぐに思いつくデメリットとして「1回のチェックインでレストランを2回以上利用した場合、きれいにデータを持たせることができない」「レストランの利用料金を手動で計算する必要がある」「レストランの人気メニューがすぐにわからない」といった事柄が考えられます。

次にリレーションシップを考慮し、管理する情報（テーブル）を細分化してみましょう。顧客情報を管理するテーブル、チェックイン／チェックアウト情報を管理するテーブル、レストランでの注文履歴を管理するテーブル、レストランのメニューを管理するテーブルの4つに分けると次のようになります。

お客様情報

宿泊者ID	宿泊者	生年月日	連絡先
1	富田宏昭	1987/2/1	070-×××-×××
2	山田太郎	1970/10/5	090-×××-×××
3	舟木信子	1984/9/25	03-×××-×××

チェックイン／チェックアウト

チェックID	宿泊者ID	チェックイン日時	チェックアウト日時	部屋番号	部屋代金
9834	1	2016/1/5 18:30	2016/1/6 9:00	507	¥8,000
9835	2	2016/1/6 19:00	2016/1/7 7:00	901	¥11,000
9836	3	2016/1/7 20:00	2016/1/8 9:30	402	¥7,000
9837	1	2016/1/8 18:00	2016/1/9 8:00	509	¥8,000

レストラン注文履歴

レストラン利用ID	チェックID	宿泊者ID	メニューID	利用日時
3051	9834	1	129	2016/1/5 20:00
3052	9834	1	1	2016/1/5 20:00
3053	9835	2	130	2016/1/6 19:30
3054	9836	3	131	2016/1/7 7:00
3055	9836	3	2	2016/1/7 7:00
3056	9837	1	132	2016/1/7 19:00
3057	9837	1	3	2016/1/7 19:00

レストランメニュー

メニューID	メニュー名	料金
1	コーヒー	¥800
2	紅茶	¥600
3	ワイン	¥900
︙	︙	︙
129	ハンバーグステーキ	¥2,000
130	ディナーコース	¥8,000
131	タマゴサンドイッチ	¥300
132	ミックスナッツ	¥800

管理情報を細分化

02 リレーションの組み方

テーブル間を紐付けてみましょう。お客様情報とチェックイン／チェックアウトは「宿泊者ID」。チェックイン／チェックアウトとレストラン注文履歴は「チェックID」と「宿泊者ID」。レストラン注文履歴とレストランメニューは「メニューID」で情報を紐付けられます。

お客様情報

宿泊者ID	宿泊者	生年月日	連絡先
1	富田宏昭	1987/2/1	070-×××-×××
2	山田太郎	1970/10/5	090-×××-×××
3	舟木信子	1984/9/25	03-×××-×××

チェックイン／チェックアウト

チェックID	宿泊者ID	チェックイン日時	チェックアウト日時	部屋番号	部屋代金
9894	1	2016/1/5 18:30	2016/1/6 9:00	507	¥8,000
9835	2	2016/1/6 19:00	2016/1/7 7:00	901	¥11,000
9836	3	2016/1/7 20:00	2016/1/8 9:30	402	¥7,000
9837	1	2016/1/8 18:00	2016/1/9 8:00	509	¥8,000

レストラン注文履歴

レストラン利用ID	チェックID	宿泊者ID	メニューID	利用日時
3051	9834	1	129	2016/1/5 20:00
3052	9834	1	1	2016/1/5 20:00
3053	9835	2	130	2016/1/6 19:30
3054	9836	3	131	2016/1/7 7:00
3055	9836	3	2	2016/1/7 7:00
3056	9837	1	132	2016/1/7 19:00
3057	9837	1	3	2016/1/7 19:00

レストランメニュー

メニューID	メニュー名	料金
1	コーヒー	¥800
2	紅茶	¥600
3	ワイン	¥900
︙		
129	ハンバーグステーキ	¥2,000
130	ディナーコース	¥8,000
131	タマゴサンドイッチ	¥300
132	ミックスナッツ	¥800

テーブル同士を紐付け

　各テーブルに必要最低限の情報を持たせてデータを関連付けることで、データの重複を最小限に抑えられます。どういうことかというと、例えば、顧客の情報を変更したいとします。テーブルが1つの場合、それまでに登録されていたすべてのデータを変更する必要があります。テーブルを細分化して、それぞれの情報を1箇所に集約した場合は、顧客データを管理するテーブルのデータのみを更新すればOKです。

また、1つの情報に対して複数の情報が紐付く場合（この例なら1回のチェックインで複数回レストランを利用した場合）でも、データを管理することが可能になりました。レストランのメニューもあらかじめ用意しておくことで、利用料金を自動で算出できます。

この例では、リレーションによる関連付けをすることで、次の情報を一度に取り出すことができます。

お客様データ	これまでの宿泊回数が数えられる
	好みのメニューがわかる
	これまでの利用料金を集計できる
チェックイン／チェックアウト管理データ	誰のチェックイン／チェックアウト情報かわかる
	チェックインごとのレストランの注文明細、利用料金がわかる
レストランのメニュー管理データ	メニューの注文頻度がわかる
	メニューを頻繁に注文する顧客の年齢層がわかる

細分化された管理情報からわかること

リレーションシップを上手に活用することで、データ入力・修正時の手間を省力化できます。また、必要なときに、必要なデータだけを容易に取り出すことが可能となります。

リレーションの張り方

FileMakerでリレーションを張るには、データベースの管理の［リレーションシップ］タブから行います。

リレーションを張る際に、特別な言語を覚える必要はありません。紐付けたい情報が格納されているテーブルのフィールド（キーとなるフィールド）同士を、マウスでドラッグ＆ドロップ操作するだけです。

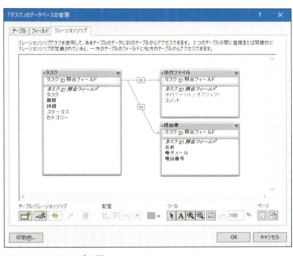

リレーションシップの例

✅POINT　キーとなるフィールド

リレーションのキーとなるフィールドとは、この例では「宿泊者ID」「チェックID」「メニューID」が該当します。つまり、紐付けができるフィールドのことです。キーとなるフィールドは、可能な限り「数字」にしましょう。ユーザが自由に入力する文字列をリレーションキーとした場合、入力者によって表記ゆれが起こり、リレーションが機能しない可能性が出てきます。管理目的以外の意味を持たない連番を、リレーションキーとして使用する癖をつけましょう。やむを得ず「テキスト」タイプを使用する場合、表記ゆれを防ぐため、特定の文字列だけが格納されるようにしましょう。

リレーションの張り方

　FileMakerのリレーションシップでは、キーとなるフィールドの値が一致する以外にもさまざまな条件を指定することができます。

表示上の記号	意味
＝	フィールド同士の値が一致した場合にリレーションが成立
≠	フィールド同士の値が一致しない場合にリレーションが成立
＜	一方のフィールド値がもう一方のフィールド値より小さい場合にリレーションが成立
≦	一方のフィールド値がもう一方のフィールド値より小さいか、または等しい場合にリレーションが成立
＞	一方のフィールド値がもう一方のフィールド値より大きい場合にリレーションが成立
≧	一方のフィールド値がもう一方のフィールド値より大きいか、または等しい場合にリレーションが成立
×	値の入力有無、内容問わずにリレーションが成立

リレーションシップ条件の種類

　「＝」のリレーション成立条件では、両テーブル側のフィールドに何かしらの入力がされている必要があります。空欄の状態ではリレーションが成立しませんので注意しましょう。

 CAUTION

レコードが多い場合は「＝」だけ

「＝」以外のリレーションシップ条件を用いた場合、テーブルのレコード量に応じて動作速度がもたつくようになってきます。リレーション先のテーブルに大量のレコード登録が発生する場合は、「＝」以外のリレーションシップ条件を使用しないようにしましょう。

リレーションシップ間の取り決め

　リレーションを張ったテーブル間では、次のような取り決めを設定できます。

・一方のテーブルからのレコードを作成できるようにするか
・一方のテーブルでレコードを削除した場合に、もう一方のレコードを自動的に削除するか
・レコードのソート順

　一方のテーブルからレコードを作成できるように設定する場合、リレーション成立条件をすべて「＝」にしておく必要があります。レコードのソート順は後述のポータル設定でも変更できます。ポータル側でソート順を設定した場合は、ポータルのソート順が優先されます。

テーブルオカレンスとは

　FileMaker独特の考え方で、非常に重要な仕組みに「テーブルオカレンス（Table Occurrence）」があります。「テーブル」と「テーブルオカレンス」は明確に違う体系です。

　「テーブル」とは、ひとまとまりのデータを蓄積していく器です。テーブルには、データの項目（カラム。FileMakerではフィールドと呼ぶ）や、その種類（型。FileMakerではタイプと呼ぶ）を自由に追加できます。また、自動的に値（シリアル番号、タイムスタンプ、特定の値、計算式など）を格納したり、制限（ユニーク、型一致、数値範囲など）を設定できます。

　「テーブルオカレンス」とは、データベース定義画面のリレーションシップグラフ上にテーブルを仮想化して表示したものです。FileMakerのレイアウトやスクリプトなどでの操作は、テーブルオカレンスに対して行います。

　リレーションシップグラフではテーブル間のリレーションを張っているのではなく、テーブルオカレンス間でのリレーションを張ることになります。このとき、リレーションで関連付けられたテーブルオカレンスのまとまりを、「テーブルオカレンスグループ（TOG）」と呼んでいます。

　テーブルオカレンスは1つのテーブルに対して、いくつでも作成することができます。ルールは決められていませんが、実現したい機能ごとや役割ごとにテーブルオカレンスを分割しておくと、保守がしやすくなります。

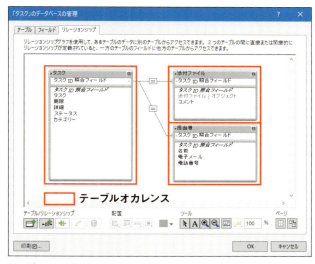

テーブルオカレンス

スクリプトとスクリプトトリガ

　「スクリプト」とは、1つ1つの処理をまとめて実行するための処理形態です。FileMakerのスクリプトでは、ユーザの操作1つ1つを「スクリプトステップ」と呼ばれる処理で表現できます。複数のスクリプトステップを順序良く組み立てることで、ユーザの操作を自動化します。

操作	スクリプトステップ
フィールドをクリックする	「フィールドへ移動」スクリプトステップ
ほかのレイアウトに移動する	「レイアウト切り替え」スクリプトステップ
フィールドにデータを格納する	「フィールド設定」スクリプトステップ

ユーザの操作とスクリプトステップの対比

> **MEMO　スクリプトの作成方法について**
>
> Chapter 4の05「郵便番号を用いた住所情報自動入力」で詳しく説明します。

このスクリプトを特定のタイミングで実行できる機能が「スクリプトトリガ」です。スクリプトトリガは、FileMaker上のイベントをきっかけとしてスクリプトを実行するための仕組みです。例えば、ボタンをクリックしてスクリプトを実行したり、レイアウトを表示したタイミングや、フィールドにデータを入力したタイミングでスクリプトを実行できます。

> **MEMO　イベントの概要について**
>
> Chapter 3の03「イベント処理の方法」で詳しく説明します。

優れたシステムを実現するために

　コンピュータシステムに関する著名な評価指標の1つに、システムを評価する際の5つの項目の頭文字を取った、RASISがあります。

単語	意味	指標
Reliability	信頼性	障害や不具合の発生しにくさ
Availability	可用性	稼働率の高さ、障害や保守による停止時間の短さ
Serviceability	保守性	障害時の復旧や、メンテナンスの容易さ
Integrity	完全性	過負荷時や障害時の、データの矛盾の起きにくさ
Security	安全性	外部からの侵入や、悪意あるユーザによる改竄・機密漏洩の起きにくさ

RASIS

　どのようなデータベースを採用するにしろ、これらの要素を常に意識しながら設計開発に取り組む必要があります。

　FileMakerでは簡単にテーブル設計やプログラム処理ができます。これはメリットであるのと同時に、デメリットになる可能性もあります。RASISの要素を意識しないまま開発に取りかかってしまうと、サービス当初は何とか動くシステムになったものの、保守性や信頼性に欠け、最終的には長く使えないシステムとなってしまいます。

　FileMakerの性質上、高い頻度で発生してしまうのは、「テーブルオカレンスを理解しないまま開発したことによる、著しい保守性・信頼性の欠如」です。テーブルオカレンスを理解しないまま開発されたFileMakerアプリケーションは、必ずと言ってもよいほど、アプリケーションの機能拡張時や他システムとの連携、障害からの復旧作業に問題が発生します。

　例えばテーブルオカレンスを理解しないままにリレーションを張った場合、非常に複雑なリレーションシップグラフができる可能性もあります（次ページの上図）。

　このようなリレーションシップグラフでは、さまざまな問題が発生します。

　システムは運用期間が長くなればなるほど、データが蓄積されていきます。同時に日常業務の核となっていくので、より高い信頼性・可用性・保守性が要求されていくことになります。

　テーブルオカレンスを理解しないまま作成したFileMakerアプリケーションの保守作業は、テーブルオカレンス間の情報の紐付きや、実現したかった業務を解析するだけで膨大な時間が発生します。満足なドキュメントが残されていなければ、保守も拡張も引き継ぎもできず、先に進むことも前に戻ることもできない状態となります。

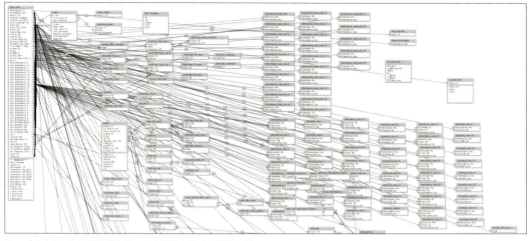

テーブルオカレンスを理解しないまま開発を進めた場合の例

リレーションが複雑すぎて、どのテーブルオカレンスがどの処理体系で使用されているかが不明
・設計・開発の当事者以外が理解するまでに時間がかかる
・業務の引き継ぎ時に多大なコストが発生する

リレーションが原因の不具合が発生した際に、修正が非常に難しくなる
・原因のリレーションをほかの処理で使用していると、修正自体ができない
・バグフィックス専用の別リレーションを作成することになり、さらなるバグの温床となる

レイアウトやフィールドの配置時に、不要なテーブルオカレンスが表示される
・役割をテーブルオカレンスの名前だけで管理することになり、混乱が生じる
・メンテナンス・開発作業に必要以上の時間がかかる

考えられる問題点

　あらかじめ実現したい業務ごとにテーブルオカレンスを複数個用意し、適切なグルーピングをすることで、業務の個別性を高めることができます。個別性を高めると、リレーションが簡素化され、必要なときに必要最低限の情報だけが見渡せます。最終的に、開発効率が向上し、メンテナンスや仕様変更にも柔軟に対応できる仕組みとなります。

　FileMakerの性質を理解し、システムの基本を常に意識しながら、テーブルオカレンスとスクリプトトリガを最大限に活用してアプリケーション開発を進めていきましょう。

03 イベント処理の方法

ここでは、スクリプトトリガの設定時に使用する「イベント」について説明します。さまざまな OS やソフトウェアでの一般的なイベントと、FileMaker で捕捉できるイベントについて取り上げます。

イベントとは

コンピュータで操作をしている間、裏の仕組みでは「イベント」と呼ばれる信号がやり取りされています。イベントの種類や、捕捉できるイベントは OS やアプリケーションによって異なります。例えば Web ブラウザ上で捕捉できるイベントには、次のようなものがあります。

・Web ページがロードされた
・マウスが動いた
・マウスでクリックされた
・キーボードのキーが押された
・入力ボックスからフォーカスが外れた
・ほかのページに移動した

FileMaker では特定のイベントが発生した際に、あらかじめ指定したスクリプトを実行させることができます。この「スクリプトトリガ」は FileMaker Pro 10 で導入されました。バージョンが上がるにつれて、捕捉できるイベントの種類が拡充されています。

スクリプトトリガを活用することで、さまざまな処理の自動化が可能になります。

・郵便番号を入力したら、外部 Web サービスから住所情報を取得して転記する
・特定のキーを押したら、オリジナルのヘルプを表示する
・レイアウトが表示されると同時に、レコードの表示条件やソート順、印刷時の方向の初期化処理がされる
・レコードの編集履歴を保存する
・関連するテーブルの特定のフィールド値を変更する

なお、FileMaker で捕捉できるイベントの種類は次の通りです。

設定箇所	種類	バージョン 14	バージョン 15	イベント発生の条件	スクリプトを実行するタイミング
オブジェクト	OnObjectEnter	○	○	オブジェクトがアクティブになった	イベントが処理された後
オブジェクト	OnObjectKeystroke	○	○	アクティブなオブジェクト内にて、キーボードが押下された	イベントが処理される前
オブジェクト	OnObjectModify	○	○	オブジェクト内の値が変更された	イベントが処理された後
オブジェクト	OnObjectValidate	○	○	オブジェクト内に入力された値が検証された	イベントが処理される前
オブジェクト	OnObjectSave	○	○	オブジェクト内に入力された値が保存された	イベントが処理された後
オブジェクト	OnObjectExit	○	○	アクティブなオブジェクトからフォーカスが外れた	イベントが処理される前
オブジェクト	OnPanelSwitch	○	○	アクティブなパネル・タブが変更された	イベントが処理される前
オブジェクト	OnObjectAVPlayerChange	○	○	レイアウトオブジェクトのメディアの状態が変更された	イベントが処理される前
レイアウト	OnRecordLoad	○	○	レコードがロードされた	イベントが処理された後
レイアウト	OnRecordCommit	○	○	変更されたレコードが確定される直前	イベントが処理される前
レイアウト	OnRecordRevert	○	○	変更されたレコードが復帰される直前	イベントが処理される前
レイアウト	OnLayoutKeystroke	○	○	レイアウト上でキーボードが押下された	イベントが処理される前
レイアウト	OnLayoutEnter	○	○	レイアウトがロードされた	イベントが処理された後
レイアウト	OnLayoutExit	○	○	ほかのレイアウトに移動する直前	イベントが処理される前
レイアウト	OnLayoutSizeChange	○	○	レイアウトやウィンドウのサイズが変更された	イベントが処理された後
レイアウト	OnModeEnter	○	○	モードが切り替えられた	イベントが処理された後
レイアウト	OnModeExit	○	○	現在のモードが終了する直前	イベントが処理される前
レイアウト	OnViewChange	○	○	表示(フォーム, 一覧, テーブル)を切り替えた	イベントが処理された後
レイアウト	OnGestureTap	○	○	タッチデバイスを使用している状態で、レイアウト上でタップジェスチャを行った	イベントが処理される前
レイアウト	OnExternalCommandReceived	○	○	ロック画面や外部デバイスで停止、再生などの特定のボタン操作が行われた	イベントが処理される前
ファイル	OnFirstWindowOpen	○	○	ファイルの最初のウィンドウを開いた	ウィンドウが開いた後
ファイル	OnLastWindowClose	○	○	ファイルの最後のウィンドウを閉じた	ウィンドウが閉じる前
ファイル	OnWindowOpen	○	○	ファイルのウィンドウを開いた	ウィンドウが開き、OnFirstWindowOpenが発生した後
ファイル	OnWindowClose	○	○	ファイルのウィンドウを閉じた	ウィンドウを閉じる前、OnLastWindowCloseが発生する直前
ファイル	OnFileAVPlayerChange	○	○	メディアをフィールドまたはURLから再生中、ユーザかスクリプトステップによって再生状態が変更された	イベントが処理される前

FileMakerのイベント

04 ファイルの分離

FileMakerでは1つのFileMakerファイルに、複数のテーブル、複数のフィールド、複数のレイアウトを作成・格納できます。ここではファイルを分離する目的と意味について学習します。

なぜファイルを分離するのか

　FileMakerでは1つのFileMakerファイルに、複数のテーブル、複数のフィールドを追加することが可能です。また、1つのFileMakerには、外部ファイルを含めていくつでもテーブルオカレンスを追加できます。

　理論的にはすべてのテーブルとレイアウト、レコードを詰め込んだ1つのFileMakerファイルだけでシステムが構築できます。しかし、保守の面を考慮した場合、ファイルを分割して管理したほうが好都合です。「1つのFileMakerファイルには、外部ファイルを含めていくつでもテーブルオカレンスを追加できる」機能を活用して、ファイルを分割して管理すると、さまざまな恩恵を受けることができます。

　FileMaker開発者の間で知られる手法として、用途別にテーブルをグルーピングし、FileMakerファイルを分離する方法が挙げられます。例えば、「レイアウト情報のみを格納するファイル」「あまりデータが変更されない、マスタ系のレコードを格納するファイル」「頻繁にデータが変更される、データ系のレコードを格納するファイル」などです。この場合、レイアウト情報を格納するファイルにリレーション情報を集約させるのがポイントです。

　アプリケーションを開発する場合に、1つのFileMakerファイルで開発する場合と、ファイルを分割して開発する場合のメリット・デメリットを比較してみましょう。

	メリット	デメリット
A. 1つのFileMakerファイルで開発する場合	・権限情報を1ファイルに集約できるため、開発がしやすい ・ファイル数が少なくて済む	・ファイルサイズが大きくなりがち ・ファイル入れ替え時のコストが高い
B. FileMakerファイルを用途ごとに分割して開発する場合	・1つのFileMakerファイルのファイルサイズは、Aに比べて小さくできる ・ファイル入れ替え時のコストを最小限にできる	・権限情報を分割する必要があり、慣れていないと開発がしにくい ・ファイル数が多くなってしまう

それぞれのメリット・デメリット

　1つ1つ具体的に確認していきましょう。

権限情報

　FileMakerにはセキュリティの考え方として、主に「アカウント」「アクセス権セット」と呼ばれるものが用意されています。これらは、[セキュリティの管理]から確認・追加・変更が可能です。

「アカウント」は、ユーザIDとパスワード、アクセス権セットからなる認証情報を定義しています。これらは、FileMakerファイルを開く際の認証で使用します。デフォルトの状態では、次の2つのアカウントが作成されています。

アカウント名	パスワード	アクセス権セット	備考
[ゲスト権限]	設定なし	閲覧のみアクセス	ユーザIDとパスワードは存在せず、設定も不可能
Admin	設定なし	[完全アクセス]	パスワードは自由に設定可能

初期状態で作成されているアカウント

ゲスト権限は特殊なアカウント情報です。ゲストアカウントをアクティブにした場合、無条件で指定されたアクセス権セットでファイルを開けます。最初から用意されているAdminアカウントは、管理者の権限として設定されています。[完全アクセス]アクセス権セットではすべての操作が許可されています。

デフォルトの状態では、ファイルはAdminアカウントを利用して開かれます。ファイルを開く際のアカウントを変更したり、必ず認証ダイアログを表示させたい場合はファイルオプションから設定を行います。

FileMakerファイルではデフォルトでAdminアカウントが作成されるため、このアカウントをそのまま管理者権限として使ってしまいがちです。可能な限り、管理者権限を持つアカウント名はAdmin以外の文字列としましょう。また、アカウント名と同じにするといったような安易なパスワード設定もしないように心がけましょう。

> **POINT 会社情報を入力する際の注意**
>
> 作成したFileMakerファイルに会社の情報を入力する場合は、必ずそのFileMakerファイルに適切な権限情報を設定する癖をつけましょう。何かしらのトラブルでファイルが人の手に渡ってしまったときも、情報の流出をある程度防ぐことが可能です。

アクセス権セットは、ファイル内に格納されている「レコード」「レイアウト」「値一覧」「スクリプト」や、データの書き出し（印刷、他ファイル形式へのエクスポート）などの認証情報を定義しています。定義されたアクセス権セットを、各アカウントに割りあてて利用します。

データの機密を守るために必要な機能ですが、ファイルごとに定義することになります。また、開発者向けのFileMaker Pro Advancedでも権限情報のインポート・エクスポートはできないため、移植性に欠けます。

FileMakerファイルを分割して開発する場合、これらのセキュリティ設定を随時すべてのファイルに反映させる必要があります。

> **POINT セキュリティを自前で実装する方法**
>
> FileMakerのセキュリティを利用せず、セキュリティを自前で実装する方法もあります。この場合、アカウントとパスワードの組み合わせや各種操作の許可・不許可はテーブルやスクリプト、レイアウトをそれぞれ用意することで実現します。

> **COLUMN**
>
> ### AES256 を使用したファイル暗号化
>
> FileMaker 13 以降では、「アカウント」「アクセス権セット」とは別にファイル自体に AES 暗号化を施す機能が搭載されています。ファイルを暗号化することで、セキュリティ性をさらに高めることが期待できます。暗号化された FileMaker ファイルは、FileMaker Pro や FileMaker Go で開く際にパスワードを要求します。なお、ファイルを暗号化するには FileMaker Pro Advanced が必要です。

ファイル数

　FileMaker 上で一度に開ける FileMaker ファイルに制限はありません。しかし、FileMaker Server 上でホストできる FileMaker ファイルは、一度に 125 ファイルまでという制限があります。

　125 ファイル以上を 1 つの FileMaker Server で同時にホストすることはできません。大量のファイルを同時に開きたい場合は、別に FileMaker Server を用意し、FileMaker ファイル間でそれぞれのファイルを連携させる必要があります。

　1 つの FileMaker Server を複数部門・複数人で共有して利用する場合、1 アプリケーションを構成する FileMaker ファイルはなるべく少ないほうが良いでしょう。限られたリソースを全員でうまく活用できるように善処しましょう。

ファイルサイズ

　レコードやレイアウトが増えたり、テーブルやリレーションシップグラフが肥大してくると、それに応じてファイルサイズも大きくなっていきます。ファイルサイズが大きくなってくると、FileMaker ファイルの修復に時間がかかるようになってきます。

　FileMaker でファイルを開いている際にプロセスが強制終了したり、FileMaker Server でファイルをホスト中にサーバマシンがクラッシュしたりすると、FileMaker ファイルを修復しなければならないこともあります。また、ファイルサイズが大きくなればなるほど、正常に修復できる確率も低下します。このため、障害時の復旧難易度が増すことになります。

> **✓ POINT　ファイルサイズを小さくするには**
>
> レイアウト上に画像を直接貼り付けた場合や、オブジェクトフィールドにファイルをそのまま格納した場合に、ファイルサイズは特に大きくなります。オブジェクトフィールドにはファイルへのパス情報を格納するようにし、レイアウト上に画像を配置したい場合は、ファイルパスが格納されたオブジェクトフィールドを配置してファイルサイズを小さくするように意識しましょう。

ファイル入れ替え時のコスト

　レイアウトやスクリプトに大きな変更を加える場合、運用中のファイルに対して直接作業を行うのは危険です。このような規模の大きい仕様変更を伴う改修の場合、運用中の FileMaker ファイルとは別にファイルを用意し、開発版として開発をします。

運用中のファイルとは別に開発用のファイルを用意することで、データをいくら変更・破壊してもよくなります。運用中のシステムではないため、スクリプトの作成手順やレコードの操作にミスがあったとしても、影響はありません。また、不測の操作に備える必要もありません。データベースの構造やスクリプトの変更中にシステムを利用するユーザの存在を考える必要がないため、安心して作業ができます。

反面、改修したFileMakerファイルを運用中のファイルと入れ替える場合に「既存データの引っ越し」を行う必要が出てきます。データとは、FileMakerファイル内に作成したすべてのテーブルに入力されたレコードと、フィールドに設定された自動値の入力オプションです。

ファイルを分離せず、1つのFileMakerファイルで全テーブルとユーザインターフェイスを格納した場合、このデータの移動に時間がかかります。ファイルを分離した場合、変更したFileMakerファイルのみに対してデータの移動をすれば良いことになるため、データ移動の時間を圧縮することが可能になります。

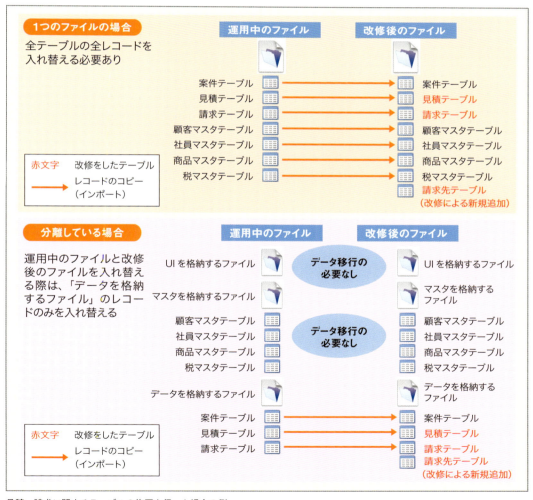

見積・請求に関するテーブルの修正を行った場合の例

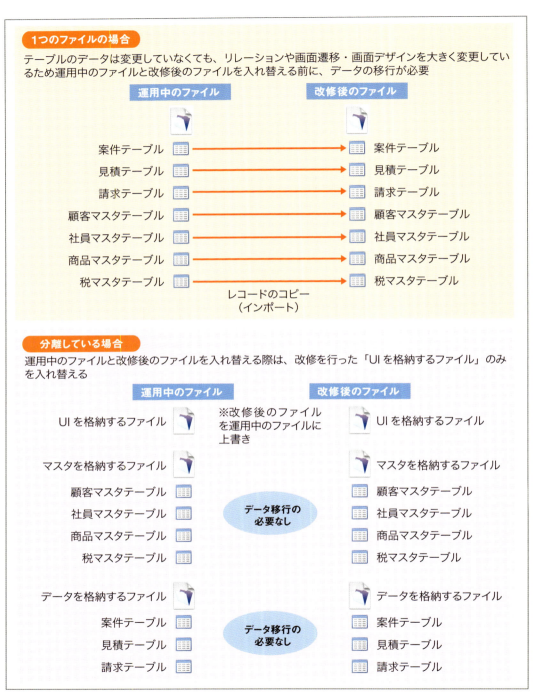

リレーションと画面遷移、画面デザインを大きく変更した場合の例

　本書で作成していくサンプルアプリケーションでは、FileMaker ファイルを用途ごとに分割して開発を進めていきます。

05 画面遷移の設計

業務アプリケーションでは、各画面（レイアウト）の動線が重要です。業務でのデータの流れや、効率の良い情報の処理順を検討し、画面遷移と情報の配置位置・表示デザインについて検討をしましょう。

画面遷移の設計に必要な情報

　業務に流れがあるように、アプリケーションの入力画面にも流れがあります。アプリケーション内に適切な導線を準備しておくことで、情報と情報の紐付けを効率良くユーザに明示でき、操作性や視認性の向上を図ることができます。

　適切な画面遷移を実装することで、ユーザはより少ない操作で一度に多くの情報を入力・確認できるようになります。画面遷移の設計をおざなりにした場合、目的の画面にたどり着くまでに時間がかかるようになり、ユーザのストレスの増加につながります。

　なお、画面遷移を描くには、次の情報が必要です。

誰がその画面を必要としているか

　データ入力の画面を構想していたとします。まずはその画面を、誰が（Who）必要としているかを考えましょう。業務に携わる担当者によって、業務の流れが異なります。業務の流れが異なれば、画面遷移の流れも変わってくることになります。

　担当者によって一覧表示で次々と確認したい場合もあれば、1つのデータを詳細に確認していきたい場合もあるでしょう。もしかしたら、独自の指標にマッチしたデータだけを、効率良く横断して確認していきたいかもしれません。

　一般的な業務アプリケーションで必要な画面は、データを横断して見るための一覧画面、必要なデータを絞り込むための検索画面、細かい情報を確認するための詳細画面といったところでしょう。FileMakerではデータの入力と表示を兼ねるため、詳細画面と編集入力画面を1つの画面にできます。

　日常業務ではさまざまなデータが組み合わさって、別々の角度からの切り口でデータを集計し、ビジネスに役立てていきます。担当者や業務ごとに必要な画面遷移を練っていきましょう。

担当者が重要視している情報は何か

　業務に携わる担当者によって、重きを置く情報は変化します。自分が知りたい情報に優先度がある以上、それらは画面遷移に反映されることになります。

画面の目的は何か

　画面が必要な理由、目的（Why）を考えましょう。目的をはっきりとさせることで、画面遷移のイメージがしやすくなります。また「本当に必要な画面」「あったら便利な画面」「別になくても構わない画面」などの画面ごとに応じた優先順を決定でき、画面遷移の最適化にもつながります。

情報を表示するために必要な処理は何か

　画面にひとまとまりの情報を表示するために必要な処理を考えましょう。例えば伝票を確認する仕組みを作る場合、いきなり伝票の詳細画面が表示されるよりも、最初に伝票の一覧画面や検索画面で目的の伝票を探しやすくするための動線を張ったほうが、効率の良い画面遷移になりそうです。

　あるデータ同士を比較検討したい場面では、比較検討したいデータを一覧画面からピックアップして比較結果画面を表示したいでしょう。関連付けられたデータを確認したい場合、データが複数件あるなら一覧画面が、1件だけの場合は、最初から詳細画面に遷移したほうが親切だと言えます。

　情報を表示するにあたり、前準備として必要な処理を検討することで、画面遷移のブラッシュアップが望めます。情報の流れや表示順を常に意識することで、アプリケーション全体や、業務の流れの無駄を発見しやすくなります。

目的の情報までの、最適化された経路は

　目的の情報にたどり着くまでの、最適な経路を検討します。この最適化は、システムの利用者となる各担当者向けに行う必要があります。

　伝票を片っ端から確認する担当者向けの一覧画面では、古いものから順に確認できるように、あらかじめソートされた一覧画面を表示するほうが親切でしょう。伝票番号で対応をする電話オペレータ向けの画面では、最初に伝票番号で検索するための画面を持ってくると喜ばれるでしょう。

- 担当者向け：一覧画面（初期処理：作成日時の昇順でソート） → 詳細画面
- 電話オペレータ向け：伝票番号検索画面 → 詳細画面

　データを登録する担当者に一度「システムを利用するのにストレスがかかる」と認識されてしまったら、一刻でも早い改善が必要です。担当者はストレスが発生するシステムには時間を割かなくなります。その結果、有用なデータが蓄積されるまでには時間がかかり、最終的にシステムの目的に到達するには難しい状況になるでしょう。このため、画面遷移は操作する担当者に応じてそれぞれ変化させていく必要があります。次の3点を意識した画面遷移を設計しましょう。

- 画面遷移は担当者によって最適化する
- どの担当者にも「やさしい」画面作りを心がける
- 初期化処理に時間をかけすぎて、ユーザに待ち時間を発生させない

テーマを利用した画面の配色・デザイン

　システムの見た目を洗練させることで、入力をしやすくしたり、目的の情報に素早くたどり着かせたりできます。背景色のカスタマイズ、文字の強調（太字・下線）、フォントといったデザインを統一し、操作性とデザイン性を兼ね揃えた業務アプリケーションを開発しましょう。

　FileMaker Proでは、配色やデザインに関するまとまった機能が「テーマ」として提供されています。テーマには次のものが含まれています。開発者は、レイアウトを作成する際にテーマを使用することで、特別な操作なく次の視覚効果を制御できます。

- ・レイアウトパートの背景色
- ・フィールドの境界線と背景色
- ・レイアウトオブジェクトの境界線と背景色
- ・フィールド内外のテキストの特性

　テーマはレイアウトモードで、いつでも変更可能です。例えば、Starter Solution の ［タスク］ のデフォルトのテーマは「ソフィスティケーティッド」という、薄いブラウンを基調としたフラットデザインです。テーマを「グリーン」に変更すると、淡い緑が基調のコントラストがより強調されたデザインになります。

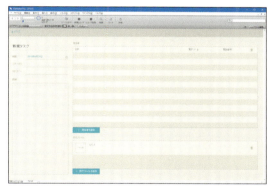
テーマ「ソフィスティケーティッド」

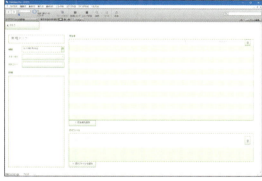
テーマ「グリーン」

　なお、本書で作成していく FileMaker アプリケーションは、「ソフィスティケーティッド」テーマを用います。

✅POINT　テーマの前身「レイアウトスタイル」

FileMaker Pro 11 以前ではテーマの前身として、類似の機能が「レイアウトスタイル」として提供されていました。レイアウトスタイルは、各レイアウトパートの背景色や、フォントなどが調整された画面デザインのテンプレートのようなものです。FileMaker Pro 12以降のテーマと異なり、レイアウトを新規に作成する際のみ選択することができます。すでに作成されたレイアウトのレイアウトスタイルは、変更することができません。

06 例外処理とは

ここでは、アプリケーションの実行や継続を妨げる異常な事象を指す言葉「例外」と、FileMaker での例外の取り扱い方について説明します。

例外とは

アプリケーションは必ずしも、開発者の設計通りに処理が進むとは限りません。開発者の想像が及ばないユーザ操作や予想できなかったエラーの発生が、処理の中断や不正なデータが発生するきっかけになります。このように、プログラムがある処理を実行している途中で、処理を妨げる異常な事象を「例外」と言います。例外処理とは、この例外が発生した際に、その内容に応じて実行される処理のことです。

システムでは不正なデータの生成を防ぐためや、権限を持たないユーザからのアクセスを遮断するために、さまざまな例外に対応する処理を想定しなければなりません。例えば売上金額を年月別に集計するアプリケーションを開発する場合、次のような例外が想定できるでしょう。

・集計の基準とする日付が入力されていない
・売上金額に数値以外のデータが入力されている

このような例外を想定してアプリケーションを作成しなかった場合、次のような現象が発生する可能性があります。

・実際には売上金として計上されるべきデータが、アプリケーション上に反映されなくなる
・正常な売上金の集計額が表示されなくなる

この場合、集計の直前に「集計の基準とする日付が入力されていない場合は、エラーとして処理を中止する」「売上金額に数値以外のデータが入力されている場合は、エラーとして処理を中止する」といった例外処理が必要になります。実際には処理の観点から、そもそも不正データが登録されること自体が例外なので「伝票入力時に日付が入力されていなければエラー」「売上金額に数値以外のデータを入力したらエラー」といった例外処理の実装が望まれます。

FileMaker で例外処理を実装するには

FileMaker で例外処理を実装する方法として、次の 2 点が挙げられます。

・データベース定義で設定する
・スクリプト中に設定する

データベース定義で設定する

データベース定義の際に、特定のフィールドに入力値の制限を設定することができます。フィールドオプションで、入力値の制限を設定します。

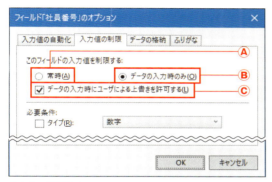

入力値の制限設定画面

	名前	機能
Ⓐ	常時	いかなる場合においてもフィールドの入力値を制限
Ⓑ	データの入力時のみ	フィールドにデータを入力したタイミングでのみ入力値を制限
Ⓒ	データの入力時にユーザによる上書きを許可する	制限に抵触した値を入力しても、値を保存する

入力値の制限を設定

入力値の制限を課す場合は「あらかじめ想定したデータ以外を入力させたくない」という場合がほとんどです。可能な限り［常時］を選択し、［データの入力時にユーザによる上書きを許可する］のチェックは外しておいたほうが良いでしょう。

必要条件では、入力値に対する条件を課します。

条件の種類	内容
タイプ	入力値のタイプに対して制限を課す。フィールドのタイプと一致する必要はない
空欄不可	空欄を不可とする。入力必須としたい項目に設定する
ユニークな値	テーブル内で一意の値を取ることを要求する。シリアル番号や、特定のフィールド値の組み合わせを 1 つとしたい場合に設定する
既存値	テーブル内ですでに入力されている値を取ることを要求する
値一覧名	指定した値一覧に定義されている値のみを許可する。ホワイトリスト的な制限を課したい場合に設定する
下限値・上限値	下限値と上限値の間の値のみを許可する。割合を入力させたい場合などに設定する
計算式で制限	任意の計算式を記述し、真の場合のみを許可する。特定の数式で算出するデータの範囲のみを入力させたい場合などに設定する
最大文字数	最大文字列長を制限する。帳票出力時の制約や他データベースやシステムとの連携上、制限を課したい場合に設定する

［入力値の制限］の必要条件項目

> **MEMO　タイプの制約**
>
> ［数字］は数字のみ、［西暦4桁の日付］は、YYYY/MM/DDフォーマットの日付入力値のみ、［時刻］はHH:II:SSフォーマットの時刻入力値のみを許可します。

設定された条件を満たさない入力をした場合、ユーザにはエラーダイアログが表示されます。

エラーダイアログのメッセージは、［制限値以外の入力時にカスタムメッセージを表示］にチェックを入れることでカスタマイズが可能です。

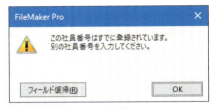

カスタムメッセージの表示例

スクリプト中に設定する

FileMaker Pro上で操作をしていてエラーが発生した場合、FileMaker内部ではエラー番号と呼ばれる数字をやり取りしています。このエラー番号を捕捉することで、あらかじめエラーに対応したスクリプトの開発が可能になります。エラー番号を捕捉してから処理をするように常に意識することで、想定外の操作やエラーが発生した際にもデータベースを安全に守ることができます。

代表的なエラー番号は次の通りです。

エラー番号	内容
-1	原因不明のエラー
0	エラーなし。ある処理が正常終了した場合に0が返る
1	ユーザによるキャンセル操作が行われた
100	ファイルが見つからない
101	レコードが見つからない
102	フィールドが見つからない
103	リレーションシップが見つからない
104	スクリプトが見つからない
105	レイアウトが見つからない
300	ファイルがロックされているか、使用中
301	別のユーザがレコードを使用中
302	別のユーザがテーブルを使用中
303	別のユーザがデータベーススキーマを使用中
304	別のユーザがレイアウトを使用中
401	検索条件に一致するレコードが見つからない
500	日付の値がフィールドに設定した入力値の制限を満たしていない
504	入力した値がユニークではない

エラー番号の種類

07 ネットワーク共有による共同利用

FileMaker データベースを複数人で共有したい場合は、共有したいPCにそれぞれ FileMaker Pro をインストールし、共有したいファイルに共有設定をします。ここでは共有設定について説明します。

主な共有方法

1つの FileMaker データベースを同時に複数人で利用したい場合、共有機能を利用します。FileMaker では、主に次の共有方法が提供されています。

- FileMaker Pro ネットワークを利用した共有
- WebDirect
- ODBC/JDBC
- カスタム Web 公開

FileMaker Proネットワークを利用した共有

FileMaker Pro ネットワークは、IP ネットワークを利用した FileMaker データベースを共有するための仕組みです。次にある2つの図のようにネットワーク共有を有効にすることで、FileMaker Pro や FileMaker Go で同時に共有利用が可能になります。

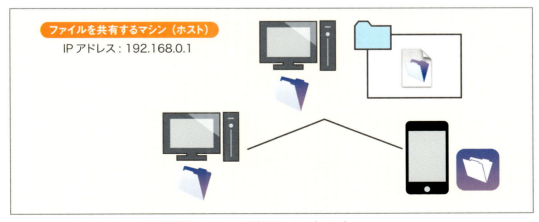

FileMaker Pro ネットワークによる共同利用：ファイルを共有するマシン（ホスト）

FileMaker Proネットワークによる共同利用：共有ファイルを開くマシン（クライアント）

WebDirect

　WebDirectとは、FileMaker Serverで提供される、Webブラウザ上でFileMakerデータベースを簡単に共有するための仕組みです。FileMaker Server上でFileMakerファイルを公開し、WebDirectを有効にすると、Webブラウザ上でFileMaker Proとほぼ同様の操作を実現できます。

　HTMLやCSS、JavaScriptはすべてFileMakerによって自動的に作成されるため、各種プログラミングやコーディングは必要ありません。FileMaker ProのWebブラウザ版ともいうべき機能を有しており、レコードの操作や保存のタイミングもFileMaker Proの操作感を踏襲した作りとなっています。

 CAUTION

WebDirectはFileMaker Serverが必要

WebDirectを利用する場合はFileMaker Serverが必要となります。また、WebDirectの同時接続ユーザ数に応じて別途ライセンス代が必要になります。

MEMO　FileMaker Serverとは

FileMaker Serverとは、FileMakerファイルを共有して利用するためのアプリケーションです。FileMaker ServerにFileMakerファイルを配置、設定して共有します。FileMaker Serverで共有状態となったFileMakerデータベースは、FileMaker ProやFileMaker Go、Webテクノロジーを利用して同時利用することが可能となります。なお、FileMaker Server単体ではFileMakerアプリケーションの開発はできません。

ODBC/JDBC

ODBC/JDBCというプロトコルを利用して、FileMakerデータベースを共有できます。ODBC/JDBCに対応したほかのアプリケーションから、FileMakerデータベースへのアクセスを可能にします。

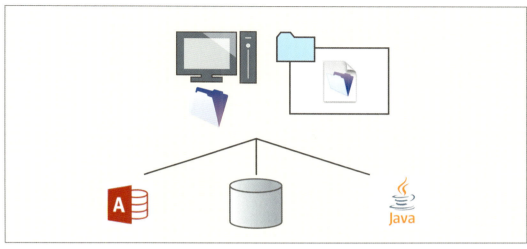

ODBC/JDBC接続による共同利用

> **MEMO　ODBC/JDBCとは**
>
> ODBCとは、SQLと呼ばれるデータベース問い合わせ言語を使用して、さまざまなデータベースのデータへのアクセスを提供する仕組みです。ODBCドライバを別途使用することで、FileMakerデータベースをODBC経由で利用可能になります。JDBCは、同じくSQL文を使用してデータへのアクセスを提供するJavaの仕組みです。

カスタムWeb公開

FileMaker ServerにてサポートされているYES共有機能です。FileMakerデータベースを、XMLおよびPHPを利用してWebアプリケーションと連携させることが可能になります。

FileMakerデータベースを利用したWebアプリケーションを開発したり、既存のWebアプリケーションやWebサービスに、FileMakerデータベースに格納されている情報を連携させる場合にカスタムWeb公開を利用します。

> **MEMO　PHPとは**
>
> PHP: Hypertext Preprocessor（PHP）とは、動的にHTMLを生成し、動的なWebページを実現することを主な目的としたプログラミング言語の1つです。サーバサイドスクリプト言語として利用されており、国内外問わず人気の高いプログラミング言語です。

FileMaker Pro ネットワークを有効にするには

　FileMaker Proによるネットワーク共有を利用するには、アプリケーション側の設定と、共有したいFileMakerファイル側の設定の2つをする必要があります。

アプリケーション側の設定

　次の設定を行うことで、FileMaker Proを起動している状態で、FileMakerネットワークによる共有が有効になります。なお、共有が有効になるFileMakerファイルは、FileMaker Proで開いている必要があります。また、この設定は、FileMaker Proアプリケーション自体に設定が保存されます。

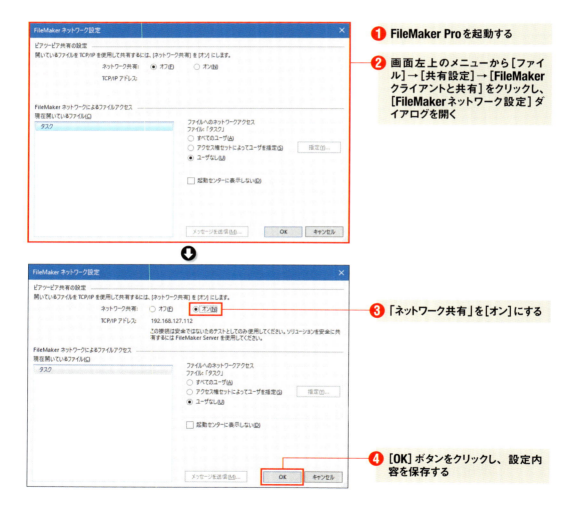

① FileMaker Proを起動する

② 画面左上のメニューから［ファイル］→［共有設定］→［FileMakerクライアントと共有］をクリックし、［FileMakerネットワーク設定］ダイアログを開く

③ 「ネットワーク共有」を［オン］にする

④ ［OK］ボタンをクリックし、設定内容を保存する

FileMakerが使用するポート番号

FileMaker Proネットワークは、5003番ポートを利用して通信を行います。FileMaker Proネットワークを有効にしても共有ファイルが見えない・開けない場合は、ファイアウォールやセキュリティソフトの設定をチェックしてみましょう。

ファイル側の設定

続いて、FileMakerネットワークによる共有を行いたいFileMakerファイルに対して設定をします。

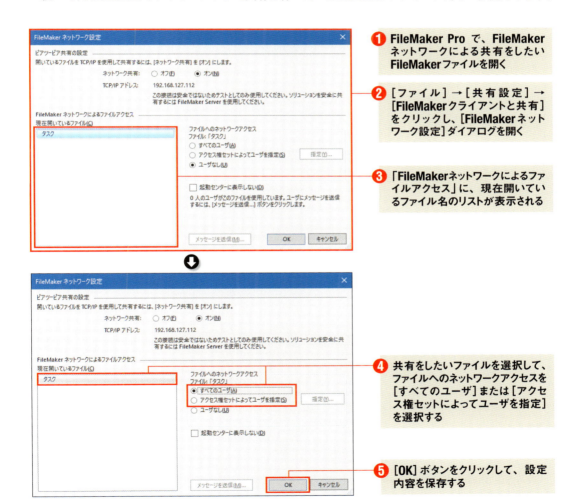

❶ FileMaker Pro で、FileMakerネットワークによる共有をしたいFileMakerファイルを開く

❷ [ファイル] → [共有設定] → [FileMakerクライアントと共有] をクリックし、[FileMakerネットワーク設定] ダイアログを開く

❸ 「FileMakerネットワークによるファイルアクセス」に、現在開いているファイル名のリストが表示される

❹ 共有をしたいファイルを選択して、ファイルへのネットワークアクセスを [すべてのユーザ] または [アクセス権セットによってユーザを指定] を選択する

❺ [OK] ボタンをクリックして、設定内容を保存する

FileMaker ネットワークによるファイルアクセスは、FileMaker ファイルに設定内容が保存されます。共有する条件を変更しない限り、再度 FileMaker ネットワーク設定をする必要はありません。

上記 2 種類の設定をすることで、ほかの FileMaker Pro/FileMaker Go クライアントからは、「共有ファイルを開く」機能から FileMaker データベースの共有利用が可能になります。

FileMaker Pro と FileMaker Server の違い

最後に FileMaker Pro と、FileMaker Server の違いを説明します。主に次の点で異なります。

- 同時接続ユーザ数の違い
- カスタム Web 公開/WebDirect の有無
- ファイルのバックアップ
- スケジュールされたスクリプトの実行
- 接続経路の暗号化

同時接続ユーザ数の違い

FileMaker Pro での同時接続ユーザ数は、FileMaker Pro ネットワーク利用の場合はクライアント5までです。FileMaker Server の場合、FileMaker Pro ネットワーク利用の同時接続クライアント数に上限がなくなります。

	FileMaker Pro	FileMaker Server
FileMaker Pro ネットワークでの同時接続ユーザ数上限	5	無制限
WebDirect ユーザ数上限	未サポート	100（5ユーザごとに別途ライセンス費用が必要）

FileMaker Pro

> **MEMO** 旧バージョンでの「FileMaker Sever Advanced」は FileMaker Server に統合
>
> FileMaker 12 以前までは、FileMaker Server Advanced と呼ばれる FileMaker Server の上位プロダクトが存在していました。ODBC/JDBC や一部のエンタープライズ向けの機能は、FileMaker Server Advanced でのみ提供されていました。FileMaker13 以降では、すべての機能が FileMaker Server に統合されています。

カスタム Web 公開／WebDirect の有無

「カスタム Web 公開」と「WebDirect」機能は、FileMaker Server でのみサポートされています。FileMaker を用いて Web アプリケーションをカスタマイズして開発したい場合は、FileMaker Server が必須となります。

ファイルのバックアップ

　FileMaker Serverではスケジュールを組んで、共有状態にあるFileMakerファイルのバックアップを取ることができます。バックアップを取る際に、FileMakerファイルを閉じたり、アプリケーションを終了する必要はありません。通常のファイルコピーによるバックアップのほか、差分バックアップ（ライブバックアップ）にも対応しています。

　また、クライアントがFileMaker ProやFileMaker Goで接続している環境下でもバックアップを実施できます。高い可用性が求められるアプリケーションではFileMaker Serverの導入を検討しましょう。

スケジュールされたスクリプトの実行

　FileMaker Serverでは、バックアップと同じように、スケジュールを組んで特定のFileMakerファイルに作成したスクリプトを実行できます。

　このほか、FileMaker以外にもシステムレベルのスクリプトもスケジュールに組み込むことが可能です。例えば、Windowsの場合はバッチ（.bat）ファイル、Mac OS Xの場合はシェルスクリプトなどを実行できます。

> ⚠ **CAUTION** ⚠
> ### FileMaker Server上で実行できるスクリプト
> FileMaker Serverから実行するスクリプトは、スクリプトを構成するスクリプトステップがすべてサーバ互換である必要があります。

接続経路の暗号化

　FileMaker Serverでは別途SSL証明書を用意することで、安全な接続経路を使用したファイル共有が可能です。安全な接続経路でファイルを開いた場合は、FileMaker Proウィンドウの左下にアイコンが表示されます。

アイコン	接続の状態
なし	暗号化されていない接続
	検証されていないSSL証明書を使用した、暗号化された接続。「なりすまし」サーバに接続している可能性がある
	検証されたSSL証明書を使用した、暗号化された接続

共有ファイルを開いている際に表示されるアイコン

　小規模な環境で利用する場合は、FileMaker Proのみで。同時利用接続ユーザ数が多い場合や、高い可用性を要求されるアプリケーション、さまざまな外部アプリケーションとの連携を視野に入れた

FileMakerデータベースでは、FileMaker Serverを利用してファイルをホストするのが良いでしょう。

　Chapter 4以降、FileMakerを使った業務アプリケーションの開発方法について紹介していきます。開発を進めていく上でわからないことが出てきたら再度Chapter 3に戻って、考え方や用語を確認してください。必要に応じてFileMakerヘルプを参照しながら開発を進めていきましょう。

COLUMN

バックアップは万全に

FileMakerファイルを開いている際に何らかの原因でFileMaker Proが強制終了したり、FileMaker Serverで共有中のファイルを正規の手順で停止しなかった場合、FileMakerファイルが損傷することがあります。

損傷したFileMakerファイルは、一部のデータベース構造やレコードに不具合が生じたり、FileMakerファイルを開くことができなくなります。

破損したFileMakerファイルは、［ファイル］→［修復］からファイルの修復を試みることができます。修復に成功したFileMakerファイルで運用を続けることもできますが、可能であればデータのサルベージのみに使用したほうが安全です。

運用規模に関わらず、FileMakerファイルのバックアップはこまめに実施しましょう。万が一ファイルが損傷した場合は修復を試し、成功した場合はバックアップしたFileMakerファイルに対して修復できたデータを戻す癖をつけましょう。

Chapter 4

顧客管理システムを作る

Chapter 4 のゴール地点は、小さい規模のアプリケーションを開発できるようになることです。データの整理方法を学びながら、簡単な顧客管理システムを作りましょう。

01 顧客管理システムの概要

顧客管理システムを作るにあたり、なぜ顧客管理を一元化する必要があるのかを考えてみましょう。

顧客管理が一元化されていないと、どうなる？

　あなたが勤める会社では、現在、顧客管理は営業担当者が表計算ソフトを使って各自で行っています。そのため、顧客情報は一元化されておらず、社内のファイルサーバや営業担当者のPCに点在している状態です。営業成績や営業活動の履歴も共有されていないため、社内会議用の資料作成や意思決定に時間が費やされています。

　問題点は他部門の業務にも影響を及ぼしています。総務部では挨拶状を取引先に送る際、取引先の情報を集約するだけで2週間もかかりました。お客様対応でも、クレームがあった取引先の情報共有がされておらず、問題になるケースが発生しています。

　PCの知識に詳しいあなたは上長から「社内で顧客情報を円滑に共有できる情報システムを構築してくれ」と依頼を受けました。そこで、営業担当者が管理する顧客情報ファイルを集約し、問題を整理す

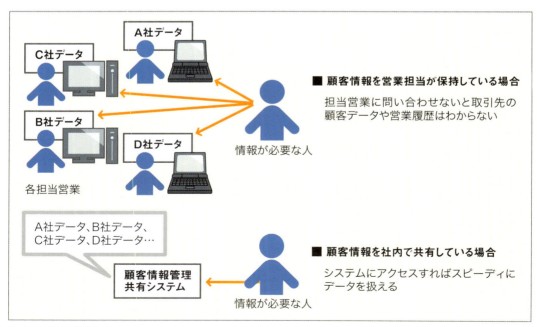

システムで変わるもの

ることにしました。一度にすべての問題を解決することは不可能だと考えたあなたは、顧客情報を共有するシステムを段階的にリリースする算段を立てました。

システムが運用に乗れば、顧客情報を一元化できます。システム上で顧客情報を共有することで、営業活動や取引状況を社内全体でキャッチアップでき、さまざまな業務への利用が期待できます。

システムを作るには、どのような仕組みが必要になりそうでしょうか。まずは、顧客に関する情報を共有するための仕組み作りからスタートです。

顧客管理システムとは

アプリケーション名	顧客管理システム
概要	顧客の情報を管理するためのシステム。顧客名や所在地、連絡先などを共有する

作成するアプリケーションの概要

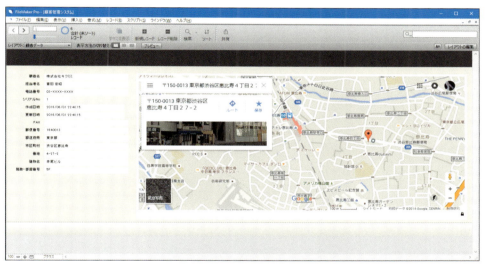

完成イメージ

　顧客管理システムは、顧客に関する情報（企業名、所在地、連絡先など）を情報システムとして形にしたものです。紙で管理する顧客台帳を、そのまま PC 上に再現したイメージです。

　紙であれば情報の検索は目視、情報の2次利用（住所をハガキに書き出す、所在地を地図で調べる）はすべて人力で行う必要があります。人の手が介在する動作を機械化・自動化することで、より早く正確に目的の情報にたどり着けるようになります。システムを作るにあたり必要なのは、Chapter 2 で触れた通りの5W1Hの視点です。関係者に「誰がその情報を使うか」「どのような情報が欲しいか」「なぜその情報が欲しいか」「いつその情報が欲しいか」「その情報をどこで使うか」「その情報はどうやって抽出するか」をヒアリングし、どのような順番で仕事を行うのが効率的か議論を重ね、知恵を出し合い、徐々に形を作り上げていきます。

Chapter 4 顧客管理システムを作る

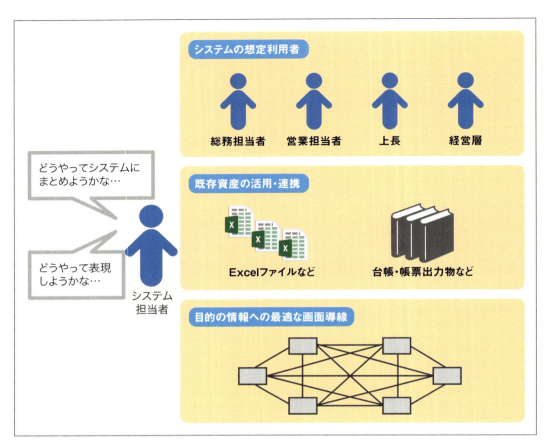

まずは考える

　FileMakerを使って顧客管理システムを開発する手順を通して、FileMakerの基本的な概念と操作方法、システムを作るにあたって必要なデータの整理法、必要な機能の実現方法を身につけましょう。これらをマスターすることで、比較的小規模な情報システムを一人で作り上げられるようになります。

02 単一テーブルでデータを整理する

顧客管理システムに必要な情報の洗い出しと整理をして、テーブルにテーブルにまとめましょう。今回はリレーションは考えず、単一テーブルで顧客情報を管理するシステムを設計してみます。

情報は一定ではない

顧客管理システムで管理する項目をリストアップすることにしました。既存の顧客台帳や、手元にある名刺から情報をピックアップしているうちに、情報が必ずしも一定でないことに気が付きました。

グループ企業がある組織の名刺には、複数の電話番号が記載されています。商品の卸先会社の名刺には、個人直通の携帯電話番号が記載されています。

顧客台帳の住所は、郵便番号や都道府県名が省略されているものが散見されました。会社名も「株式会社」「(株)」「(株)」とバラバラです。

システムを作った際には、会社情報を入力するときのルールも決めておかないと、入力者によって表記方法がバラバラになり、情報を取り出すときに支障が出そうです。情報を整理して、汎用的な関係性をシステム上で実現し、入力ルールも決めておけば、今後どのようなパターンの情報が来てもシステムの改修をすることなく柔軟に対応できます。

データの分類と細分化

顧客情報を管理するにあたり、必要な情報には何があるでしょうか。情報を蓄積することで、どのような業務に活かすことができそうでしょうか。必要だと思われる情報を整理してみます。管理したい項目を洗い出すときには、ロジックツリーの考え方を適用すると良いでしょう。また、データの整理をするときは、データ間の関係を常に意識します。

情報の種類	内容	顧客が複数保持する可能性
名称	顧客名の名称。会社であれば屋号、個人であれば氏名	ー
読み方	顧客名のヨミガナ。ひらがな、カタカナ、ローマ字での管理が考えられるが、表記を1つに統一して入力するルールを設ける必要がある	ー
連絡先	顧客の連絡先。電話番号、FAX番号、メールアドレスなどが考えられる	○
住所	顧客の住所情報。郵便番号、都道府県名、市区町村、番地、建物名などが考えられる	ー
担当者	顧客側の担当者情報。氏名、メールアドレス、内線番号、携帯電話番号などが考えられる	○
接触履歴	顧客への接触履歴。日時、場所、手段、内容などが考えられる	○

顧客情報の内容

Chapter 4 顧客管理システムを作る

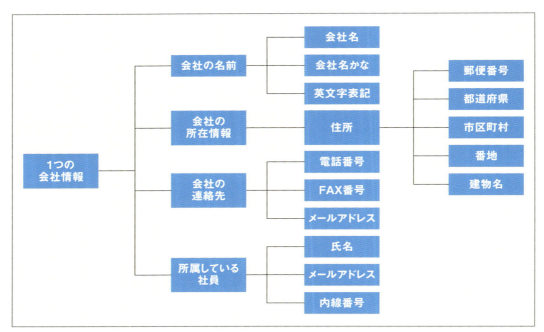

1社に付随する情報の種類

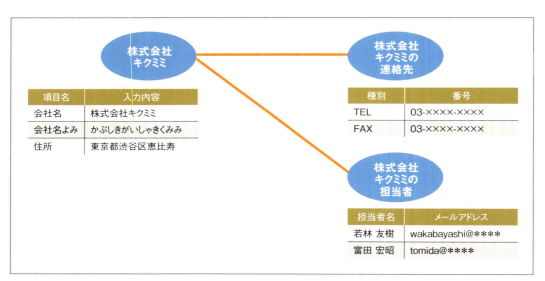

各情報の関係

　データを管理する場合、必要だと思われる情報は常に最小単位での保存を心がけましょう。例えば、上記の住所は2通りの格納ができます。

A. 住所1項目に情報を格納	
項目名	項目に格納する情報
住所	〒150-0013　東京都渋谷区恵比寿4-27-2　赤尾ビル5F

B. 住所の情報を細分化して格納	
項目名	項目に格納する情報
郵便番号	150-0013
都道府県名	東京都
市区町村	渋谷区恵比寿
番地	4-27-2
建物名	赤尾ビル
階数・部屋番号	5F

住所の格納方法

　Aの場合、何も考えずに情報を入力できます。しかし、郵便番号や都道府県といった各情報の区切り方が曖昧です。ある担当者はスペースで区切るかもしれませんし、別の担当者はつなげて入力するかもしれません。担当者によっては都道府県名を省略して入力することも考えられます。こうした表記ゆれは、のちの検索や集計時に障害となる可能性があります。

　Bの場合、各項目に情報を入力することになります。マウスやタブキーを使って入力欄を移動させる必要があり、担当者によっては入力時のストレスが大きくなります。しかし、最初から情報を入れる器が明確に区切られているため、表記ゆれは発生しにくいと考えられます。

	メリット	デメリット
A. 住所1項目に情報を格納する場合	・入力者の負担が少ない	・各情報の2次利用がしにくい ・表記がゆれる可能性がある
B. 住所の情報を細分化して格納する場合	・各情報の2次利用がしやすい ・表記ゆれが起きにくい	・入力者の負担が大きい

それぞれのメリット・デメリット

　AとBには、さまざまなメリットとデメリットがありますが、決定的なのは「各情報の2次利用の難易度」です。1項目にすべての情報を格納する場合、細かい情報単位での2次利用が非常に難しくなります。一定のプログラミング技術があれば情報を取り出すこともできますが、最初から最小単位で情報を管理しておくほうがはるかに簡単でスムーズです。

　郵便番号があれば、都道府県から番地までの情報を取得できます。ハガキ用のラベル情報を印刷したい場合は、それぞれの情報を連結すればOKです。データの単位を小さくすることで、そのデータだけをピンポイントに2次活用でき、そこから新しい情報や指標を作成できます。

項目名	入力内容
住所	〒150-0013 東京都渋谷区恵比寿4-27-2 赤尾ビル5F

・DMやハガキ用に郵便番号のみを取り出したい
・集計用に都道府県名を取り出したい
これらの場合にまとまった情報から一部の情報を切り出すのは難しい

項目名	入力内容
郵便番号	150-0013
都道府県名	東京都
市区町村	渋谷区恵比寿
番地	4-27-2
建物名	赤尾ビル
階数・部屋番号	5F

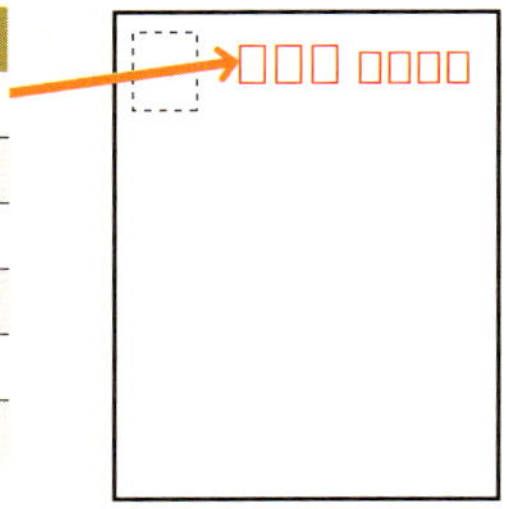

始めから情報が整理・管理されていれば
用途ごとに特定の項目だけを抽出、利用することが可能

情報を最小単位で保存して、2次利用を簡単に

格納したいデータを整理する際は、次の2点を頭に入れておきましょう。

・情報を使って、さらに別の情報を取得・生成する際のコストを考慮する（情報の2次利用）
・情報の連結は簡単だが、情報の分割は非常に難しい

COLUMN

表記ゆれとは

データベースでの表記ゆれとは、同じ意味を持つ項目が異なる文字で表記されることです。例えば、「株式会社」の読みに、「かぶしきがいしゃ」「カブシキガイシャ」「カブ」などが混在する。住所の場合、「恵比寿4丁目1番1号」「恵比寿4-1-1」「恵比寿4－1－1」など、半角・全角が混在するといった具合です。
こうした表記ゆれは、データの重複登録の理由になったり、データ集計時の障害になったりします。
FileMakerにはフィールドの入力制限に加えて、入力システムの制御や、ふりがなを自動的に取得する機能が用意されています。これらを積極的に活用し、表記ゆれが発生しにくい環境を整えましょう。

03 顧客データの取り込みと編集

顧客名簿をFileMakerに変換し、データを編集してみましょう。なお、ここでの顧客名簿は、1シートのシンプルな台帳を想定しています。

■ 既存の資産をFileMakerに変換する

Excelなどの表計算ソフトで管理されている顧客名簿をFileMakerに変換します。画面では、本書のサンプルデータ（P.014参照）に含まれている「顧客データ.xlsx」を顧客名簿ファイルとして解説しています。

表計算ソフトで管理されている顧客名簿

❶ 顧客名簿ファイルをFileMaker Proのアイコンにドラッグ＆ドロップする

✓ POINT　複数シートがある場合

複数のシートで構成されたExcelファイルの場合、どのシートを使用するか選択するダイアログが表示されます。適宜必要なファイルを選んでください。

❷ FileMakerが起動する。[1行目の使用方法]を設定する。ここでは[フィールド名]を選択する

✓ POINT　1行目の使用方法

テキストやExcelのファイルをFileMakerファイルに変換する場合に、フィールドの取り扱い方法を尋ねてきます。[フィールド名]を選択した場合、ファイルの1行目の項目名がそのままフィールド名になります。[データ]を選択すると、フィールド名は「f1」「f2」と、f（列番号）となります。この例では1列目にフィールド名が存在しているので、[フィールド名]を選択しました。

❸ [OK]ボタンをクリックする

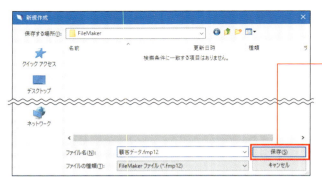

❹ 変換後の**FileMaker**ファイル名を設定する。ここでは「顧客データ」とする

❺ [保存]ボタンをクリックすると変換が始まる

MEMO　バージョンと拡張子

ファイル名は通常、元のファイル名に「（変換）」が付加された文字列となります。FileMaker Pro 12以降では拡張子は「.fmp12」、FileMaker Pro 7〜11では「.fp7」となります。

バージョン間の互換性

FileMaker Pro 12以降で fp7 を開く場合は fmp12 への変換作業が必要になります。FileMaker Pro 7〜11 では、fmp12 ファイルを開くことができません。

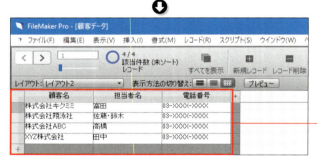

❻ 変換完了後、**FileMaker**上でインポートされたデータが表示される

テキストファイルの文字コードについて

カンマ区切りやタブ区切りといったテキストファイルから FileMaker ファイルに変換する際は、あらかじめ文字コードを Shift-JIS か UTF-8 または UTF-16 に変更する必要があります。これらの文字コード以外の場合、文字化けが起きます。なお、改行コードは CR、CR+LF、LF いずれも問わず正常に変換されます。
文字コードの変更方法はソフトによって異なります。なお、Windowsのメモ帳の場合はファイルを保存する際に［文字コード］から選択できます。

表示モードと表示形式

　作成した FileMaker ファイルに必要な情報を肉付けし、共有設定を行えばひとまず顧客情報を共有するための準備は整います。ここで、データの編集方法を身につけましょう。

　FileMaker ではコードを記述せず、少ない手順でデータの登録や検索ができます。表示モードと表示形式の特性を理解し、有効な情報処理ができるようにしましょう。

　FileMaker には4つの表示モードが用意されています。

モード名	用途	備考
ブラウズ	データの読み書き	情報を蓄積・活用するためのアプリケーションでは、最も利用頻度が高い
検索	データの検索	検索モードで入力された条件は「保存済み検索」に記録できる
レイアウト	画面設計	レイアウト上にオブジェクトを追加したい場合は、このモードを使う
プレビュー	印刷プレビューの表示・確認	印刷設定(用紙サイズ、印刷方向)の影響を受ける

表示モード

　ブラウズ・検索・プレビューモードには、効率良く情報を表示するため、さらに3種類の表示形式が用意されています。

表示形式名	内容	備考
フォーム	レイアウトモードでレイアウトを設計した通りに情報を表示する	1画面に1レコードの情報を表示する
リスト	定義したボディパートごとに、レコードを複数行表示する	一覧で確認するときに適している
表	ボディパートに配置したフィールドを、表計算ソフトのように表示する	フィールドオブジェクト以外の情報はすべて無視される

表示形式

　現在は自動で作成されたレイアウトを、ブラウズモードの表形式で表示しています。この状態で実際にデータを操作してみましょう。

データの編集

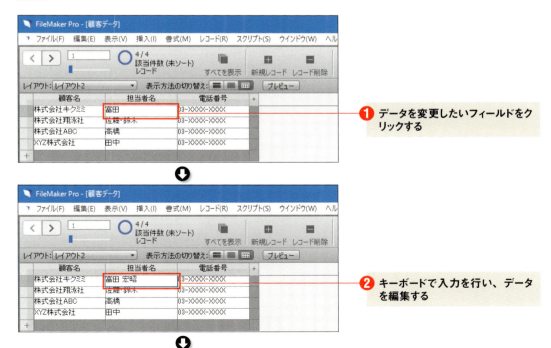

❶ データを変更したいフィールドをクリックする

❷ キーボードで入力を行い、データを編集する

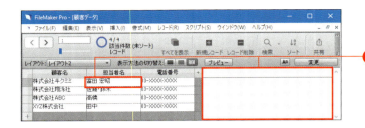

❸ マウスで編集しているフィールド以外の余白をクリックすると、編集内容が反映される

> **MEMO　フォーカスをあてる**
>
> フィールドをクリックしてデータを編集できる状態にすることを「フォーカスをあてる（フォーカスイン）」、レイアウト上で白抜きの場所をクリックしてフィールドから離れることを「フォーカスを外す（フォーカスアウト）」と呼びます。データを編集するには、データを編集したいフィールドにフォーカスをあてる必要があります。
> FileMakerではフォーカスをあてることを「フィールドをアクティブに」、フォーカスを外すことを「フィールドを非アクティブに」と表現します。

表示モードと表示形式

❶ [表示]→[検索モード]をクリックし、検索モードに切り替える

✓ POINT
検索モードの切り替え
ステータスツールバーの[検索]アイコンをクリックしても、検索モードに切り替えられます。

❷ 検索をしたいフィールドにフォーカスをあて、検索条件を入力する

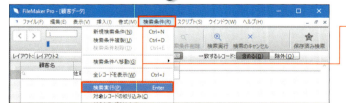

❸ [検索条件]→[検索実行]をクリックし、検索を実行する

✓ POINT
キー操作での検索実行
検索条件を入力後、[Enter]キーを押しても検索を実行できます。[Enter]キーによる検索をしたくない場合は、レイアウトモードで設定変更が可能です。

✓ POINT
メニューの[検索実行]アイコンをクリックしても、検索モードに切り替えられます。

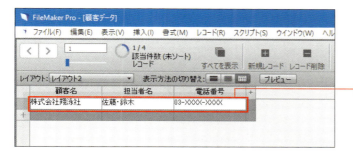

④ 検索に該当するレコードが存在した場合、自動的にブラウズモードに切り替わり、検索条件に該当するレコードが表示される

MEMO 検索しても見つからない場合

該当するレコードが存在しない場合、FileMaker はエラーダイアログを表示します。

エラーダイアログ

POINT 3つの検索方法

FileMaker では検索を行う際に、3通りの動作を選択できます。

メニュー名	内容
検索実行	テーブルに登録されているレコードすべてを対象に検索をする
対象レコードの絞り込み	現在表示されているレコードを対象に検索し、表示したいレコードを絞り込む
対象レコードの拡大	現在表示されていないレコードを対象に検索し、表示したいレコードの範囲を広げる

検索の種類

04 フィールドの追加、実データ投入

Excelファイルを変換して作成した顧客管理システムには、現在、会社名と担当者・電話番号のみが入力されています。整理した情報に基づいてフィールドを追加し、データを登録していきましょう。

フィールドの追加

Excelファイルを変換して作成したFileMakerファイルに、フィールドを追加しましょう。

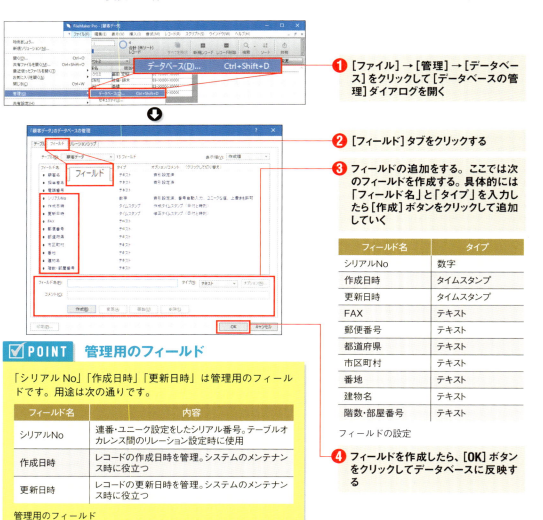

❶ [ファイル]→[管理]→[データベース]をクリックして[データベースの管理]ダイアログを開く

❷ [フィールド]タブをクリックする

❸ フィールドの追加をする。ここでは次のフィールドを作成する。具体的には「フィールド名」と「タイプ」を入力したら[作成]ボタンをクリックして追加していく

フィールド名	タイプ
シリアルNo	数字
作成日時	タイムスタンプ
更新日時	タイムスタンプ
FAX	テキスト
郵便番号	テキスト
都道府県	テキスト
市区町村	テキスト
番地	テキスト
建物名	テキスト
階数・部屋番号	テキスト

フィールドの設定

❹ フィールドを作成したら、[OK]ボタンをクリックしてデータベースに反映する

✓ POINT 管理用のフィールド

「シリアルNo」「作成日時」「更新日時」は管理用のフィールドです。用途は次の通りです。

フィールド名	内容
シリアルNo	連番・ユニーク設定をしたシリアル番号。テーブルオカレンス間のリレーション設定時に使用
作成日時	レコードの作成日時を管理。システムのメンテナンス時に役立つ
更新日時	レコードの更新日時を管理。システムのメンテナンス時に役立つ

管理用のフィールド

✅POINT　レコードを特定するための一意情報

レコードを特定するための方法として、シリアルNoと呼ばれる連番を持たせる方法があります。これといったルールはありませんが、アプリケーション開発の定石として、番号には「桁揃えをさせない」「番号に意味を持たせない」「数字だけで構成する」の3点を遵守するようにしましょう。

⚠ CAUTION ⚠　Windows版で作成したフィールドを画面上に表示する方法

Windows版のFileMaker Pro 14以降では、テーブルにフィールドを追加しても自動的にレイアウトにフィールドが追加されません。レイアウトモードに切り替え、後述のフィールドピッカーでフィールドを配置する必要があります。なお、表形式で表示している場合は、次の手順でフィールドをレイアウト上に追加できます。画面右上の［変更］をクリックし❶、［表形式の変更］ダイアログを表示して、➕をクリックします❷。フィールドが一覧表示されるので、追加したい項目を選択して［OK］ボタンをクリックします。追加したいフィールドにチェックを入れて❸、最後に［OK］ボタンをクリックをします❹。

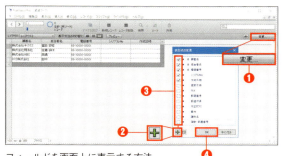

フィールドを画面上に表示する方法

COLUMN

フィールドピッカー

フィールドピッカーを使うことで、レイアウトへのフィールド配置とテーブルへのフィールド追加を効率的に行えます。ドラッグ＆ドロップで複数のフィールドを一度にレイアウト上に配置したり、データベース定義画面を開かずにフィールドの追加や編集ができます。
フィールドピッカーはレイアウトモード時に、［表示］→［フィールドピッカー］をクリックして起動します。

フィールドピッカー

シリアルNoフィールドの初期値設定

作成した管理用フィールドに、初期値を反映させてみましょう。

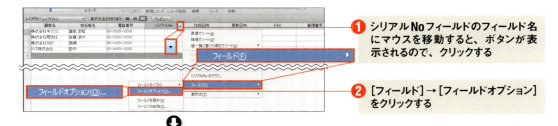

❶ シリアルNoフィールドのフィールド名にマウスを移動すると、ボタンが表示されるので、クリックする

❷ ［フィールド］→［フィールドオプション］をクリックする

MEMO　フィールドオプションの設定方法

フィールドオプションは［データベースの管理］ダイアログのフィールドタブからも設定が可能です。

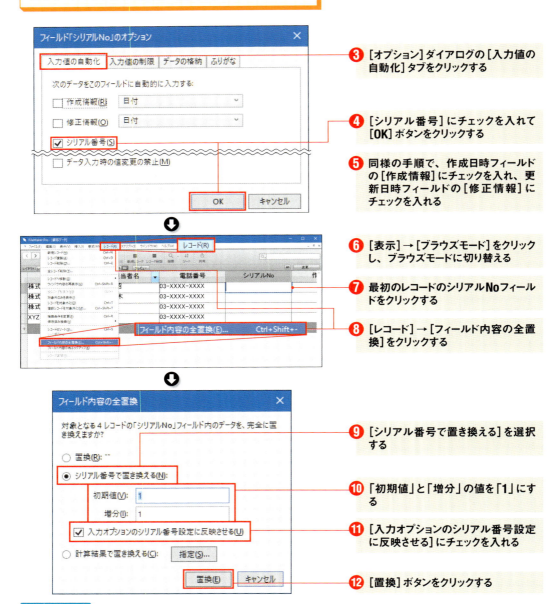

❸ ［オプション］ダイアログの［入力値の自動化］タブをクリックする

❹ ［シリアル番号］にチェックを入れて［OK］ボタンをクリックする

❺ 同様の手順で、作成日時フィールドの［作成情報］にチェックを入れ、更新日時フィールドの［修正情報］にチェックを入れる

❻ ［表示］→［ブラウズモード］をクリックし、ブラウズモードに切り替える

❼ 最初のレコードのシリアルNoフィールドをクリックする

❽ ［レコード］→［フィールド内容の全置換］をクリックする

❾ ［シリアル番号で置き換える］を選択する

❿ 「初期値」と「増分」の値を「1」にする

⓫ ［入力オプションのシリアル番号設定に反映させる］にチェックを入れる

⓬ ［置換］ボタンをクリックする

✓ POINT　［入力オプションのシリアル番号設定に反映させる］オプションを選択するには

［入力オプションのシリアル番号設定に反映させる］オプションを選択するためには、手順❶～❹の設定をする必要があります。このオプションを設定すると、データベース定義のフィールドオプション、シリアル番号設定に全置換後の次に設定されるべき値がセットされます。

タイムスタンプの挿入

作成日時フィールドにタイムスタンプを挿入します。

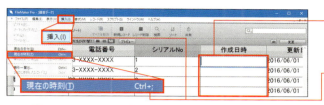

❶ ブラウズモードで表示していることを確認し、最初のレコードの作成日時フィールドをクリックする

❷ [挿入]→[現在の時刻]をクリックし、現在の日時を挿入する

⚠ CAUTION ⚠
「タイムスタンプ」タイプのフィールド動作

[現在の時刻]を挿入すると、日付も同時に挿入されます。なお、[現在の日付]を挿入した場合は、時刻は挿入されません。タイムスタンプタイプのフィールドは日付と時刻の両方が必須なので注意しましょう。

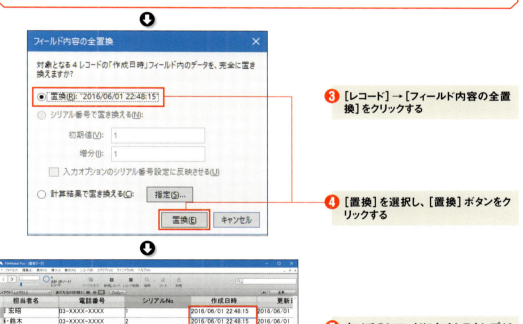

❸ [レコード]→[フィールド内容の全置換]をクリックする

❹ [置換]を選択し、[置換]ボタンをクリックする

❺ すべてのレコードにタイムスタンプが挿入される

✓ POINT　全置換時における操作手順の工夫

手順❶～❷を省略し、[フィールド内容の全置換]ダイアログにて[計算結果で置き換える]にチェックを入れて、計算式に現在の日時を入力し、[置換]ボタンをクリックすることでも同じ結果を得ることができます。

⚠ CAUTION ⚠ フィールド内容の全置換

FileMakerには一般的なデータベースに用意されている「トランザクション」「ロールバック」に相当する機能が用意されていません。全置換は対象レコードすべてに対して変更を行うため、既存のデータすべてに操作をすることになります。このため、全置換の操作を間違えると既存のデータを大量に破壊することになります。全置換をする際は細心の注意を払いましょう。

MEMO 「トランザクション」と「ロールバック」

「トランザクション」とは、関連する複数の処理を1つの処理単位としてまとめたものです。トランザクションとして管理された処理は、「すべて成功」か「すべて失敗」かのどちらかが保証されます。トランザクションが正常に完了しなかった場合に、処理前の状態に戻すことを「ロールバック」と呼びます。FileMakerではポータル内の操作などの一部を除いて、「ロールバック」機能は用意されていません。実現するためには、スクリプトを活用して自作する必要があります。

データの投入

実際にデータを入力していきましょう。住所の情報を取得するには、次のような手段があります。

・手元の名刺から取得する
・地図から取得する
・会社名をインターネットで検索し、会社のWebサイトから取得する
・帝国データバンクなどの外部調査機関に依頼して取得する

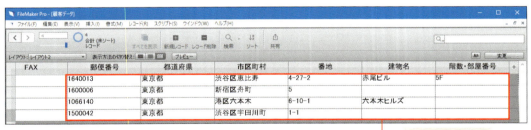

各顧客の住所を入力　　　　　　　　　　　　　　　住所を入力する

データを入力したら、ファイルを閉じます。
　データベース操作の基礎とも言える、フィールドの追加方法と、実データの投入方法を紹介しました。次からは、データベースとユーザインターフェイスを同時に作成できるFileMakerのメリットを活かした、入力支援機能の実現について詳しく取り上げていきます。

05 郵便番号を用いた住所情報自動入力

日々のデータ入力業務を省力化するために、入力支援機能を追加しましょう。

データ入力の省力化

必要なデータの整理を終え、顧客情報管理システムの骨組みができてきました。そこで、顧客情報を必要とし、入力する立場でもある営業担当者に、システムを見せることにしました。すると、ある営業担当者から意外な反応が返ってきました。

「郵便番号から番地やビル名まで、すべて僕らが入力するの？ 営業活動の時間を削ってまで、情報を登録したくないな。」

顧客管理情報システムで重要な情報は「顧客名」「担当者名」「連絡先」「住所」といったところです。このうち「住所」は郵便番号から一定の住所情報の補完ができそうです。あなたは郵便番号から住所情報を自動入力する機能を、システムに盛り込むことにしました。

データを蓄積するシステムで、忘れてはならないのはシステム利用者の存在です。情報を利用する側は、情報を網羅して記録できるアプリケーションを望むでしょう。しかし、情報を入力する立場から見た場合、自分の仕事が増えることになります。日々のデータ入力業務をより省力化するためには、入力支援機能の準備が不可欠です。

住所情報の場合、郵便番号がわかればすべての住所情報を入力する必要はありません。郵便番号とは、郵便物の宛先を簡素化した番号です。日本では都道府県、市区町村ごとに一意の番号が割りあてられています。つまり、郵便番号があれば、都道府県名から町域までの情報を特定できます。

郵便番号を入力するだけで、住所が自動的に入力されるような仕組みを作ってみましょう。

郵便番号と住所データの入手

まずは郵便番号と住所が紐付けられたFileMakerファイルを作成します。元となるCSVファイルは、日本郵便株式会社から取得できます。

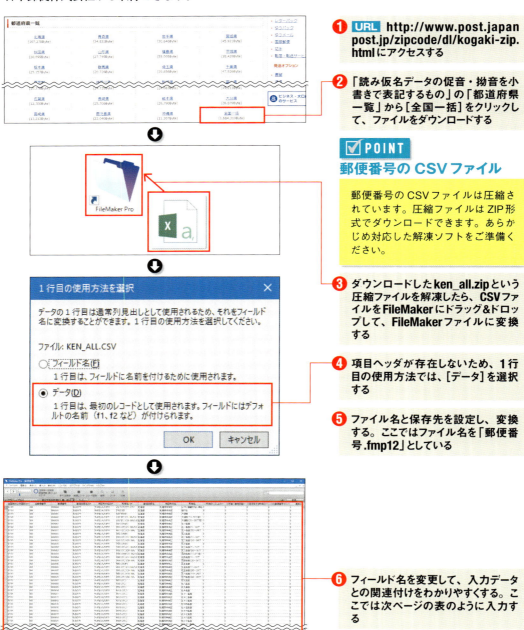

❶ **URL** http://www.post.japanpost.jp/zipcode/dl/kogaki-zip.html にアクセスする

❷ 「読み仮名データの促音・拗音を小書きで表記するもの」の「都道府県一覧」から[全国一括]をクリックして、ファイルをダウンロードする

✓ POINT
郵便番号のCSVファイル

郵便番号のCSVファイルは圧縮されています。圧縮ファイルはZIP形式でダウンロードできます。あらかじめ対応した解凍ソフトをご準備ください。

❸ ダウンロードした **ken_all.zip** という圧縮ファイルを解凍したら、**CSV**ファイルを **FileMaker** にドラッグ&ドロップして、**FileMaker**ファイルに変換する

❹ 項目ヘッダが存在しないため、1行目の使用方法では、[データ]を選択する

❺ ファイル名と保存先を設定し、変換する。ここではファイル名を「郵便番号.fmp12」としている

❻ フィールド名を変更して、入力データとの関連付けをわかりやすくする。ここでは次ページの表のように入力する

❼ ファイルを閉じれば登録は完了

変更前	変更後
f1	全国地方公共団体コード
f2	旧郵便番号
f3	郵便番号
f4	都道府県名カナ
f5	市区町村名カナ
f6	町域名カナ
f7	都道府県名
f8	市区町村名

変更前	変更後
f9	町域名
f10	一町域が2つ以上の郵便番号で表される場合の表示
f11	小字ごとに番地が起番されている町域の表示
f12	丁目を有する町域の場合の表示
f13	1つの郵便番号で2つ以上の町域を表す場合の表示
f14	更新の表示
f15	変更理由

郵便番号.fmp12 フィールド名変更前と変更後

郵便番号データと顧客情報の紐付け

郵便番号データが格納されている FileMaker ファイルと、顧客情報が格納されている FileMaker ファイルを紐付けてみましょう。

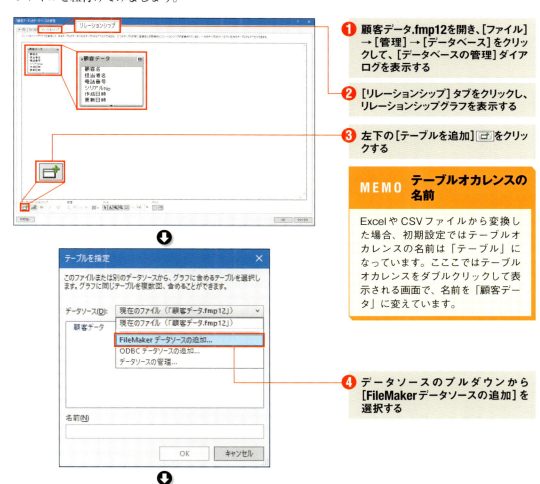

❶ 顧客データ.fmp12を開き、[ファイル]→[管理]→[データベース]をクリックして、[データベースの管理]ダイアログを表示する

❷ [リレーションシップ]タブをクリックし、リレーションシップグラフを表示する

❸ 左下の[テーブルを追加]をクリックする

MEMO テーブルオカレンスの名前

ExcelやCSVファイルから変換した場合、初期設定ではテーブルオカレンスの名前は「テーブル」になっています。ここではテーブルオカレンスをダブルクリックして表示される画面で、名前を「顧客データ」に変えています。

❹ データソースのプルダウンから[FileMakerデータソースの追加]を選択する

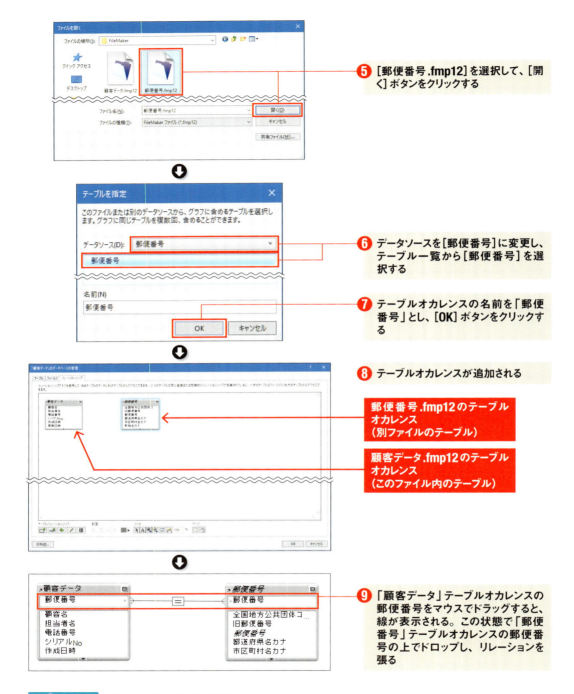

郵便番号データの住所を自動入力

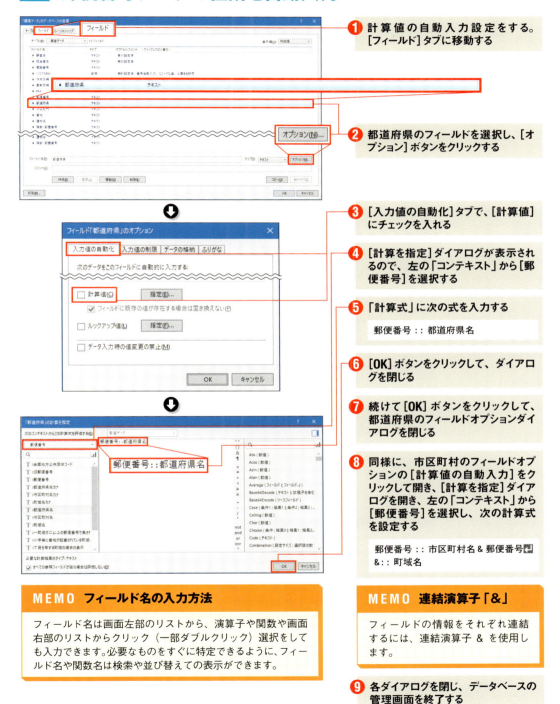

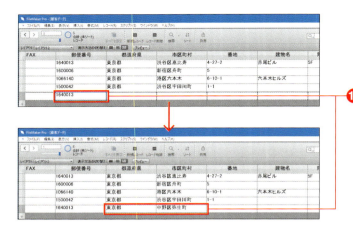

❿ ブラウズモードに切り替え、動作を確認する。新規入力で、郵便番号を入力すると、住所情報が補完される

ファイルとテーブルの分離

このファイル上でレイアウトを調整していけば、顧客管理システムが完成します。その前に、Chapter 3の04「ファイルの分離」で紹介した手法を取り入れてファイルとテーブルを分離してみましょう。データの用途と、データ更新の予想頻度を元に、ファイルとテーブルを分離します。

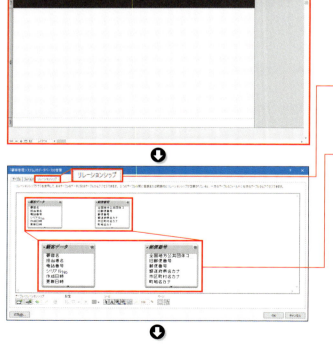

❶ データを操作するユーザインターフェイスのためのファイルを作成する。[ファイル]→[新規ソリューション]をクリックして、ファイル名と保存先を設定する。ここでは「顧客管理システム.fmp12」というファイル名にする

❷ [ファイル]→[管理]→[データベース]をクリックし、[データベースの管理]ダイアログを開き、[リレーションシップ]タブをクリックする

❸ 「顧客データ.fmp12」の顧客データテーブルオカレンスと、「郵便番号.fmp12」の郵便番号テーブルオカレンスを追加する。名前はそれぞれ「顧客データ.fmp12」を「顧客データ」、「郵便番号.fmp12」を「郵便番号」とする

MEMO　顧客管理システム.fmp12のテーブルオカレンス

ユーザインターフェイスファイルにはテーブルを作成しません。顧客管理システムのテーブルオカレンスはゴミ箱のアイコンから削除します。

レイアウトの作成

テーマ機能を利用して、顧客管理システム.fmp12 ファイル上にレイアウトを作成します。作成するレイアウトは、次の2つです。

レイアウト名	内容	レイアウトに紐付けるテーブルオカレンス
顧客データ	顧客のデータを表示・登録・編集するためのレイアウト	顧客データ
郵便番号	郵便番号のデータを表示・登録・編集するためのレイアウト	郵便番号

作成するレイアウト

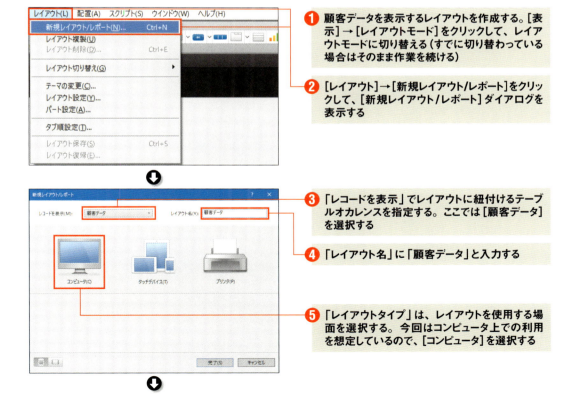

> **MEMO　集計用画面の場合**
>
> 集計用の画面を作成する場合は、レポートを選択すると良いでしょう。紙やPDFとして出力するレイアウトを作成する場合は、プリンタを選択します。

> **MEMO　タッチデバイス**
>
> タッチデバイスを選択すると、iOSデバイスの種類を尋ねられます。動作環境として想定しているiPhone/iPadを選択し、対応する画面解像度のレイアウトを簡単に作成することができます。iOSデバイスと画面解像度の対応については、Chapter 6の01「PCとモバイルデバイスに対応する画面を作る」を参照してください。

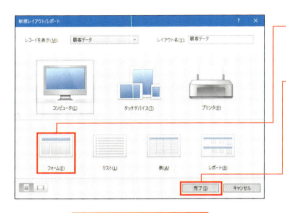

❻ ［コンピュータ］を選択すると、作成するレイアウトの種類がダイアログ下部に表示される。今回は［フォーム］を選択する

❼ ［完了］ボタンをクリックして、レイアウトを作成し、ダイアログを閉じる

❽ ❷～❼の同様の手順で、下表の通り「郵便番号」レイアウトを新規に作成する

項目名	入力内容
レコードを表示	郵便番号
レイアウト名	郵便番号
レイアウトタイプ	コンピュータ
レイアウトの表示形式	表

「郵便番号」レイアウト

❾ 表形式のレイアウトを選択すると、［フィールドを追加］ダイアログが開きレイアウトに表示するフィールドを尋ねられる

❿ レイアウトに表示するフィールドを選択して、［OK］ボタンをクリックする。今回はすべてのフィールドを選択する

> **POINT　フィールドの選択**
>
> すべてのフィールドを選択するには、［Ctrl］＋［A］キーを押します。複数のフィールドを選択する場合は、［Shift］キーを押しながらクリックします。

⓫ 表形式の画面に表示するフィールドを選択して、［OK］ボタンをクリックする。今回はすべてにチェックを入れる

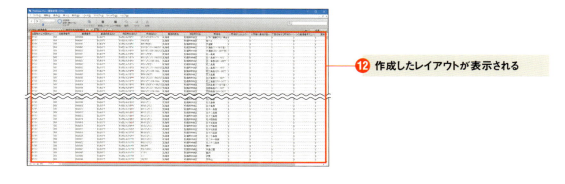

⓬ 作成したレイアウトが表示される

レイアウトのテーマ変更

すでに P.083 で説明しましたが、FileMaker には「テーマ」と呼ばれる配色やスタイルを管理するための概念が用意されています。レイアウトテーマの変更は、レイアウトモードで行います。

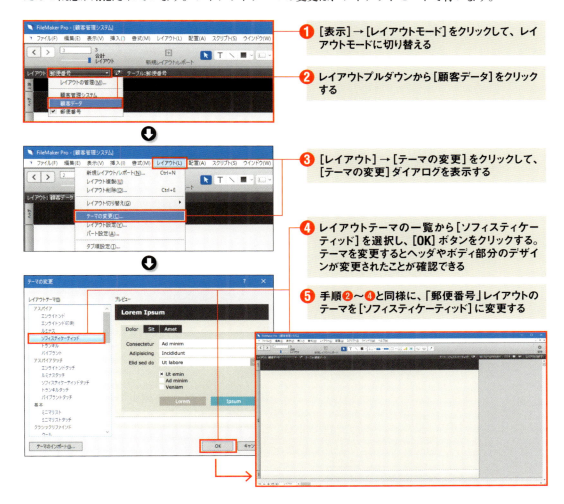

❶ [表示]→[レイアウトモード]をクリックして、レイアウトモードに切り替える

❷ レイアウトプルダウンから[顧客データ]をクリックする

❸ [レイアウト]→[テーマの変更]をクリックして、[テーマの変更]ダイアログを表示する

❹ レイアウトテーマの一覧から[ソフィスティケーティッド]を選択し、[OK]ボタンをクリックする。テーマを変更するとヘッダやボディ部分のデザインが変更されたことが確認できる

❺ 手順❷〜❹と同様に、「郵便番号」レイアウトのテーマを[ソフィスティケーティッド]に変更する

レイアウトのテーマ変更

すでに説明しましたが、FileMaker には「テーマ」と呼ばれる配色やスタイルを管理するための概念が用意されています。レイアウトテーマの変更は、レイアウトモードで行います。

✓ POINT　フィールドピッカーを使用しない場合

フィールドピッカーを使用しない場合は、レイアウトモードで［挿入］→［フィールド］を選択してフィールドを追加していきます。

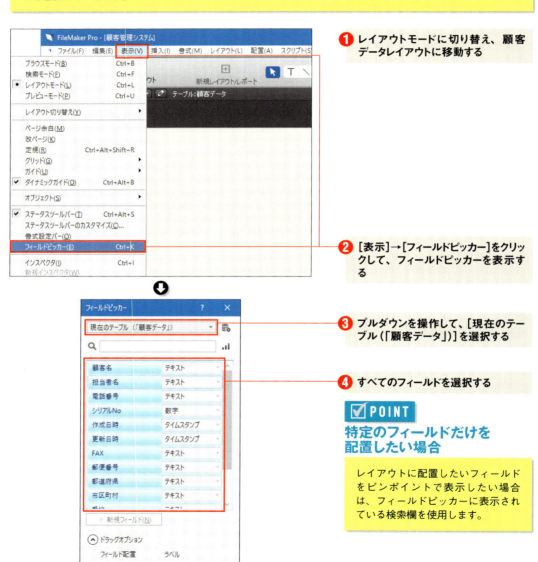

❶ レイアウトモードに切り替え、顧客データレイアウトに移動する

❷ ［表示］→［フィールドピッカー］をクリックして、フィールドピッカーを表示する

❸ プルダウンを操作して、［現在のテーブル（「顧客データ」）］を選択する

❹ すべてのフィールドを選択する

✓ POINT
特定のフィールドだけを配置したい場合

レイアウトに配置したいフィールドをピンポイントで表示したい場合は、フィールドピッカーに表示されている検索欄を使用します。

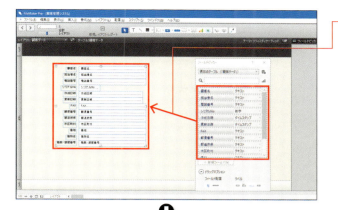

❺ 選択しているフィールドをレイアウト上にドラッグ＆ドロップして、配置する

✅POINT
フィールドの配置やラベルの位置を設定する

フィールドの下にある［ドラッグオプション］でフィールドの配置やラベルの位置を設定できます。［ドラッグオプション］が表示されていない場合は、⌄をクリックします。

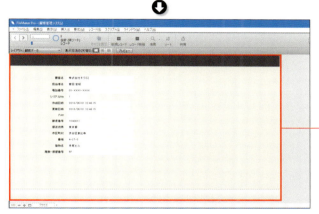

❻ フィールドピッカーを閉じ、ブラウズモードに変更して表示を確認する

スクリプトを使った自動値の入力

　データの自動値の入力設定を用いた手法でシステムを開発した場合、論理値や現在日時・修正日時を自動値入力するには便利です。しかし、外部テーブルの値を含める場合、のちのちの保守に影響が出てくる作りになってしまいます。多少面倒になりますが、スクリプトとスクリプトトリガを用いて自動値の入力を実現したほうが良いでしょう。

　そこでデータの自動値の入力設定の代わりに、郵便番号から住所を自動的に補完するスクリプトを作成してみましょう。作成するスクリプトの全体図は次の通りです。

> **MEMO　データの自動値の入力設定**
> 次の手順に進む前に、顧客データ.fmp12ファイルにおいて、P.117の手順❸、手順❽で付けた［計算値］のチェックを外してください。

```
 1  エラー処理 [ オン ]
 2  変数を設定 [ $zipCode; 値：顧客データ::郵便番号 ]
 3  If [ $zipCode = "" ]
 4      現在のスクリプト終了 [ テキスト結果： ]
 5  End If
 6  レイアウト切り替え [ 「郵便番号」（郵便番号） ]
 7  検索モードに切り替え [ 一時停止：オフ ]
 8  フィールド設定 [ 郵便番号::郵便番号; $zipCode ]
 9  検索実行 [ ]
10  If [ Get ( 最終エラー ) = 0 ]
11      変数を設定 [ $pref; 値：郵便番号::都道府県名 ]
12      変数を設定 [ $addr; 値：郵便番号::市区町村名 & 郵便番号::町域名 ]
13      レイアウト切り替え [ 「顧客データ」（顧客データ） ]
14      フィールド設定 [ 顧客データ::都道府県; $pref ]
15      フィールド設定 [ 顧客データ::市区町村; $addr ]
16  Else
17      レイアウト切り替え [ 「顧客データ」（顧客データ） ]
18  End If
```

郵便番号から都道府県と市区町村を取得するスクリプト

スクリプトとは

　スクリプトとは、1つ1つの処理をまとめて実行するための処理形態です。一連の処理をスクリプトで作成しておくことで、さまざまな作業を自動化できます。同じ手順で作業を何度も行う場面では、このスクリプトが活躍します。

　スクリプトは、スクリプトステップと呼ばれるFileMaker Proのコマンドのリストを組み合わせて作成します。必要に応じてスクリプトステップオプションを指定し、1つ1つのスクリプトステップの処理順序を並び替えて一連の処理を作成していきます。

　順を追ってスクリプトを作成していきましょう。

❹ スクリプトワークスペース内にスクリプト編集用の画面が表示される

❺ スクリプトの役割がわかるように、「スクリプト名」を変更する。ここでは「郵便番号から住所を取得」とする

❻ スクリプトステップ一覧から[制御]→[エラー処理]をダブルクリックする

MEMO 複数スクリプトの同時編集

スクリプト名はタブに表示されています。複数のスクリプトを同時に開いた場合は、横方向にタブが展開していきます。スクリプト名はタブをダブルクリックして編集できます。

❼ スクリプト本文に、追加したステップが表示される

MEMO スクリプトステップを直接記述する

追加したいスクリプトステップの名称を覚えている場合は、直接キーボードでスクリプトステップ本文を記述できます。

✓ POINT ステップの並び順の変更

右のスクリプトステップ一覧でステップをダブルクリックすると、スクリプト本文の最後の行に追加されます。本文中のステップをクリックして、ドラッグ＆ドロップすると本文中のステップを並び替えることができます。

COLUMN

スクリプト本文の見方

[]より左側の文字列をスクリプトステップ、[]で囲まれているものをスクリプトステップオプションと呼びます。

「エラー処理」スクリプトステップでは、スクリプトステップオプションを1種類設定できます。設定可能な値は「オン」または「オフ」のいずれかです。エラー処理をオンにすることで、エラーが発生した場合に、警告ダイアログを表示させないようにできます。例えば、エラー時の確認ダイアログをスキップすれば、ユーザに勝手な対応判断をさせないようにできます。スクリプトステップオプションはスクリプトステップによって、設定できる数が異なります。オプション自体がない場合もあります。なお、1つのスクリプトに複数のスクリプトステップオプションを指定した場合、セミコロン（;）で区切って表示されます。

エラー処理　[オン]
スクリプトステップ　　スクリプトステップオプション

エラー処理 [オン]

✅ POINT 警告ダイアログなどの表示を制御する

警告ダイアログではエラー内容を修正させるために「入力データの修正」や「入力データを破棄し、元の状態に戻す」といった操作をユーザに求めます。これらのダイアログは、自動処理を妨げることになります。
エラー時の対応判断をユーザがするのではなく、スクリプト内であらかじめエラー時の動作を定義しておくことで、エラーが発生したときの判断も自動でさせることが可能です。詳しくは後述のIf/Else/End Ifや、Chapter 3の06「例外処理とは」を参照してください。

❽ 次に、変数を設定のスクリプトを設定する。スクリプトステップ一覧から[変数を設定]を選択してスクリプトを追加したら、追加したスクリプトステップにマウスを乗せ、右に表示される設定アイコンをクリックする

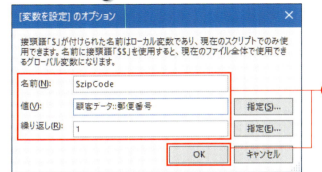

❾ スクリプトステップオプションのダイアログが出てくるので、名前を「$zipCode」、値を「顧客データ::郵便番号」、「繰り返し」を「1」に設定して、[OK]ボタンをクリックする

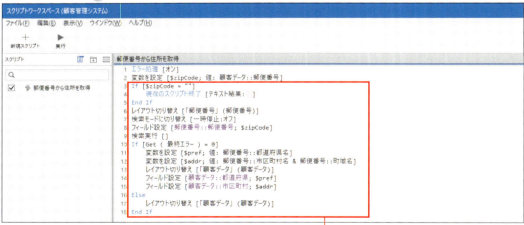

❿ スクリプトの全体図通りに、変数設定以降のスクリプトステップを追加し、スクリプトステップオプションを設定する

⓫ 入力が終わったら[Ctrl]+[S]キーを押し、スクリプトを保存する

✅ POINT スクリプトステップオプションはスクリプトステップによってさまざま

スクリプトステップオプションはスクリプトによって設定の内容が異なります。スクリプトワークスペースのスクリプト本文に表示されている内容と本書の全体図を見比べたり、サンプルを参考に設定をしてください。

⓬ スクリプトワークスペースを閉じる

⓭ ブラウズモードにして、「顧客データ」レイアウトで新規にレコードを作成する。郵便番号を入力後(ここでは「1600006」と入力)、[スクリプト]→[郵便番号から住所を取得]をクリックし、スクリプトを実行する

✓POINT スクリプトステップの実行順

スクリプト内に記述されたステップは、必ず一番上から一番下に向かって実行されていきます。スクリプトの動作が遅いと感じたり、おかしな動作をしている場合は、ステップの並び順(処理の流れ)を再度見直してみましょう。

スクリプトの詳細説明

スクリプト本文中、スクリプトステップとして登場する、特有のFileMaker Proのコマンドを見ていきましょう。

変数を設定

変数とは、プログラムの中で、値を入れておくための入れ物のようなものです。変数の中に文字列や数値、数式の結果を代入しておくことで、後から使い回すことができます。FileMakerに限らず、さまざまなプログラミング言語やソフトウェアにこの変数と呼ばれる考え方が存在します。

次のスクリプトステップを例に考えてみましょう。

```
変数を設定 [ $zipCode; 値:顧客データ::郵便番号 ]
```

これは「いまからスクリプトの中で変数"zipCode"を使いますよ」という意味になります。これを、変数を宣言すると呼びます。FileMakerでは、変数宣言と同時に、変数の中に値を設定できます。変数は先頭に$マークが付き、計算式などで変数を参照して使用します。

✓POINT 変数の宣言とは

変数を宣言することでコンピュータがPCに搭載されているメモリを見て「いまからここからここまでのメモリ領域を使いますよ」と、データを保持するための準備ができることになります。スクリプトの中で再度変数が呼ばれた場合に、コンピュータはメモリの中に入れたデータを取り出します。スクリプト内で宣言された変数は、宣言したスクリプトが完了すると自動的に破棄されます。

If/Else/End If

Ifとは、条件分岐を定義するためのスクリプトステップです。Ifスクリプトステップを使用する場合は、必ずEnd Ifスクリプトステップが対になります。

IfとEnd Ifで囲まれたステップは、If文の中に記述された計算式が真(0以外)の場合にのみ実行されます。IfとEnd Ifの途中にElseステップを挿入すると、Ifの中に記述された計算式が偽(0または空欄)の場合はElseからEnd Ifで囲まれたステップだけが実行されます。

```
If [ Get ( 最終エラー ) = 0 ]
    変数を設定 [ $pref; 値: 郵便番号::都道府県名 ]
    変数を設定 [ $addr; 値: 郵便番号::市区町村名 & 郵便番号::町域名 ]
    レイアウト切り替え [ 「顧客データ」(顧客データ) ]
    フィールド設定 [ 顧客データ::都道府県; $pref ]
    フィールド設定 [ 顧客データ::市区町村; $addr ]
Else
    レイアウト切り替え [ 「顧客データ」(顧客データ) ]
End If
```

Get（最終エラー）=0 の場合に実行

0 以外の場合に実行

MEMO 関数とは

関数とは、計算式の中で利用できる、一連の処理をひとまとまりにしたものです。文字列を特定のルールで加工したり、現在日時や FileMaker の設定状況を取得したい場合に使用します。FileMaker で利用できる関数については、FileMaker のヘルプより「関数リファレンス」ページを参照してください。

現在のスクリプト終了

現在のスクリプトを強制的に終了させます。FileMaker がこのスクリプトステップを処理すると、それより下に記述されているスクリプトステップは実行されません。

以上を踏まえた上で、スクリプトの全体像を見てみましょう。「郵便番号から住所を取得」スクリプトでは、現在選択しているレコードの郵便番号を用いて、都道府県、市区町村、町域名を取得します。その後、結果をそれぞれ対応するフィールドに貼り付けます。

スクリプトトリガを使った自動値の入力

特定のレイアウト上に配置した郵便番号フィールドが変更されたら「郵便番号から住所を取得」スクリプトを起動させるように設定します。

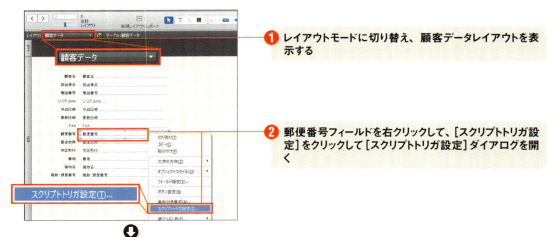

❶ レイアウトモードに切り替え、顧客データレイアウトを表示する

❷ 郵便番号フィールドを右クリックして、[スクリプトトリガ設定]をクリックして[スクリプトトリガ設定]ダイアログを開く

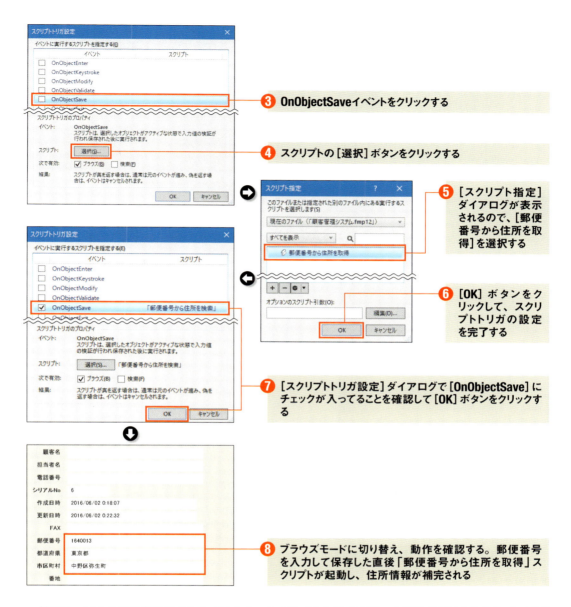

　外部テーブルの値を自動値の入力ではなく、スクリプトトリガを使った実装方式にすることで、不必要なリレーションシップグラフを作成しないで済むようになります。リレーションシップグラフで出現するテーブルオカレンスは、論理的にデータとデータが紐付く場合のみに限定させると、常に必要最低限のきれいなリレーションシップグラフを維持できます。

> **MEMO　スクリプトの設計**
>
> スクリプトの設計に関するより詳しい解説は、FileMakerのヘルプより「作業を自動化するためのスクリプトの作成」ページを参照してください。

06 Web ビューアで Google Maps と連携する

ここまで作成してきた結果、顧客管理システムの詳細画面で、顧客情報を確認できるようになりました。次にレコードに入力されている住所情報を活用して、地図を表示させてみましょう。

地図と顧客情報の連携

顧客管理システムに住所の入力支援機能を実現し、入力 UI の体裁も整ってきました。営業担当者もシステム導入に前向きな姿勢を見せてくれるようになっています。システムの入力イメージを利用者につかんでもらうべく、試験的に各担当者に FileMaker ファイルを配布しました。すると、ある営業担当者から仕様追加の要望があがってきました。要望を受け取ったあなたは、仕様追加の内容を次の4種類に細分化しました。

❶営業活動の履歴を顧客情報に持たせる
❷顧客に優先度を持たせる
❸任意の情報で顧客を絞り込めるようにする
❹顧客情報に地図を表示する

情報の関連度を考えると、❶～❸は営業活動を支援するための仕組みとして切り離し、顧客管理システムとは部分的に連携させたほうが都合が良さそうです。段階を追って機能をリリースしていく算段を立てていたあなたは、すぐに着手が可能そうな❹の機能を実現するため、システム改修に乗り出しました。

Web ビューアを使った外部 Web サービスとの連携

Web ビューアとは、FileMaker 上で提供される埋め込み型の Web クライアント機能です。表示させたい Web サイトの URL を計算式で持たせることで、Web アプリケーションとデータベース内の値を連携させた情報を表現できます。Web ビューア上でのインターネットサーフィン、フォーム送信、HTML の取得、JavaScript を利用したリッチユーザインターフェイスの構築が可能になります。Web ビューアで実現できる例を挙げてみます。

例	利用する Web サービス名
住所を用いて、その周辺の地図を表示	Google Mapsなど
日付を用いて、その前後のスケジュールを表示	Google Calendarなど
住所を用いて、その周辺の天気予報を表示	Yahoo!天気・災害など
郵便番号を用いて、住所情報を取得	Yahoo!郵便番号検索APIなど

Web ビューアと Web アプリケーションの連携例

Google Mapsは、Google社が提供する地図サービスの1つです。住所やランドマーク情報を入力することで、簡単に該当場所の地図を表示することができます。また、今回は使用しませんが、Google Maps APIを使用すれば、住所やお店の名前、緯度経度情報を渡して、簡単にオリジナルの地図を作成することができます。

地図を表示するためWebビューアを追加する

FileMakerのレイアウトに地図を表示するためのWebビューアを追加してみましょう。

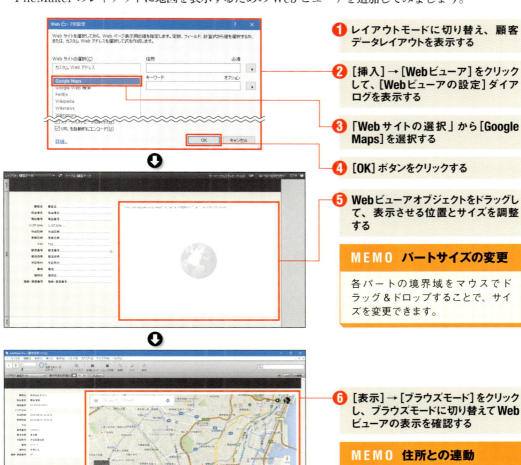

❶ レイアウトモードに切り替え、顧客データレイアウトを表示する

❷ [挿入]→[Webビューア]をクリックして、[Webビューアの設定]ダイアログを表示する

❸ 「Webサイトの選択」から[Google Maps]を選択する

❹ [OK]ボタンをクリックする

❺ Webビューアオブジェクトをドラッグして、表示させる位置とサイズを調整する

MEMO パートサイズの変更

各パートの境界域をマウスでドラッグ＆ドロップすることで、サイズを変更できます。

❻ [表示]→[ブラウズモード]をクリックし、ブラウズモードに切り替えてWebビューアの表示を確認する

MEMO 住所との連動

この時点では、まだ顧客の住所とは連動しません。

地図情報との紐付け

Google Maps を住所と連動させるように設定します。

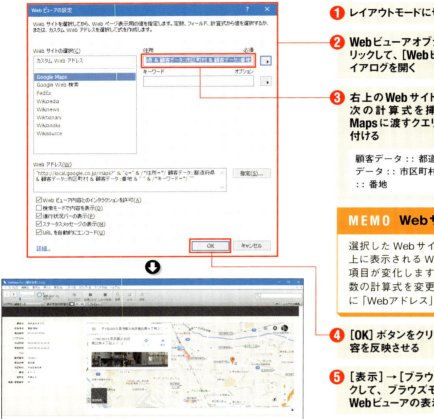

❶ レイアウトモードに切り替える

❷ Webビューアオブジェクトをダブルクリックして、[Webビューアの設定]ダイアログを開く

❸ 右上のWebサイト引数「住所」に次の計算式を挿入して、GoogleMapsに渡すクエリ情報に住所を紐付ける

顧客データ :: 都道府県 & 顧客↵
データ :: 市区町村 & 顧客データ↵
:: 番地

> **MEMO　Webサイト引数の項目**
>
> 選択した Web サイトによって、右上に表示される Web サイト引数の項目が変化します。Web サイト引数の計算式を変更すると、自動的に「Webアドレス」に反映されます。

❹ [OK] ボタンをクリックして、変更内容を反映させる

❺ [表示]→[ブラウズモード]をクリックして、ブラウズモードに切り替えてWebビューアの表示を確認する

> **MEMO　JavaScriptとは**
>
> JavaScriptとは、Webブラウザやサーバ上で動作するスクリプト言語です。HTMLとJavaScriptを組み合わせることで、デスクトップアプリケーションのような操作感をWebアプリケーションで実現できます。Webビューアを使うことで、HTML＋CSS＋JavaScriptを用いた、ドラッグ＆ドロップや高度なグラフィック操作が可能になります。FileMakerの表現の限界を超える、高機能なユーザインターフェイスの実現に欠かせない技術と言えるでしょう。

地図の表示をカスタマイズする場合

　表示する地図のスタイルを変更したい場合、Google Maps の URL を直接開かずに Google Maps Embed API を使用します。Google Maps Embed API は、Google Maps を任意の Web ページに埋め込むための API です。

　Google Maps Embed API を使用することで、次のような地図表示のカスタマイズができます。

- 任意の位置へのマップピン表示
- 2箇所以上の指定された地点間のルート表示
- ストリートビューの画像を表示
- 地図の全画面表示

　Google Maps Embed API は、URL を直接開くのではなく、HTML 上のインラインフレーム（<iframe>）経由で呼び出す必要があります。また、API の利用には Google アカウントの登録、および利用するアプリケーション（プロジェクト）ごとに API キーの発行が必要です。

　なお、Google Maps Embed API を始めとした Google Maps API は、無償で利用できる条件として「ユーザが無料でアクセスできるサイト」であることが利用規約として定められています。ユーザが限定される Web サイトや、社内イントラネットで稼働させることを前提としたアプリケーションでは別途 Google Maps API for Work ライセンス（有償）が必要です。

Web ビューアの動作設定

　Web ビューアでは次のような動作設定が可能です。

機能名	内容
Webビューア内容とのインタラクションを許可	Webビューア上でのテキスト入力などが利用可能になる。チェックを外した場合、クリックやスクロールなどいっさいの操作ができない
検索モードで内容を表示	検索モードでもWebビューアが利用可能になる。チェックを外した場合、検索モードでは空白表示となる
進行状況バーの表示	コンテンツ領域の下部にWebページの読み込み状況を表示する。進行状況バーはオーバーレイ表示され、読み込み完了後は非表示となる
ステータスメッセージの表示	コンテンツ領域の下部にWebビューアの動作状況(ロード中、エラーメッセージ、HTTPS通信)を表示する
URLを自動的にエンコード	チェックを入れない場合、表示するWebサイトによっては文字化けが発生する可能性がある。マルチバイト文字をWebアドレスの計算式クエリに用いる場合はこのチェックを入れるか、計算式上でGetAsURLEncoded関数を使用する

Webビューアのオプション

MEMO　データURLスキームとは

データURLスキーム（The "data" URL scheme）とは、URLでバイナリデータ（文字データ以外のデータ形式）を表現するための定義です。データURLスキームでは、バイナリデータを特定のルールで文字列に変換することで、通常の文字列操作で取り扱いが可能になります。WebビューアにデータURLスキームで文字列を渡すことで、Webサイトの表示以外にもHTMLの動的生成や、画像・動画ファイルを埋め込むこともできます。データURLスキームを使ったテクニックは、Chapter 6の05「URLスキームを使ったテクニック」を参照してください。

　FileMakerでは仕組みの制約上、1画面に複数の情報を段組にまとめた画面の実装は難易度が高くなります。FileMakerに不得意な分野はFileMakerで実現せず、既存の外部Webサービスを用いて、FileMakerからWebビューア経由で利用すると良いでしょう。

COLUMN

迷ったときはマニュアルを！

FileMakerの操作に迷ったときは、まずマニュアルを参照しましょう。FileMaker起動中に上部のメニューからヘルプを辿るか、各画面に表示されるヒントやヘルプを活用します。関数や機能の動きに疑問が生じた際は、FileMaker開発者が集うFileMaker Communityや、ナレッジベースを参照しましょう。どのようなソフトウェアを利用するにあたっても、上達のコツは逐一インターネットで検索するのではなく、マニュアルを読み込むことから始まります。迷ったときは、マニュアルを参照する癖をつけましょう。

オンラインヘルプ：
URL https://fmhelp.filemaker.com/help/15/fmp/ja/

FileMaker Community：
URL https://community.filemaker.com/

ナレッジベース：
URL http://filemaker-jp.custhelp.com/

Chapter 5

営業データ管理
システムを作る

Chapter 5 のゴールは、FileMaker を使って、中程度規模のアプリケーションを開発できるようになることです。データとデータの紐付け方法を学びながら、Chapter 4 で作成した顧客管理システムに営業データ管理の概念を追加してみましょう。

01 営業データベースで必要な情報の見方

ここでは FileMaker の画面構成と、テーブルやフィールドなどの基礎を解説します。

営業活動管理システムの構築

　顧客管理システムの試験運用を始めてから1ヵ月が経過しました。顧客管理に関するデータも順調に増え、さまざまな場面でデータを活用する道筋もイメージがしやすくなってきています。

　以前ある営業担当者から、「顧客データを営業活動にそのまま活かせるように改良してほしい」と依頼を受けました。その後、ほかの営業担当者からも同様の声が上がってくるようになりました。そこで、顧客管理システムに営業データベースの概念を追加することに決めました。営業活動に役立つことができれば、会社の売上も向上します。データ入力のモチベーションアップも見込め、さらなる情報の2次利用・3次利用が期待できます。

　営業活動の経験がないあなたは、まず営業担当者と打ち合わせをする機会を作り、営業業務と必要な情報の洗い出しを始めました。

営業活動管理システムとは

　営業活動管理システムとは、営業活動に関する情報（案件情報、営業活動履歴、受注情報、売上集計）を情報システムとして形にしたものです。今回は顧客管理システムに、営業活動システムを上乗せして作成します。

完成イメージ

システムの特性上、「どの会社での売上なのか」「どの営業担当者の売上なのか」を特定する場合が多いため、顧客マスタや営業担当者マスタが別に必要となります。

営業活動管理をシステム化するには、システム設計・開発者は、営業活動業務についての知識と深い理解が必要になります。また、売上の集計や可視化に伴うさまざまな切り口が存在するため、データの持ち方についても議論・検討が必要です。

Chapter 5 を通して次のことを説明します。これらをマスターすることで、比較的中規模な情報システムを一人で構築できるようになります。

- 営業活動に求められる情報や知識
- 既存 FileMaker アプリケーションへの機能追加
- 画面遷移の設計
- 情報の集計に適したデータ構造と実現方法

営業活動に必要な情報

営業データベースで必要な情報の切り口を検討してみましょう。

切り口	内容
予算	特定の期間ごとに設定する目標。営業担当者や営業チーム、得意先や商品に設定される場合が多い
実績	実際の営業成績。担当者別、顧客別、年月別、四半期別などの集計切り口が考えられる
読み	営業成績の確度。実績と読みを並べて表示し、予算到達度・進捗を表現する。読みの確度に応じて売上金額に係数を掛け、実績金額に含めて集計する場合もある
営業活動の履歴	顧客ごとの営業活動の履歴。営業担当者間や上長との会議の際、方針決定やアドバイス時に役立つ

営業データベースに求められる情報

予算

特定の期間ごとに設定する、売上金額の目標値です。実績と一緒に管理されることが多く、予実管理とも呼ばれます。予算の立て方は企業や業種によってさまざまです。ここでは月ごとに予算が存在すると仮定し、予算を立てるにあたり視野に入れる情報の例をいくつか挙げてみます。

- 会社の運営維持に必要な経費を算出し、割合で決定する
- 予算に到達できなかった金額（負け分）を別の月の予算に上乗せする
- 前月の実績に特定の係数を掛ける
- 前年同月の実績に特定の係数を掛ける
- 特定の期間内での実績から平均値や中央値を算出。その数値に天気や季節・イベントといった外部因子を考慮する
- 取り扱う商品の在庫、リードタイム、回転率を計算した上で売れ行きを検討して、顧客ごとに割りあてて予算を算出する

営業担当者が決めた予算に従い、経営者や経理担当者、在庫管理担当者は各種業務を行っていくことになります。予算がいい加減に決定されてしまうと、予算と実績が大きく剥離し、資金繰りやキャッシュフローの悪化につながります。

実績

実際の営業成績です。担当者別、顧客別、時系列別など、さまざまな切り口で集計をして、現在の成績と予算を比較します。達成率と達成の状況を検討して、予算と実績が乖離している場合は、その原因を追及します。起きやすい原因の例をいくつか挙げてみます。

- 決定した予算に対して、適切な営業活動ができていない
- 予算を決定する際の数字の裏付けデータが乏しい。または間違っている
- 日々の営業活動で、上長と部下の連携が機能していない
- 商品の故障率や返品率の高さによるもの

適切な予算が組まれていない、営業成績が出せていない場合は、経営状況の悪化を招くことになるでしょう。営業データベースでこれらの数値を管理することで、原因の洗い出しや改善方法の模索をより簡単に行えるようになります。

読み

営業成績の確度を取り扱います。リード管理と呼ばれることもあります。案件ごとに、「この案件は受注できそうかどうか」のレベルを割り振ります。読みの確度は企業や業種によってさまざまですが、ここでは比較的ベーシックな「ABC評価」の例を紹介します。

確度	内容
確定	受注が成立した場合の確度。このランクが設定された案件の売上金額が、実績集計の対象となる
A	受注確率が90％以上の案件。適切な営業活動が行え、ほぼ受注できる段階の案件に設定する
B	受注確率が70〜89％の案件。適切な営業活動が行えれば、Aランクや確定にシフトできる案件に設定する
C	受注確率が70％を下回る案件。多数の競合相手や条件、顧客があまり乗り気でなかった案件に設定する

ABC評価の例

確度が「確定」以外の値に設定された案件・受注情報は、実績集計の対象から外します。読み表という「今月はあといくら売れそうか」を確認する表で、予算と実績の比較表示をして、営業進捗率を確認します。案件の受注情報1つ1つに確度を設定しておくことで、「今月はあといくら売れそうか」「予算到達までに、現実的なラインはどのくらいか」を把握できるようになります。

また、読み確度は営業活動にも用いることができます。締日前の残りわずかな営業活動時間で、C案件に対して営業活動を行うよりは、AやBの案件に営業活動したほうが効率的だと言えます。

各営業担当者が受注確度の精度を上げ、日々メンテナンスをして、顧客に対して適切な営業活動とスケジュールを組むことで、無駄の少ない営業が実現します。

営業活動の履歴

顧客ごとに営業活動の履歴を管理します。5W1Hの要領で情報を記録し、結果を蓄積していくことで、今後の方針を決定する際に役立つ情報になります。また、最後に営業活動を行ってから時間が経っている顧客を洗い出す際にも活用できます。

5W1H	例
Who（誰が）	営業担当者の氏名（または営業チーム）
When（いつ）	2016/3/1 10:00から1時間
Where（どこで）	○○株式会社の××課にて
What（何を）	新商品のプレゼン
Why（なぜ）	先方が新規店舗を開業するにあたり、新規商品の導入を検討していたため
How（どうやって）	新商品の内容と契約条件をまとめたプレゼン資料を紙に印刷し、商品の実物を持参して口頭で説明した
結果	その場でご契約をいただいた

営業活動履歴を記録した例

　システム導入の際は、システムの使い方だけでなく、「なぜこのシステムを導入するのか」「システムを導入することで、将来的にどのような恩恵が受けられるか」を開発者がしっかりと把握し、各利用者に説明できるかが重要となってきます。

　特に営業データベースでは会社の売上に直結する数字を多く取り扱います。営業担当者が営業活動以外の「データを登録する」という単純作業を、どれだけ協力的にこなしてくれるかがシステム運用成功の鍵となります。

　システムを導入するだけで営業成績が自動的に改善されることは決してありません。システムはあくまでツールであり、営業活動の方針決定時には助けになるかもしれませんが、それ以上のことはできません。

　営業データベースを開発する前に、もう一度これら営業の基礎知識をおさらいし、システムで実現する範囲を明確にしてください。各営業担当者としっかりと打ち合わせし、お互いの意識のすり合わせを何回も行って、改善を繰り返しながらシステムを発展させていきましょう。

02 営業データベースを設計する

既存システムに新機能を追加する場合に情報同士を紐付ける方法、システム改修後の画面遷移の設計、円滑なデータ入力を実現する導線を考えます。

作業の流れ

ここでは、顧客管理システムに営業管理の概念を追加するにあたりに必要な、テーブルの設計や、どのような順番で画面を表示してデータ入力をさせるかの検討を行います。作業の流れは次の通りです。

❶営業データ管理システムに必要な情報をテーブルとフィールドに落とし込む
❷情報の紐付けを考える
❸画面遷移図を設計する

テーブルの設計

顧客管理システムに営業管理の概念を追加するための、営業データベースを設計してみましょう。まずは必要なデータを整理します。

情報	内容	データ更新の頻度
顧客データ	顧客の基本情報を管理する	中
案件	日時、案件名、営業担当者など案件情報を管理する。顧客情報に紐付く	高
営業活動履歴	日時、営業活動内容、営業担当者などを管理する。顧客情報または案件に紐付く	高
受注情報	日時、受注金額、支払条件、読み確度などを管理する。案件情報に紐付く	高
予算	営業担当者、期、予算金額を管理する。設定する期は一般的に「月」や「四半期」が多い	高
営業担当者	営業担当者名、メールアドレスなどを管理する	低

営業データベースに必要な情報

必要なデータの整理が終わったら、テーブル情報を書き出してみましょう。顧客データはすでにテーブルができているので、案件以下のテーブル情報を書き出します。なお、今回は予算の立て方について、毎月予算を立てるモデルだと仮定します。

案件

フィールド名	タイプ	内容	特記事項
シリアルNo	数字	管理上の番号	自動連番、ユニーク
作成日時	タイムスタンプ	レコード登録時のタイムスタンプを保存	自動入力
更新日時	タイムスタンプ	レコード更新時のタイムスタンプを保存	自動入力
案件名	テキスト	―	―
顧客シリアルNo	数字	顧客シリアルNoを入力	―
営業担当者シリアルNo	数字	営業担当者シリアルNoを入力	―
案件内容	テキスト	案件の概要を入力	―

案件テーブルのフィールド

営業活動履歴

フィールド名	タイプ	内容	特記事項
シリアルNo	数字	管理上の番号	自動連番、ユニーク
作成日時	タイムスタンプ	レコード登録時のタイムスタンプを保存	自動入力
更新日時	タイムスタンプ	レコード更新時のタイムスタンプを保存	自動入力
案件シリアルNo	数字	親テーブルにあたる「案件」テーブルに設定された案件シリアルNoを格納する	―
営業活動日	日付	営業活動を行った日付を入力	―
営業活動内容	テキスト	営業活動を行った内容を入力	―
営業活動のランク	テキスト	営業活動後の顧客の反応・感触の確度を入力	―

営業活動履歴テーブルのフィールド

受注情報

フィールド名	タイプ	内容	特記事項
シリアルNo	数字	管理上の番号	自動連番、ユニーク
作成日時	タイムスタンプ	レコード登録時のタイムスタンプを保存	自動入力
更新日時	タイムスタンプ	レコード更新時のタイムスタンプを保存	自動入力
受注金額	数字	受注した金額を入力	―
支払条件	テキスト	入金条件、支払いサイトを入力	―
読み確度	テキスト	受注の確度を入力。実績値の集計や、読み表の集計に使用する	―
受注日	日付	受注した日付を入力	―
案件シリアルNo	数字	親テーブルにあたる「案件」テーブルに設定された案件シリアルNoを格納する	―
営業担当者シリアルNo	数字	親テーブルにあたる「案件」テーブルに設定された営業担当者シリアルNoを格納する。スクリプトトリガで代入させる（Chapter 5の05で解説）	計算フィールドで実現しないのがポイント

受注情報テーブルのフィールド

予算

フィールド名	タイプ	内容	特記事項
シリアルNo	数字	管理上の番号	自動連番、ユニーク
作成日時	タイムスタンプ	レコード登録時のタイムスタンプを保存	自動入力
更新日時	タイムスタンプ	レコード更新時のタイムスタンプを保存	自動入力
営業担当者シリアルNo	数字	営業担当者シリアルNoを入力	―
年月	テキスト	期別の予算をYYYY/MM形式で入力	テキスト
目標金額	数字	営業担当者・年月ごとの目標金額を入力	―

予算テーブルのフィールド

営業担当者

フィールド名	タイプ	内容	特記事項
シリアルNo	数字	管理上の番号	自動連番、ユニーク
作成日時	タイムスタンプ	レコード登録時のタイムスタンプを保存	自動入力
更新日時	タイムスタンプ	レコード更新時のタイムスタンプを保存	自動入力
営業担当者名	テキスト	営業担当者名を入力	―
メールアドレス	テキスト	メールアドレスを入力	―

営業担当者テーブルのフィールド

情報の紐付け

テーブル情報の書き出しが終わったら、各情報の関連付けをします。

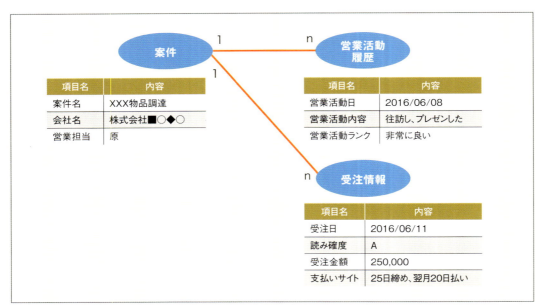

情報の関連図

「案件」は、案件情報を格納します。1つの案件情報には、複数の営業活動履歴が紐付きます。この関係性について「案件情報と営業活動履歴は、1対多の関係にある」と言えます。同様に1つの案件情報には、複数の受注情報が紐付きます。この関係性について「案件情報の受注情報は、1対多の関係にある」と言えます。

　「営業活動履歴」「受注情報」両者とも、情報のくくりとしては「案件」に関連付いた情報です。このため、案件 - 営業活動履歴間の情報の紐付けと、案件 - 受注情報の紐付けは、管理上の番号である「案件シリアルNo」を用いて行うことになります。

画面遷移はなぜ必要か？

　テーブルの設計ができたら、画面遷移設計図を作成します。画面遷移とは、各画面の導線のことです。システム上で再現する業務の順番に従い、画面で情報の入力順番や、集計処理時の順序を設計します。

　FileMakerには自由にレイアウトに飛ぶ機能が用意されています。したがって、ユーザがデータ処理の順番を決めることもできます。便利な機能ですが、業務アプリケーションを作る場合は採用するべきでない理由がいくつかあります。

- データ処理の順番をユーザが自由に決定できるシステムは、利用者の業務スキルに大きく依存し、システム導入後に混乱を生む可能性がある
- データ処理の順番をユーザが自由に決定できるシステムの構築は難易度が高い

　データの処理をユーザが自由に決定できるシステムは、ユーザの業務スキルやPCスキルが高ければ生産性・業務効率の大きな向上が望めます。逆に言うと利用者のスキルに大きく依存することになります。システムの導入時や新しいユーザに対して使い方をレクチャーするときに、混乱を生む可能性が出てきます。さらに、どの順番で操作がされてもデータに矛盾を起こさせない仕組み作りが必要になります。

　あらかじめデータ処理の順番を決め、レイアウトとデータの流れを明確に定義しておくことで、システム構築の難易度を下げることができます。利用者はあらかじめ用意された手順通りにデータの処理を行えば良いため、混乱も生じにくいというメリットがあります。

　これらを考慮し、本書で作成するシステムでは各レイアウトに画面を移動するためのボタンを配置します。レイアウトへの移動を制限することで、ユーザの自由度は下がりますが、業務の処理順や責任範囲を明確にできます。

画面遷移図の設計

それでは実際に、画面遷移図を設計してみましょう。

❶ 必要だと思われる画面をすべて書き出す。5W1Hの思考ロジックや、ピラミッドツリーのロジックを用いながら、思いつく限りの画面を書き出す

- Ⓐ 案件を一覧で確認する画面
- Ⓑ 案件の詳細情報を確認する画面
- Ⓒ 営業活動を入力する画面
- Ⓓ 売上を入力する画面
- Ⓔ 顧客を一覧で確認する画面
- Ⓕ 顧客の詳細情報を確認する画面
- Ⓖ 営業担当者を一覧で確認する画面
- Ⓗ 営業担当者の詳細情報を確認する画面
- Ⓘ 予算を立案する画面
- Ⓙ 売上の集計をする画面
- Ⓚ どの業務を行うか選択する画面

✓ POINT 目的に沿ったレイアウトの設計を心がける

詳細画面は、1つのレコードに記録されている情報の詳細を見せたい場合に用いる画面です。視線運動や情報の重要度を考え、なるべくマウススクロールをさせないで一目ですべての情報に目を通せるようなレイアウト作りを心がけます。一覧画面は、一定範囲のレコードを横断して確認したり、目的のレコードに辿るために用いる画面です。テーブル内でも重要度の高い情報のみを画面に配置し、一覧性を高めるレイアウト作りを心がけます。

❷ 書き出した画面に対して、その画面で行う予定の仕事内容や、必要性、疑問などを追記する

記号	画面名	仕事内容	必要性・疑問など
A	案件一覧	案件を一覧で見渡し、目的の情報に移動	表示項目の優先度が利用者によって変わるため、検討が必要
B	案件詳細	案件情報の詳細を確認	関連情報を載せると新しい導線となる可能性あり
C	営業活動入力	営業活動を入力	必ず「案件」が紐付くため、案件詳細にこの機能があったほうが便利。単体画面は不要か
D	受注入力	受注情報や読みを入力	必ず「案件」が紐付くため、案件詳細にこの機能があったほうが便利。単体画面は不要か
E	顧客一覧	顧客を一覧で見渡し、目的の情報に移動	表示項目の優先度が利用者によって変わるため、検討が必要
F	顧客詳細	顧客情報の詳細を確認	関連情報を載せると新しい導線となる可能性あり
G	営業担当者一覧	営業担当者を一覧で見渡し、目的の情報に移動	営業担当者テーブルで扱う情報量が少なく、一覧画面で情報を編集できれば、詳細画面を省ける可能性あり
H	営業担当者詳細	営業担当者の詳細を確認	営業担当者テーブルで扱う情報量が少なく、一覧画面のみでも対応可能か
I	予算設定	年月・営業担当者ごとに予算を入力・確認	―
J	売上集計	レコードを特定の条件で絞り込み、結果を集計	―
K	メインメニュー	上記に書き出した画面に移動	業務が少なければ不要だが、今回のシステムで行う業務の範囲ではあると良い

画面についての情報を整理

❸ 書き出した画面を最終的に実装するかどうかを決める

記号	画面名	実際に作成するか
A	案件一覧	○
B	案件詳細	○
C	営業活動入力	−
D	受注入力	−
E	顧客一覧	○
F	顧客詳細	○

記号	画面名	実際に作成するか
G	営業担当者一覧	○
H	営業担当者詳細	−
I	予算立案	○
J	売上集計	○
K	メインメニュー	○

実装する画面の決定

❹ システムで実現する業務と、各画面との関係性を検討し、画面に導線を設定する

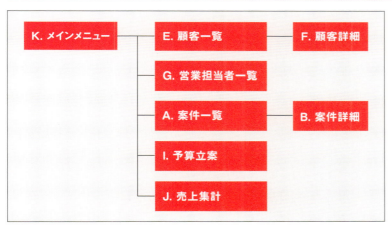

画面遷移図を作成

MEMO　その他の用途で必要なレイアウト

画面遷移図には登場しない画面として、ユーザが使用する画面とは別に、開発者が開発やデータメンテナンスのために使用する画面や、スクリプトから計算をするときに参照する画面が別途必要になる場合があります。

画面遷移図の設計の注意点

今回は次のポイントに注意しています。

メインメニューへの移動

画面遷移図では実線での表記をしていませんが、実際にシステムを作成するときは、すべての画面からメインメニューに移動できるように作成します。メインメニューは、すべての業務に移動するための入り口とも言える画面です。

ユーザがシステムに混乱してしまっても「メインメニューに戻れば大丈夫」という状況を作り出すため、「メインメニューを除くすべての画面で、メインメニューに戻るためのボタン」を、同じ位置に配置させます。

多くのWebアプリケーションでは、画面左上にアプリケーションや企業のロゴを配置しています。ロゴをクリックするとトップページに移動する仕組みが一般的です。ただし今回はロゴを使わず、左上に画面名を配置し、メインメニューに戻るためのボタンは画面右上に配置します。

検索はFileMakerの機能を使う

業務アプリケーションでは「検索」→「一覧」→「詳細」の遷移が一般的ですが、今回の画面遷移では検索画面を省きました。検索は、表示メニューから「検索モード」で行うようにします。

検索専用の画面を用意するメリットもあります。しかし、業務が固まりきらないうちは、利用者にFileMakerの検索方法を学習してもらったほうが、どのような場面でも柔軟に対応できるようになります。

画面遷移の設計は、システムへの入力率や業務効率に大きく関わってきます。また、システムの実装速度に比べて業務が変革するスピードのほうがはるかに速いため、適宜画面遷移の見直しが必要な場面も多々あります。作ったシステムが業務の障害とならないよう、常に業務にシステムを追従させる努力をしましょう。

03 営業活動管理システムを作成する

データ構造を作成し、実現したいシステムの画面遷移も見当がつきました。実際に改修をしていきましょう。

作成する営業活動管理システムの概要

ここでは、営業管理システムの売上集計に関係する機能以外を実装します。作業の流れと、各画面の完成イメージは次の通りです。

❶ ファイルとテーブルの作成、リレーションの設定
❷ 各レイアウトの作成、フィールドの配置
❸ 画面遷移のためのボタン配置
❹ 案件に関係する情報を表示するポータルの配置

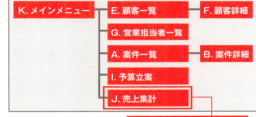

画面遷移図（再掲）

Chapter 5の05で作成

K.メインメニュー　　A.案件一覧　　B.案件詳細

E.顧客一覧　　F.顧客詳細　　G.営業担当者一覧　　I.予算立案

ファイルとテーブルの作成

これまでに書き出したテーブル情報、画面遷移図を元に、営業データ管理システムを作っていきましょう。まずはテーブルを用意します。データの更新頻度でファイルを分離します。用途別にファイルを整理してみましょう。次の表を参考にFileMakerファイルを新規に作成し、それぞれのファイルに対し、Chapter 5の02（P.141〜142）で整理した通りにテーブルとフィールドを作成します。

ファイル名	ファイルの作成手順	格納するテーブル	用途
顧客管理システム.fmp12	Chapter 4の05で作成した「顧客管理システム.fmp12」をそのまま使用	UI	UI情報を格納。必要なテーブルオカレンス、リレーション、スクリプトトリガ、レイアウトはすべてこのファイルに集約
顧客管理_データ.fmp12	Chapter 4の03で作成した「顧客データ.fmp12」ファイル名を「顧客管理_データ.fmp12」に変更	顧客データ、案件、営業活動履歴、受注情報、予算	頻繁に更新されるデータを格納
顧客管理_マスタ.fmp12	新規に作成	営業担当者	あまり頻繁には更新されないデータを格納
郵便番号.fmp12	Chapter 4の05で作成した「郵便番号.fmp12」をそのまま使用	郵便番号	ファイルサイズが大きいため、郵便番号データを別に分離

作成するファイル

> **MEMO　テーブルの追加方法**
>
> テーブルは［ファイル］→［管理］→［データベース］の［テーブル］タブで追加できます。フィールドの作成方法はChapter 4の04を参照してください。

> **✓ POINT　UI専用のファイルにはデータを格納するテーブルを作成しない**
>
> 顧客管理システムにはUIに関するテーブルを配置します。ファイル入れ替え時のコストを低減させるよう、データの格納を目的としたテーブルはこのファイルには作成しません。ファイルの分離にはさまざまな方法があります。本書では「データの格納を目的としたテーブルを格納しない、UIをまとめたファイル」「頻繁に更新されるデータ」「あまり頻繁には更新されないデータ」「郵便番号」の4種類に分類しました。テーブル数やファイルの作りによっては、データの更新頻度ではなく、データの単位や業務のくくりに応じてファイルを分割したほうがわかりやすいパターンもあります。Chapter 3の04「ファイルの分離」を参考に、いろいろなファイルの分類を試してみて、業務や開発スタイルに合ったものを選びましょう。

> **⚠ CAUTION ⚠**
> **ファイル名やファイルの場所を変更したら**
>
> リレーションを設定していたファイルの場所が変更されたり、ファイル名が変更された場合、FileMakerはそのファイルにアクセスできずにエラーが表示されます。ファイルを選択し直すことで、リレーションの再設定が行われます。ファイル名やファイルの場所を変更した場合は、FileMakerファイルを開き、［ファイル］→［管理］→［外部データソースの管理］で、ファイルパスの修正を忘れずに行いましょう。

リレーションの設定

❶ 顧客管理システム.fmp12を開く

❷ [ファイル]から[管理]→[データベース]をクリックして、[データベースの管理]ダイアログを開く。[テーブル]タブをクリックして、[UI]テーブルを選択する（テーブルを作成していない場合はテーブルを作成する）

❸ [リレーションシップ]タブをクリックして、左下表のテーブルオカレンスを配置する

MEMO ノートの追加

ツールの A をクリックして、リレーションシップグラフ上をドラッグすると、ノートを追加できます。テーブル間のつながりや用途を識別管理する際に役立ちます。

MEMO テーブルオカレンスの追加方法

リレーションシップグラフ上でのテーブルオカレンス追加方法については、Chapter 4の05を参照してください。

❹ 案件シリアルNoをキーにして、案件と営業活動履歴・受注情報の間にリレーションシップを張る

❺ をそれぞれダブルクリックして、[リレーションシップ編集]ダイアログを開き[このリレーションシップによるレコードの作成を許可する]のそれぞれにチェックを入れる

❻ 配置後、[OK]ボタンをクリックして[データベースの管理]ダイアログを閉じる

ノート名	テーブルオカレンス名	元のファイル
マスタに関するテーブルオカレンス	営業担当者	顧客管理_マスタ
マスタに関するテーブルオカレンス	郵便番号	顧客管理_郵便番号
データに関するテーブルオカレンス	顧客データ	顧客管理_データ
データに関するテーブルオカレンス	案件	顧客管理_データ
データに関するテーブルオカレンス	営業活動履歴	顧客管理_データ
データに関するテーブルオカレンス	予算	顧客管理_データ
データに関するテーブルオカレンス	受注情報	顧客管理_データ
UIに関するテーブルオカレンス	UI	顧客管理システム

ノート名とテーブルオカレンス名の設定

各レイアウトの作成、フィールドの配置

Chapter 5 の 02 で定義した画面遷移図に従って、必要なレイアウトを作成します。

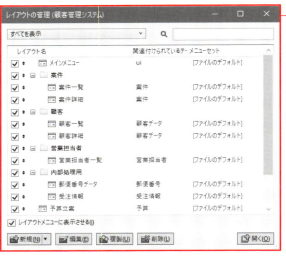

❶ 顧客管理システム.fmp12 を開き、[ファイル]→[管理]→[レイアウト]から[レイアウトの管理]ダイアログを表示する

❷ 次の表を元に、レイアウトを作成して、テーブルオカレンスを関連付ける。なお、表示はすべて［コンピュータ］を選択すること

> **MEMO　レイアウトの作成方法**
>
> レイアウトの作成方法は P.119 を参照してください。

レイアウト名	関連付けるテーブルオカレンス	設定する表示形式	備考
メインメニュー	UI	フォーム形式	メニュー画面。実データを格納しないUIテーブルを設定
案件一覧	案件	リスト形式	―
案件詳細	案件	フォーム形式	―
顧客一覧	顧客データ	リスト形式	―
顧客詳細	顧客データ	フォーム形式	Chapter 4の05で作成したレイアウト「顧客データ」を流用。名前のみ変更する
営業担当者一覧	営業担当者	リスト形式	―
郵便番号データ	郵便番号	表形式	Chapter 4の05で作成したレイアウト「郵便番号」を流用。名前のみ変更する。スクリプトトリガによる内部処理で使用
受注情報	受注情報	表形式	スクリプトトリガによる内部処理で使用
予算立案	予算	リスト形式	―

各レイアウト名、関連付けるテーブルオカレンス、設定する表示形式

> **MEMO　レイアウトフォルダ**
>
> レイアウトにはフォルダの概念があります。用途ごとにフォルダを作成し、レイアウトを整理しておくことで、利用者・開発者問わず目的のレイアウトに移動しやすくなります。フォルダを作成するには、[レイアウトの管理]ダイアログの左下にある［新規］ボタンのサブメニューから［フォルダ］を選択します。レイアウトの整理や並び順の移動は、ドラッグ＆ドロップで行います。

> **POINT　表示形式の制限**
>
> 設定する表示形式は、［レイアウト設定］ダイアログの［表示］タブでいつでも変更できます。利用させたくない表示形式のチェックを外すことで、常に開発者側の意図した画面デザインを提供できます。この設定をあらかじめ行えば、表示方法に関わるトラブルを防ぐことが可能です。

❸ レイアウトに、次のフィールドを配置する。詳細はサンプルを参考にしてほしい

❹ ブラウズモードに切り替え、レイアウトの移動メニューから各画面を表示して確認する

レイアウト名	配置するフィールド名
メインメニュー	フィールド配置なし
案件一覧	シリアルNo, 案件名, 顧客シリアルNo, 営業担当者シリアルNo
案件詳細	すべてのフィールド
顧客一覧	シリアルNo、顧客名、担当者名、電話番号
顧客詳細	Chapter 4の05で作成したレイアウトを流用するため、変更なし
営業担当者一覧	シリアルNo、営業担当者名、メールアドレス
郵便番号データ	すべてのフィールド
受注情報	すべてのフィールド
予算立案	シリアルNo、年月、営業担当者シリアルNo、目標金額

レイアウトに配置するフィールド

画面遷移のためのボタン配置（案件詳細の例）

Chapter 5の02で定義した画面遷移図に従って、各レイアウトに、次／前の画面に移動するためのボタンを配置します。ここでは案件一覧画面から案件詳細画面へ移動するボタンを例にします。

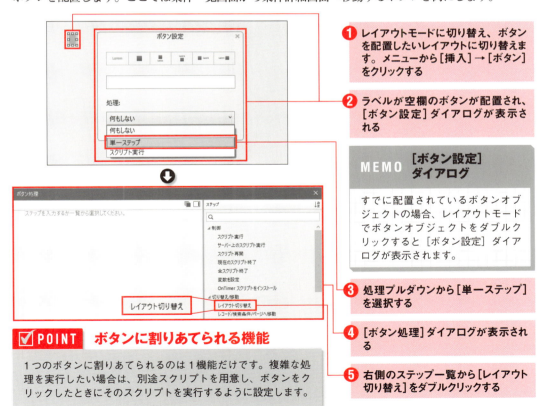

❶ レイアウトモードに切り替え、ボタンを配置したいレイアウトに切り替えます。メニューから［挿入］→［ボタン］をクリックする

❷ ラベルが空欄のボタンが配置され、［ボタン設定］ダイアログが表示される

MEMO ［ボタン設定］ダイアログ

すでに配置されているボタンオブジェクトの場合、レイアウトモードでボタンオブジェクトをダブルクリックすると［ボタン設定］ダイアログが表示されます。

❸ 処理プルダウンから［単一ステップ］を選択する

❹ ［ボタン処理］ダイアログが表示される

❺ 右側のステップ一覧から［レイアウト切り替え］をダブルクリックする

✓POINT ボタンに割りあてられる機能

1つのボタンに割りあてられるのは1機能だけです。複雑な処理を実行したい場合は、別途スクリプトを用意し、ボタンをクリックしたときにそのスクリプトを実行するように設定します。

❻ 挿入されたステップのオプションを変更する。[元のレイアウト] をクリックして [レイアウト] を選択する

❼ [レイアウトの指定] ダイアログが表示される。ボタンクリック時の移動先レイアウトを選択する。ここでは [案件詳細] を選択する

❽ [OK] ボタンをクリックして、[レイアウトの指定] ダイアログを閉じる

❾ [OK] ボタンをクリックして、[ボタン処理] ダイアログを閉じる

❿ ボタンの機能がわかるテキストラベルや、アイコンを指定する。指定後、ボタンのサイズと表示位置を調整する
ここでは次のように指定する

・テキストラベル：詳細
・アイコンの位置：ラベルの左

MEMO ボタンの種類

ボタンの表示方法は「テキストのみ」「アイコン/画像」「テキストとアイコン/画像」の3種類から選択できます。ボタンに指定できるアイコンは FileMaker Pro ビルトインのアイコンセットのほか、SVG または PNG フォーマットでカスタムアイコンを使用できます。

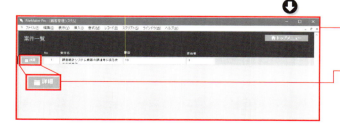

⓫ ブラウズモードに切り替え、動作を確認する

⓬ Chapter 5の02で作成した画面遷移図通りに、各レイアウトに対してそれぞれ遷移するためのボタンオブジェクトを作成・配置する

案件に関係する情報を表示するポータルの配置

　案件詳細画面で、営業活動と受注情報を入力するためのUIを作成します。ここで利用するのが、ポータルオブジェクトです。

　ポータルは、関連テーブルからレコードを複数個表示するための機能です。案件詳細レイアウトにポータルを配置することで、案件テーブルオカレンスとリレーションを張った他テーブルのレコードを複数行表示することが可能になります。ポータルの内側に表示させたいフィールドを配置させ、関連するデータを参照したり、書き込みをすることができます。

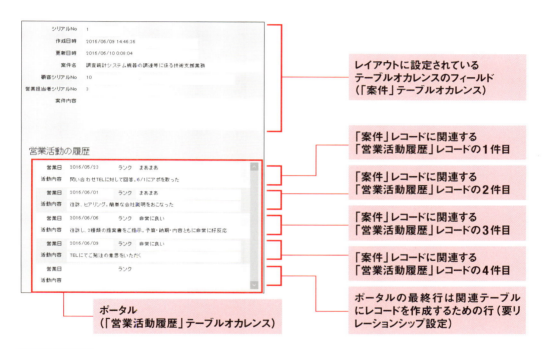

✅POINT　1つのポータルには、1つのテーブルオカレンス

1つのポータルには、1つの関連テーブルオカレンスを指定できます。ポータルの内側には、指定したテーブルオカレンス以外のフィールドも配置できます。なお、ポータルの表示方向は縦方向のみに限定されます。

ポータルの追加

　営業活動ポータルと受注情報ポータルを追加し、案件詳細画面からそれぞれの情報の参照・書き込みができるようにしてみましょう。

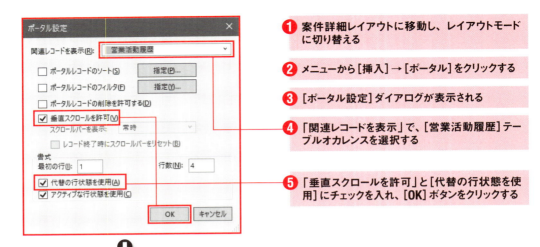

POINT [ポータル設定] ダイアログで設定できること

[ポータル設定] ダイアログの各設定項目についての概要は次の通りです。

設定項目	内容	備考
関連レコードを表示	ポータルに関連付けるテーブルオカレンスを指定	レイアウトに関連付けたテーブルオカレンスからリレーションが張られているものに限られる
ポータルレコードのソート	ポータルに表示するレコードの並び順を指定	「関連レコードを表示」で指定したテーブルオカレンス内にあるフィールドのみ指定可能
ポータルレコードのフィルタ	ポータルに表示するレコードに条件を指定	ー
ポータルレコードの削除を許可する	ポータルにフォーカスが入っているときに関連レコードを削除できる	[レコード]→[レコードの削除]または[Delete]キーで削除
垂直スクロールを許可	スクロールバーが表示される	関連するすべてのレコードを表示・操作が可能になる
レコード終了時にスクロールバーをリセット	ポータルからフォーカスが外れた際にスクロールバーが常に先頭に戻る	ー
最初の行	ポータル先頭行に表示する関連レコードについて、何番目のレコードかを指定	ー
行数	ポータルで表示する関連レコードの行数を指定	[垂直スクロールバーを表示]のチェックを外すと、ポータルで確認・操作ができるレコードはこの行数までとなる
代替の行状態を使用	1行ごとに異なる背景色で表示	ー
アクティブな行状態を使用	選択しているポータル行を、異なる背景色で表示	ー

[ポータル設定] ダイアログの各設定項目

MEMO ポータルの背景色

ポータルの背景色はインスペクタで設定します。インスペクタの使い方については P.158 を参照してください。

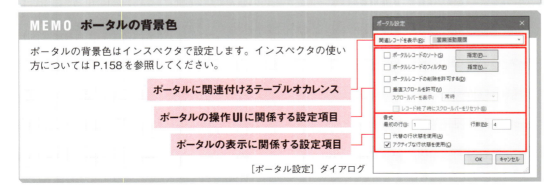

[ポータル設定] ダイアログ

⑥ [ポータルにフィールドを追加] ダイアログが表示される

⑦ 関連レコードを表示で選択したテーブルオカレンス（ここでは「営業活動履歴」）のフィールド一覧が表示される

⑧ プルダウンからテーブルオカレンスを選択し、ポータル内に表示したいフィールドを「使用できるフィールド」からクリック、[移動] ボタンをクリックする。ここでは左表のフィールドを選択する

テーブルオカレンス名	フィールド名
営業活動履歴	営業活動日
営業活動履歴	営業活動内容
営業活動履歴	営業活動のランク

フィールドの選択

MEMO フィールドを表示する順番をカスタマイズ

フィールド一覧の左側に表示されている⬦アイコンをドラッグ＆ドロップすると、追加するフィールドの表示順番をカスタマイズできます。このダイアログに限らず⬦アイコンが表示されている場合は並び替えが可能です。

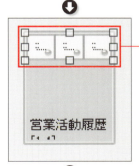

⑨ [OK] ボタンをクリックすると、ポータルオブジェクトがレイアウトに追加される

⑩ マウス操作でポータルオブジェクト一式をドラッグし、ポータルを表示させたい場所に移動させる

⑪ ポータルオブジェクトのサイズや行数や、ポータル内に配置されているフィールドオブジェクトのサイズを調整し、見やすくする

MEMO テキストとラベル

場合に応じて、[挿入]→[グラフィックオブジェクト]→[テキスト]をクリックしてテキストオブジェクトを追加し、ラベル情報をレイアウト内に配置します。

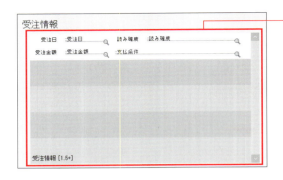

⓬ 同様の手順で、受注情報のポータルをレイアウト上に配置する。追加するポータルオブジェクトの設定情報と、配置するフィールドは次の通り

⓭ サイズなどを調整したら完成

関連付けるテーブルオカレンス	受注情報
その他の設定	垂直スクロールを許可、最初の行:1、行数:5、代替の行状態を使用、アクティブな行状態を使用

ポータル設定

テーブルオカレンス名	フィールド名
受注情報	受注日
受注情報	読み確度
受注情報	受注金額
受注情報	支払条件

ポータル内に配置するフィールド

⓮ ブラウズモードに切り替え、各種画面にて何件かダミーデータを登録する

　ポータルを活用することで、1つの画面に表示されているデータに関連する情報を集約することができます。各種設定をすれば、表示だけでなく、関連情報の追加や編集・削除も可能になります。適切な場面で適切なポータルを配置し、画面数や画面移動の回数を少なくすると、データの入力業務効率やシステム全体で情報の視認性を大幅に向上させることができます。それぞれのデータの紐付きを考え、どのような順番でデータが登録され、どのような場面でそれらの情報が要求されるかを綿密に検討し、使いやすいシステムを実現していきましょう。

04 インスペクタを利用したユーザインターフェイスの変更

システムが複雑になるに従って、データ入力業務も複雑化します。利用者の声やほかのソフトのUIを参考にしながら、1ステップ進んだシステムに改修していきましょう。

入力用UIに不備があるとどうなるか

　顧客情報管理システムに営業データの概念を追加したあなたは、主な利用者である営業担当者の何人かに、試験的に入力作業を依頼しました。3日後、管理システムに蓄積されたデータの量を確認してみました。残念ながら、期待していたほどの量ではありません。データの入力率から、実際にはほとんど利用されていない様子です。さらに、システムの内部で使用するための値が書き換えられ、データとデータの紐付けがうまくできない状態となっていました。

　これらの理由を営業担当者に問い合わせたところ、きつい口調ながらも次の意見を聞くことができました。

　「データの入力が面倒すぎる。例えば案件データの登録に顧客と営業担当者を入力させるけど、お客さんや自分の番号を覚えていられないし、入力のたびに調べるのも大変すぎる」

　データとデータの関連付けをする重要な情報がなぜ変わってしまったのでしょうか。さらに、よく確認すると開発側が想像していなかった操作もされていました。

　「更新日時を消しても消しても勝手に時間が入力されるけど、この動作で合ってる？」「シリアルNoを変えたら、入力した営業活動履歴や受注情報が消えちゃった。これは不具合？」

　もらった意見をまとめたところ、システムにはデータを入力するためのUIにさまざまな問題があることを示していました。システムの開発者はデータ入力者の立場になり、より一層入力業務の負担を減らすよう、UIにさまざまな工夫をする必要があります。早急にこの問題を解決すべく、あなたは現システムの入力方式を見直すことにしました。

UI改良の概要

　ここでは、顧客・営業管理システムのUIを改良して、より使いやすいシステムにするため、値一覧の作成と、インスペクタの使ったフィールドの入力方式・表示方式のカスタマイズを行います。作業の流れは次の通りです。

・入力情報に適したフィールドの動作定義
・インスペクタを利用した、フィールドの入力方式・表示方式のカスタマイズ
・値一覧の作成・利用手順

入力情報に適したフィールドの動作定義

情報を入力するにあたり、「入力に適した UI」「表示に適した UI」といった考え方が存在します。例えば本書で作ったシステムの案件情報では「どの顧客の案件か」を特定するために顧客シリアル No を入力させます。しかし、実際にデータを登録するユーザにとっては「顧客名」が重要であって、「顧客シリアル No」は重要ではありません。

また、受注金額では大きな数字を入力する可能性があります。入力された通りに「1000000」と表示するのと、桁区切りを自動的に行って「1,000,000」と表示するのとでは、情報の可読性が大きく異なってきます。

FileMaker ではレイアウトに配置されたオブジェクトに、さまざまな視覚効果を付けたり、入力時の動作をカスタマイズしたりできます。「インスペクタ」は、オブジェクトに設定された視覚効果や位置表示、UI の種類を横断して確認・操作できる機能です。「インスペクタ」の使い方を覚えましょう。

インスペクタ

MEMO インスペクタの表示方法

インスペクタは、レイアウトモードでのみ利用できます。レイアウトモードに切り替え、[表示]→[インスペクタ]をクリックして起動します。

インスペクタの機能

インスペクタはタブに応じてさまざまなカテゴリが用意されており、それぞれの設定内容の確認とカスタマイズを行えます。

初期状態のインスペクタでは、大きく次の4種類の視覚情報や入力時の動作をカスタマイズできます。

タブの名前	アイコン	内容	確認・カスタマイズできる機能
位置		選択したオブジェクトの、位置に関する確認・調整機能	位置、自動サイズ調整、配置と整列、スライドと表示、グリッド
スタイル		選択したオブジェクトの、設定したスタイルの確認・保存・削除機能	テーマ、スタイル
外観		選択したオブジェクトの、見た目に関する情報の確認や調整機能を提供	テーマ、グラフィック、詳細なグラフィック、テキスト、段落設定、タブ設定
データ		選択したオブジェクトの、実データとの紐付けに関する情報の確認・入力方式・調整機能	フィールド、動作、データの書式設定

インスペクタの各種タブ

　Chapter 5では主に、インスペクタの［外観］タブと［データ］タブに関する機能の一部を利用していきます。

案件詳細画面の調整

　まずは、案件詳細画面に関する入力と表示から整えていきましょう。現在の案件詳細画面は次の図のようになっています。

　ユーザがデータを入力する場面を思い浮かべ、各項目の表示や、入力方式に改善ができないかを探ってみましょう。

現在の案件詳細画面

入力箇所の問題洗い出し

　画面に配置されているフィールドの入力について、何らかの対策を行ったほうが良い箇所を洗い出します。

✓POINT　ヒアリングと情報の整理をしっかりと行う

システムの使い勝手を調査するには、実際にシステム利用者に聞いてみたり、利用者がシステムを操作している場面を横から観察したりするのが良いでしょう。利用者から聞けた話や感じ取った事柄を、KJ法などでまとめ、整理してから実際に着手する範囲を決めていきます。

フィールド	現状の課題	改善策
シリアルNo	勝手に変更されている。リレーション用の重要なデータなので、利用者は触れないほうが良い	ブラウズモードでフィールドにフォーカスが入らないようにする
作成日時	自動で入力されるため、利用者は触れないほうが良い	
更新日時	自動で入力されるため、利用者は触れないほうが良い	
顧客シリアルNo	入力が手間。顧客名で選択できるようにしたほうが良い	顧客名から選択でき、実データはシリアルNoがセットされるようなUIにする
営業担当者シリアルNo	入力が手間。営業担当者で選択できるようにしたほうが良い	営業担当者から選択でき、実データはシリアルNoがセットされるようなUIにする
営業日	手打ちが手間。表記ゆれも発生している	カレンダーを表示させ、日付選択で入力させるようなUIにする
ランク	利用者ごとに自由に入力している。統一性がなく、見渡すときに意味のない情報になってしまう	あらかじめ用意されたランク候補から、1つ選択するUIにする
受注日	手打ちが手間。表記ゆれも発生している	カレンダーから日付を入力させるようなUIにする
読み確度	利用者ごとに自由に入力している。統一性がなく、見渡すときに意味のない情報になってしまう	あらかじめ用意された確度候補から、1つを選択するUIにする
支払条件	顧客や案件ごとに条件が異なるが、毎回手打ちは手間	自由入力を許可しつつ、あらかじめ用意された候補から、1つを選択できるUIにする

各フィールドの課題と改善策の例

それぞれの課題と改善後の動作イメージを書き出し、インスペクタを使用して実際に表示の方法や入力の方式を変更します。

動作とフィールド入力

インスペクタを表示した状態でフィールドオブジェクトを選択すると、フィールドオブジェクトに設定されている情報がインスペクタに表示されます。インスペクタの機能を利用して、案件詳細レイアウトに配置されている「シリアルNo」「作成日時」「更新日時」の3フィールドに対して、ブラウズモードでフォーカスが入らないように設定を変更してみましょう。

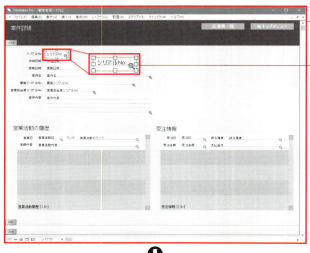

❶ 案件詳細レイアウトに移動し、レイアウトモードに切り替える

❷ レイアウト上の[シリアルNo]フィールドをクリックする

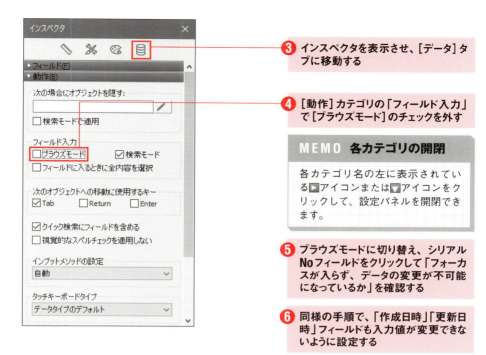

❸ インスペクタを表示させ、[データ] タブに移動する

❹ [動作] カテゴリの「フィールド入力」で [ブラウズモード] のチェックを外す

MEMO 各カテゴリの開閉

各カテゴリ名の左に表示されている▶アイコンまたは▼アイコンをクリックして、設定パネルを開閉できます。

❺ ブラウズモードに切り替え、シリアルNoフィールドをクリックして「フォーカスが入らず、データの変更が不可能になっているか」を確認する

❻ 同様の手順で、「作成日時」「更新日時」フィールドも入力値が変更できないように設定する

✓ POINT 同じ設定を複数のオブジェクトに適用する

複数のオブジェクトに一括で同じ設定をしたい場合は、[Shift] キーを押しながらオブジェクトをクリックして複数選択した上で、インスペクタで設定変更します。なお、設定の種類によって一括設定が可能な場合と、不可能な場合があります。

✓ POINT [フィールド入力] の設定項目

次の設定ができます。

設定項目	動作
ブラウズモード	フィールドへのフォーカスをオン/オフできる。内容を変更されたくないフィールドは、このチェックを外す
検索モード	検索モードでのフォーカスをオン/オフできる。検索時に利用させたくないフィールドは、このチェックを外す
フィールドに入るときに全内容を選択	フォーカスが入ったときにフィールドの全内容を選択する。選択させたくないときはチェックを外す

[フィールド入力] の設定項目

コントロールスタイルと値一覧

コントロールスタイルとは、フィールドのデータ入力や表示時の UI 表示を指します。フィールドの用途に応じて適切なコントロールスタイルを設定することで、データ入力が簡単になり、一貫性のあるデータを蓄積できます。

FileMaker に用意されているコントロールスタイルは次の通りです。

コントロールスタイル	特徴
編集ボックス	通常のデータ入力UI。キーボードを使用して、自由に文字列や数字を入力可能
ドロップダウンリスト	編集ボックスにドロップダウンUIを追加したもの。フィールドをクリックすると、値一覧からどれか1つ選択させる。自由入力も可能
ポップアップメニュー	フィールドをクリックすると、プルダウンUIが表示され、値一覧から1つ選択させる。値一覧にない項目は入力不可
チェックボックスセット	チェックボックスを表示し、値一覧から1つ、または複数選択させる。値一覧にない項目は、原則として入力不可
ラジオボタンセット	ラジオボタンを表示し、値一覧から1つ選択させる。値一覧にない項目は、入力不可
ドロップダウンカレンダー	カレンダーUIを表示する。カレンダーから日付を選択すると、選択した日付がYYYY/MM/DD形式で入力される
コントロールスタイル	マスク付き編集ボックス
特徴	入力したデータがマスクされる。入力された内容はクリップボードへのコピー不可

コントロールスタイルの種類

> ⚠ **CAUTION** ⚠
>
> ### マスク付き編集ボックス
>
> 「マスク付き編集ボックス」では表示のマスクのみ行います。データベースへ保存される値はマスクされておらず、レコードのエクスポート時には入力されたデータが出力されます。
> また「マスク付き編集ボックス」はFileMaker Pro 15でサポートされた機能です。FileMaker Proで開いた場合、マスクされることなく通常の編集ボックスとして表示されるため注意が必要です。

コントロールスタイルの「ドロップダウンリスト」「ポップアップメニュー」「チェックボックスセット」「ラジオボタンセット」では、ユーザのデータ入力時に表示する候補として「値一覧」を設定できます。

値一覧とは、フィールドに入力させたいデータの候補をひとまとまりにしたものです。あらかじめ入力値の候補を用意しておくほかに、特定のテーブルに格納されているレコード値を値一覧として活用することもできます。

案件詳細画面の場合、次の7フィールドはコントロールスタイルと値一覧を活用してデータ入力時の改善を図ることができます。

読み確度 ◉ 確定 ○ A ○ B ○ C

受注確度をラジオボタンセットにした場合

フィールド	コントロールスタイル	使用する値一覧
顧客シリアルNo	ポップアップメニュー	顧客テーブルのシリアルNoと顧客名を対にした値一覧
営業担当者シリアルNo	ポップアップメニュー	営業担当者テーブルのシリアルNoと営業担当者名を対にした値一覧
営業活動のランク	ラジオボタンセット	営業活動のランクを入力するための値一覧
読み確度	ラジオボタンセット	読み確度を入力するための値一覧
支払条件	ドロップダウンリスト	支払条件を入力するための値一覧
営業日	ドロップダウンカレンダー	―
受注日	ドロップダウンカレンダー	―

各フィールドに設定するコントロールスタイルと値一覧

値一覧の設定

案件詳細レイアウトの「顧客シリアル No」「営業担当者シリアル No」に、コントロールスタイルと値一覧を設定して UI を改良してみましょう。

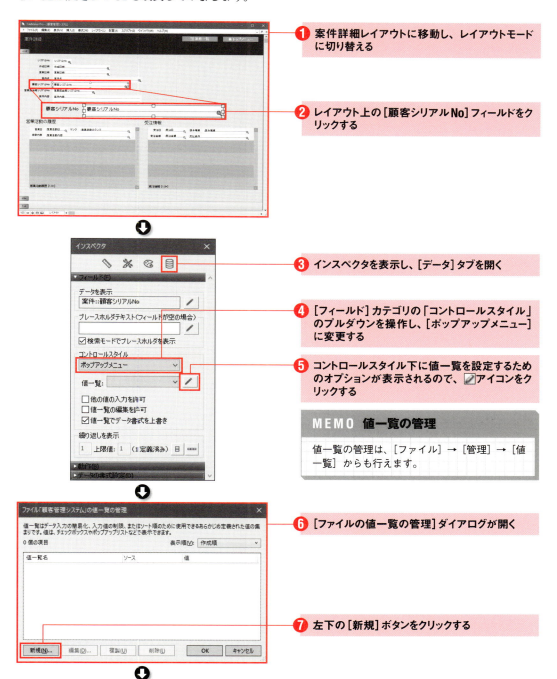

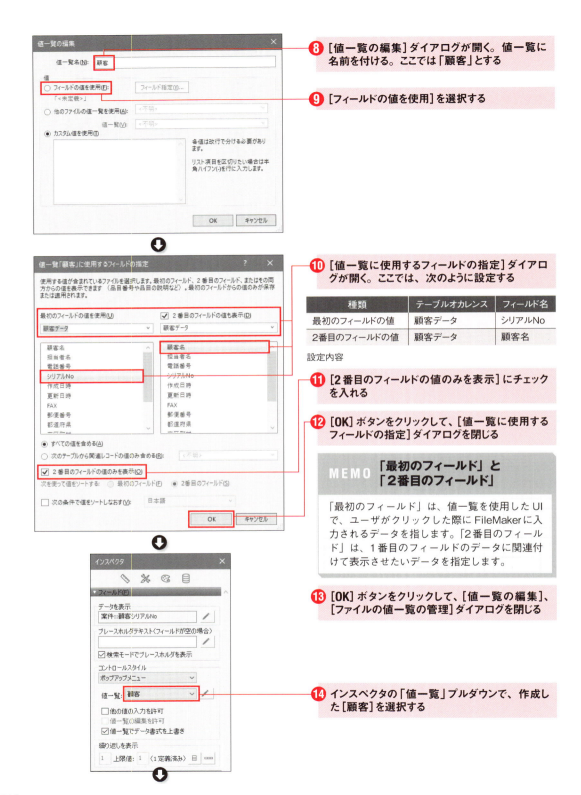

⑮ ブラウズモードにすると、顧客名を選択できるようになる

⑯ 同様の手順で、営業担当者を選択するための設定をする

カスタム値を利用した値一覧の設定

　インスペクタの機能を利用して、案件詳細レイアウトに配置されている「営業活動のランク」「読み確度」「支払条件」の3フィールドを改良しましょう。

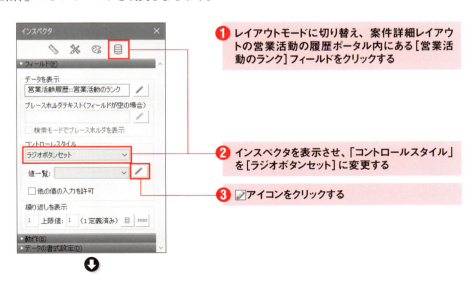

❶ レイアウトモードに切り替え、案件詳細レイアウトの営業活動の履歴ポータル内にある[営業活動のランク]フィールドをクリックする

❷ インスペクタを表示させ、「コントロールスタイル」を[ラジオボタンセット]に変更する

❸ 🖉 アイコンをクリックする

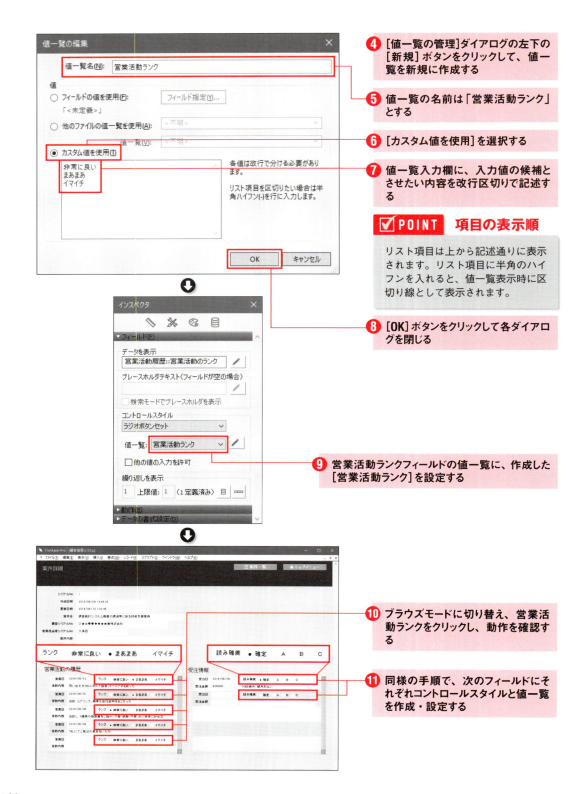

フィールド	コントロールスタイル	作成する値一覧名	カスタム値*
読み確度	ラジオボタンセット	読み確度	確定、A、B、C
支払条件	ドロップダウンリスト	支払いサイト	20日締め、翌月末払い、20日締め、翌々15日払い、25日締め、翌月末払い、25日締め、翌々20日払い、月末締め、翌月末締め、月末締め、翌々月末払い

＊カンマ区切りで表記していますが、入力する際は改行区切りで設定します

フィールドに設定するコントロールスタイルと値一覧で使用するカスタム値

ドロップダウンカレンダーの設定

ドロップダウンカレンダーを用いることで、カレンダーを見ながら日付データの入力が可能です。曜日の確認や、何日後／何日前といった情報が視覚的に把握でき、クリック数回で日付データが入力できるようになります。

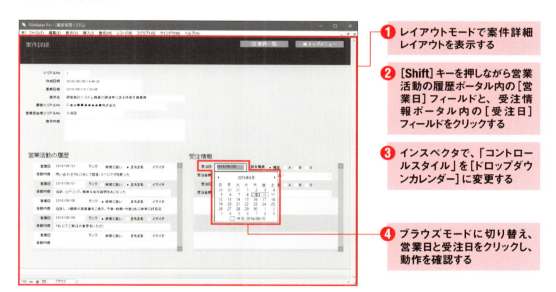

❶ レイアウトモードで案件詳細レイアウトを表示する

❷ [Shift]キーを押しながら営業活動の履歴ポータル内の[営業日]フィールドと、受注情報ポータル内の[受注日]フィールドをクリックする

❸ インスペクタで、「コントロールスタイル」を[ドロップダウンカレンダー]に変更する

❹ ブラウズモードに切り替え、営業日と受注日をクリックし、動作を確認する

MEMO カレンダーの表示切り替え用アイコンを表示

ドロップダウンカレンダーを選択したとき、[カレンダーの表示切り替え用アイコンを表示]にチェックを入れると、そのフィールドの右側に▦アイコンが表示されるようになります。

表示の改良

画面に配置されているフィールドの表示について、何らかの対策を行ったほうが良い部分を洗い出しました。

フィールド	現状の課題	改善策
受注金額	数字が桁区切りがされておらず、一見したときに金額がわかりづらい	数字は右寄せにし、桁区切りをして表示する

課題と改善策の洗い出し

金額の表示設定を変更して、見やすくしましょう。

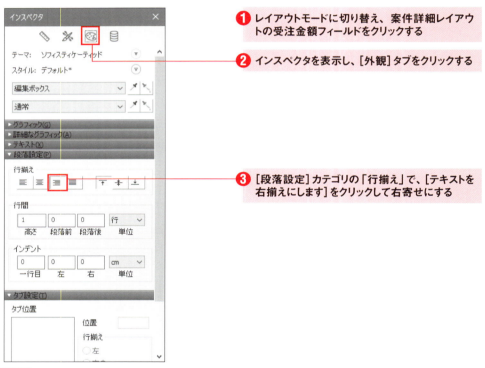

❶ レイアウトモードに切り替え、案件詳細レイアウトの受注金額フィールドをクリックする

❷ インスペクタを表示し、[外観]タブをクリックする

❸ [段落設定]カテゴリの「行揃え」で、[テキストを右揃えにします]をクリックして右寄せにする

✓POINT 対応するアイコンとテキスト配置

対応するアイコンとテキスト配置表示は次の通りです。

アイコン	テキスト配置	アイコン	テキスト配置	アイコン	テキスト配置	アイコン	テキスト配置
≡	左揃え	≡	中央揃え	≡	右揃え	≡	両端揃え
⊤	上揃え	╪	縦方向に中央揃え	⊥	下揃え		

アイコンとテキスト配置

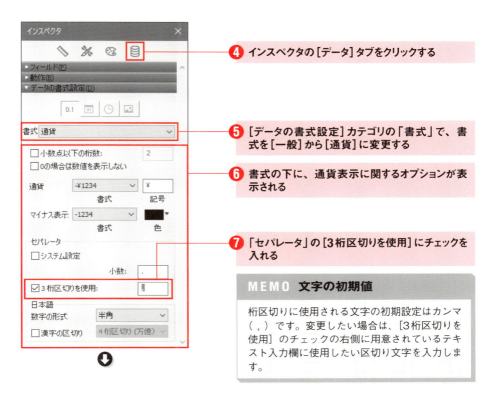

❹ インスペクタの[データ]タブをクリックする

❺ [データの書式設定]カテゴリの「書式」で、書式を[一般]から[通貨]に変更する

❻ 書式の下に、通貨表示に関するオプションが表示される

❼ 「セパレータ」の[3桁区切りを使用]にチェックを入れる

MEMO 文字の初期値

桁区切りに使用される文字の初期設定はカンマ（,）です。変更したい場合は、[3桁区切りを使用]のチェックの右側に用意されているテキスト入力欄に使用したい区切り文字を入力します。

❽ ブラウズモードに切り替え、表示を確認する

POINT 書式

書式ではこのほか、数値に関する表示方法、日付に関する表示方法、時刻に関する表示方法、オブジェクトフィールドに関する表示方法をカスタマイズできます。

❾ ほかのレイアウトについても同様に、インスペクタを使用してUIや表示方法を変更し、表示の改善を図ろう

フィールド	コントロールスタイル	値一覧	フィールド入力	行揃え	データの書式設定
シリアルNo	編集ボックス	ー	ブラウズモードでの入力不可	中央寄せ	一般
案件名	編集ボックス	ー	ブラウズモードでの入力不可	左寄せ	入力モードそのまま
顧客シリアルNo	ポップアップメニュー	顧客	ブラウズモードでの入力不可	左寄せ	一般
営業担当者シリアルNo	ポップアップメニュー	営業担当者	ブラウズモードでの入力不可	左寄せ	一般

レイアウト：案件一覧

フィールド	コントロールスタイル	値一覧	フィールド入力	行揃え	データの書式設定
シリアルNo	編集ボックス	ー	ブラウズモードでの入力不可	中央寄せ	一般
顧客名	編集ボックス	ー	ブラウズモードでの入力不可	左寄せ	入力モードそのまま
担当者名	編集ボックス	ー	ブラウズモードでの入力不可	左寄せ	入力モードそのまま
電話番号	編集ボックス	ー	ブラウズモードでの入力不可	中央寄せ	入力モードそのまま

レイアウト：顧客一覧

フィールド	コントロールスタイル	値一覧	フィールド入力	行揃え	データの書式設定
シリアルNo	編集ボックス	ー	ブラウズモードでの入力不可	左寄せ	一般
作成日時	編集ボックス	ー	ブラウズモードでの入力不可	左寄せ	入力モードそのまま
更新日時	編集ボックス	ー	ブラウズモードでの入力不可	左寄せ	入力モードそのまま

レイアウト：顧客詳細

フィールド	コントロールスタイル	値一覧	フィールド入力	行揃え	データの書式設定
シリアルNo	編集ボックス	ー	ブラウズモードでの入力不可	中央寄せ	一般
営業担当者名	編集ボックス	ー	ブラウズモードでの入力可	左寄せ	入力モードそのまま
メールアドレス	編集ボックス	ー	ブラウズモードでの入力可	左寄せ	入力モードそのまま

レイアウト：営業担当者一覧

フィールド	コントロールスタイル	値一覧	フィールド入力	行揃え	データの書式設定
シリアルNo	編集ボックス	ー	ブラウズモードでの入力不可	中央寄せ	一般
年月	編集ボックス	ー	ブラウズモードでの入力可	中央寄せ	入力モードそのまま
営業担当者シリアルNo	ポップアップメニュー	営業担当者	ブラウズモードでの入力可	左寄せ	一般
目標金額	編集ボックス	ー	ブラウズモードでの入力可	右寄せ	通貨、3桁区切りを使用

レイアウト：予算立案

　システムで入力頻度の高いフィールドは、入力時のエラーを少なくし、入力者がストレスなくデータ入力できるUIが重要になってきます。特にFileMakerでは、情報の表示・確認と情報の変更を1つの画面で簡単に実現できるぶん、データの入力時だけでなく、データの表示時にも気を配る必要が出てきます。

　システムにいろいろな考え方をつけて「ありとあらゆる情報を集約・分析できる魔法のようなシステム」を作ったとしても、入力者にストレスのかかるシステムでは有用なデータの蓄積はできません。コントロールスタイルと値一覧を使って、入力する情報に応じた適切な入力UIを作りましょう。また、表示UIも段落と書式の設定を変更して、見たい情報が一目で把握できるように工夫が必要です。そのためにも利用者の声を聞き、ほかの優れたソフトウェアに触れ、ユーザフレンドリーなUIを研究しましょう。

05 期間内での営業成績をグラフ化する

蓄積された営業データを元に、集計機能を追加してみましょう。特定の期間ごとに設定した予算と、実際の受注金額、読みを包括して集計する画面を作成します。

集計機能の概要

ここでは、顧客・営業管理システムの売上集計に関係する機能を実装します。作業の流れと、売上集計画面の完成イメージは次の通りです。

- FileMakerでの集計方法の学習・検討
- スクリプトの準備
- スクリプトトリガを使用した、親子関係のテーブル間における情報の転記手順
- 集計用のテーブル
- 集計用のフィールドを作成
- 集計用のテーブルオカレンスグループを追加
- 集計レイアウトの作成
- 営業担当者別予算実績比較表の作成
- 売上金額集計グラフオブジェクトの追加

売上集計画面

FileMakerでの集計

業務の改善を行うには、現在の業務を記録、分析するところから始まります。集計は、データの分析に欠かせない処理です。FileMakerで集計を実装するには、いくつかの方法があります。

- ❹集計条件を指定するテーブルを作成。集計元のデータが格納されているテーブルに、集計用のフィールドを作成しておき、集計条件指定を行うテーブルから参照
- ❺集計の結果を表示するためのテーブルを作成。集計を行うたびに必要なデータを取り出し、スクリプトで計算して、集計結果をテーブルに書き込む
- ❻集計値をあらかじめ保存するためのテーブルを作成。スクリプトトリガで集計元のデータが更新されるたびに、計算結果をテーブルに書き込む

Aでは、集計元のデータに集計用のフィールドを作成します。その後、集計条件を指定するテーブルから、リレーションで必要なレコードのみを取り出して集計をします。FileMakerに用意されてい

る便利な機能を活用するパターンです。仕様変更に耐えやすい体裁を確保しつつ、一番簡単に実装ができます。反面、データ量が増えてくると集計に時間がかかるようになります。また、テーブルに本来不要である「データを格納する以外の用途フィールド」を多く作成することになり、正規化上好ましくないデータの持ち方につながります。

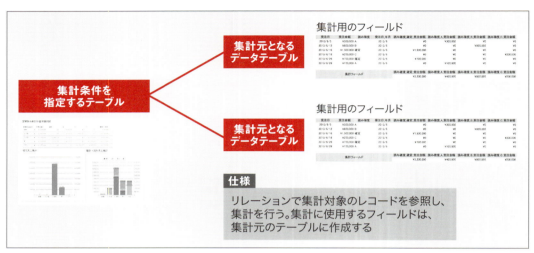

A

Bでは、集計の結果を表示するためテーブルを作成します。集計をするたびにスクリプトで必要なレコードを取り出します。その後、集計画面で使用するテーブルに集計結果を書き込み、画面に表示します。Aよりも複雑な条件下で集計が可能です。反面、排他制御やスクリプトの処理を熟考する必要があり、実装難易度が高くなります。また、ネットワーク共有を前提としたアプリケーションでは動作速度が遅くなることが考えられます。

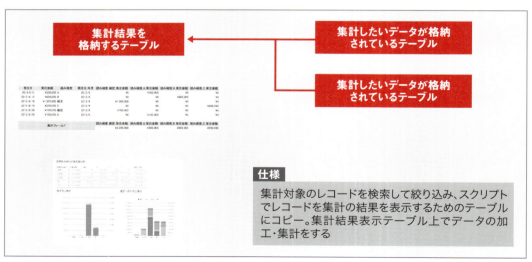

B

Cでは、集計値をあらかじめ保存するためのテーブルを作成します。日々データ入力が発生するたびに、スクリプトトリガを用いてその時点で集計をし、集計結果を保存します。集計時には集計結果を保存しているテーブルを参照します。一度に大量のレコードを集計する処理がないため、高速に動作します。反面、排他制御やスクリプトの処理に加え、テーブル設計や集計条件の検討が必要となり、実装難易度が非常に高くなります。

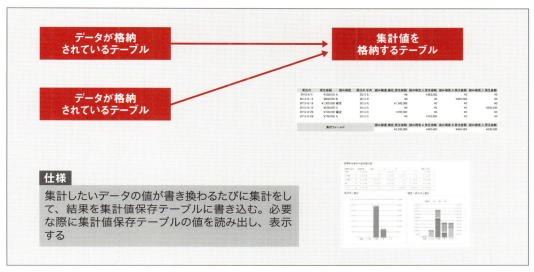

C

実装 パターン	実装難易度	仕様変更への 耐性・影響度	処理速度	集計条件の 自由度	実装に向く場面
A	やさしい	耐性高影響少	中速〜低速	高い	・複雑な集計条件ではない ・仕様変更が頻繁に発生する ・集計対象のレコード数が少ない
B	難しい	耐性高影響中	低速	非常に高い	・複雑な集計条件を求められる ・仕様変更が頻繁に発生する ・集計対象のレコード数が少ない
C	非常に難しい	耐性低影響大	高速	低い	・集計条件に長期間の運用実績があり、業務が固まっている ・集計対象のレコード数が多い

3つの実装パターン

今回は、最も実装が簡単で、FileMakerの機能を活かすことができるAのパターンで機能を実装します。

✓ POINT 最適な集計の仕組みを作るには

集計の仕組みを作るにあたって、どのような場面でも適切に対応できる万能なパターンはありません。集計データの種類や同時利用ユーザ数、集計値に求められるリアルタイム性、業務変化のスピードなどの要因で用いるべき実装パターンは変化します。作成したアプリケーションが今後何年間利用されるか、どのくらいのデータが蓄積されるか、何回改修が行われるかを見据えた上で、最適な実装方法を選択しましょう。

要件の整理

集計画面で表示させたい情報を整理しましょう。今回は次の要件を満たす集計機能を追加します。

- 集計の切り口は期間。年月単位で集計したい
- 各営業担当者別の予算と実績を比較するための表
- 確定売上金額のグラフ
- 確定売上金額に3段階の読み売上をプラスしたグラフ

スクリプトの作成

今回集計をするのは売上に関する情報です。今回のシステムで売上に関する情報は、受注テーブルに集中しています。受注テーブルに「どの営業担当者の受注情報か」を持たせることで、「営業担当者ごとの受注金額」の集計計算が可能になります。

「案件情報詳細」レイアウトで営業担当者シリアルNoが変更された際に、関連テーブルである「受注情報」内の関連レコードすべてに対して、営業担当者シリアルNoを転記するスクリプトを作成しましょう。

❶ スクリプトワークスペースを開き、新規ボタンをクリックする

❷ ここではスクリプト名を「営業担当者シリアルNoを受注情報に転記」とする

❸ 次のスクリプトを作成する

```
エラー処理 [ オン ]
変数を設定 [ $project_serial; 値:案件::シリアルNo ]
変数を設定 [ $sales_serial; 値:案件::営業担当者シリアルNo ]
変数を設定 [ $layout_no; 値:Get ( レイアウト番号 ) ]
レイアウト切り替え [「受注情報」(受注情報)]
検索モードに切り替え [ 一時停止: オフ ]
フィールド設定 [ 受注情報::案件シリアルNo; $project_serial ]
検索実行 [ ]
If [ ( Get ( レコード総数 ) = 1 and Get ( 対象レコード数 ) = 1 ) or ( Get ( レコード総数 )
 > 1 and Get ( 対象レコード数 ) ≠ Get ( レコード総数 ) ) ]
    フィールド内容の全置換 [ ダイアログあり:オフ; 受注情報::営業担当者シリアルNo; $sales_
serial ]
End If
レイアウト切り替え [$layout_no]
```

❹ [Ctrl]+[S]キーを押し、スクリプトを保存する　❺ スクリプトワークスペースを閉じる

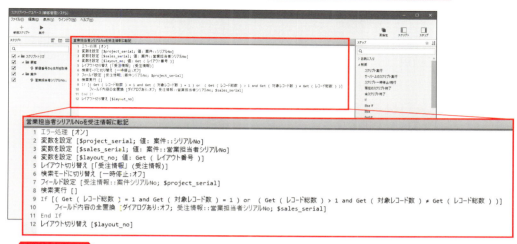

COLUMN

スクリプト内でレイアウトを切り替えるには

スクリプトでレイアウトを切り替える方法として、3つの方法があります。
1つ目は「移動先のレイアウトを直接指定する」です。この場合、決められたレイアウトにしか移動できません。特定の条件下で移動するレイアウトを変えたい場合は、If/End Ifステップを併用する必要があります。複数の条件がある場合、スクリプトが冗長になりがちです。
2つ目は「レイアウト名を指定して移動する」です。レイアウト名を指定することで、レイアウトの名前が一致した画面に移動できます。計算式内でレイアウト名を加工することで、複雑な条件の場合でも柔軟なスクリプトが作成できます。唯一の弊害として、1つのFileMakerファイル内に同名のレイアウトが存在する場合、意図した動作にならない可能性が出てきます。
3つ目は「レイアウト番号を指定して移動する」です。レイアウト番号はFileMaker内部でユニークとして扱われているため、同名レイアウトが複数存在していても意図した画面に移動させることができます。

スクリプトの説明

上記スクリプトのポイントを確認していきましょう。

レイアウト番号

```
変数を設定 [ $layout_no; 値:Get ( レイアウト番号 ) ]
```

レイアウトにはFileMaker内部で処理するための管理上の番号が紐付いています。この番号のことを「レイアウト番号」と呼びます。レイアウト番号を用いることで、スクリプトにてレイアウト番号を使用してレイアウトの切り替えができます。

レイアウト番号は、関数「Get (レイアウト番号)」を実行することで得ることができます。取得したレイアウト番号は、スクリプト最後の「レイアウト切り替え」ステップで使用します。

全置換の条件

```
If [ ( Get ( レコード総数 ) = 1 and Get ( 対象レコード数 ) = 1 ) or ( Get ( レコード総数 ) > 1 ↵
and Get ( 対象レコード数 ) ≠ Get ( レコード総数 ) ) ]
```

「フィールド内容の全置換」を実行するための条件として、If ステップを使用して、全置換を実行しても良い条件を記述しています。この計算式では、2つの条件が組み込まれています。

- テーブルに登録されているレコードが1件で、検索に該当したレコードも1件
- または、テーブルに2件以上のレコードが登録されており、検索に該当したレコードが登録されているレコード数合計と同じ件数でない場合

全置換は Chapter 4 の 03「フィールドの追加、実データ投入」で触れた通り、危険な処理です。使い方を間違えると、本来書き換えるべきではないレコードのデータをも上書きしてしまう危険性があります。ここでは索引破損などで万が一、検索が正常に動作していない状態になったとしても、レコードが複数存在している場合、全件に対して全置換されることがないように防止しています。

全置換の内容

```
フィールド内容の全置換 [ ダイアログあり：オフ； 受注情報::営業担当者シリアルNo； $sales_serial ]
```

受注情報テーブルオカレンスの営業担当者シリアルNo を、変数 $sales_serial で全置換します。スクリプトステップオプションとして「ダイアログなし」を設定しているので、この全置換はユーザに確認することなく自動的に行われます。

変数 $sales_serial には、案件情報テーブルオカレンスで入力された営業担当者シリアル No を格納しています。よって、このスクリプトステップでは「対象レコードすべての、受注情報テーブルオカレンスの営業担当者シリアル No に、案件で設定された営業担当者シリアル No を格納する」という処理内容になります。

レイアウトの切り替え

```
レイアウト切り替え [ $layout_no ]
```

スクリプトの最後に、変数 $layout_no を用いてレイアウトの切り替えをしています。変数 $layout_no は、スクリプト冒頭で、現在のレイアウト番号を格納しています。よって、このスクリプトステップでは「スクリプトが実行された時点で開いていたレイアウトに移動する」という処理内容になります。

以上を踏まえた上で、スクリプトの全体像を見てみましょう。「営業担当者シリアル No を受注情報に転記」スクリプトでは、現在表示しているレコードの案件シリアル No を用いて、関連する受注情報がないかを検索します。該当する受注情報が存在する場合は、対象となる受注レコードすべての「営業

担当者シリアル No」を、案件に設定されている「営業担当者シリアル No」で置換します。

スクリプトトリガを使用した情報の転記

作成した「営業担当者シリアル No を受注情報に転記」スクリプトを元に、案件詳細の「営業担当者シリアル No」が変更された際に実行するようにスクリプトトリガを設定します。

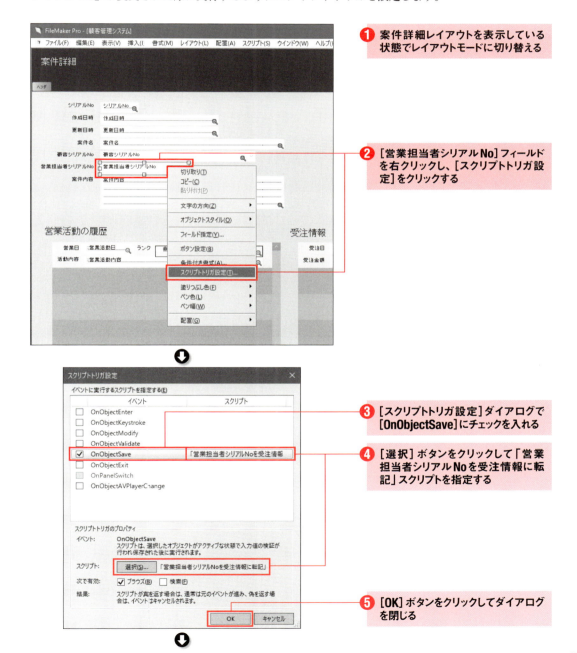

❻ [ファイル]→[管理]→[データベース]の[リレーションシップ]タブをクリックする

❼ データに関するテーブルオカレンスグループの「案件」と「受注情報」間のテーブルリレーションに次表のフィールドをリレーションキーに追加する

フィールド名	演算子	フィールド名
案件::営業担当者シリアルNo	=	受注情報::営業担当者シリアルNo

追加するフィールド

❽ [OK]ボタンをクリックしてダイアログを閉じる

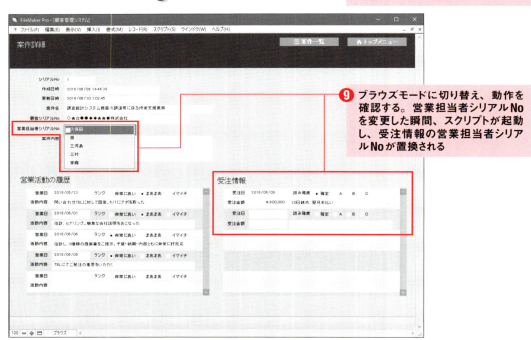

❾ ブラウズモードに切り替え、動作を確認する。営業担当者シリアルNoを変更した瞬間、スクリプトが起動し、受注情報の営業担当者シリアルNoが置換される

リレーションキーの追加とスクリプトトリガを設定することで、受注情報テーブル内に集計の基準となる「営業担当者シリアルNo」が格納されるようになります。

集計用のテーブルの作成

集計用の条件を格納するためのテーブルを作成します。集計用の条件はレコードを絞り込むために一時的に利用する情報なので、履歴として持たせることを考慮しません。UI用のテーブルにあたるため、このサンプルでは「顧客管理システム」にテーブルを持たせます。

作成するテーブル情報は次の通りです。

フィールド名	タイプ	内容
年月	テキスト	受注情報を参照するためのキーとなる文字列を格納

売上実績・読み集計テーブル

集計用のフィールドを作成

受注情報テーブル上で売上実績の集計をするため、受注情報テーブルに次のフィールドを作成します。

フィールド名	タイプ	内容	設定
受注日_年月	計算	受注した年月情報を格納	テキストタイプ、計算式:Year(受注日)&"/"&Month(受注日)
読み確度_確定_受注金額	計算	読み確度が確定の場合のみ、受注金額を格納する	数字タイプ、計算式:If(読み確度 ="確定";受注金額 ;0)
読み確度_A_受注金額	計算	読み確度がAの場合のみ、受注金額を格納する	数字タイプ、計算式:If(読み確度 ="A";受注金額 ;0)
読み確度_B_受注金額	計算	読み確度がBの場合のみ、受注金額を格納する	数字タイプ、計算式:If(読み確度 ="B";受注金額 ;0)
読み確度_C_受注金額	計算	読み確度がCの場合のみ、受注金額を格納する	数字タイプ、計算式:If(読み確度 ="C";受注金額 ;0)
受注金額_確定_グラフ集計	集計	読み確度が確定の受注金額を集計する	合計、集計対象フィールド:読み確度_確定_受注金額
受注金額_A_グラフ集計	集計	読み確度がAの受注金額を集計する	合計、集計対象フィールド:読み確度_A_受注金額
受注金額_B_グラフ集計	集計	読み確度がBの受注金額を集計する	合計、集計対象フィールド:読み確度_B_受注金額
受注金額_C_グラフ集計	集計	読み確度がCの受注金額を集計する	合計、集計対象フィールド:読み確度_C_受注金額
受注金額_合計_グラフ集計	集計	読み確度に関わらず、受注金額を集計する	合計、集計対象フィールド:受注金額

受注情報テーブルに新たに追加するフィールド

実際のデータを格納すると、作成した計算・集計フィールドには次のような値が格納されます。

受注日	受注金額	読み確度	受注日_年月	読み確度_確定_受注金額	読み確度_A_受注金額	読み確度_B_受注金額	読み確度_C_受注金額
2016/6/5	¥300,000	A	2016/6	¥0	¥300,000	¥0	¥0
2016/6/12	¥800,000	B	2016/6	¥0	¥0	¥800,000	¥0
2016/6/16	¥1,500,000	確定	2016/6	¥1,500,000	¥0	¥0	¥0
2016/6/19	¥200,000	C	2016/6	¥0	¥0	¥0	¥200,000
2016/6/26	¥700,000	確定	2016/6	¥700,000	¥0	¥0	¥0
2016/6/29	¥100,000	A	2016/6	¥0	¥100,000	¥0	¥0
集計フィールド				読み確度_確定_受注金額	読み確度_A_受注金額	読み確度_B_受注金額	読み確度_C_受注金額
				¥2,200,000	¥400,000	¥800,000	¥200,000

追加した計算・集計フィールドの動作イメージ

✓POINT 月中の日付を集計条件の日付範囲としたい場合

会社の締日や取引先の都合で、月中の日付を集計条件の日付範囲としたい場合は、受注日に対して日付の範囲指定でリレーションを張ります。この場合、レコード数が多くなってくると動作速度が著しく低下します。

集計用のテーブルオカレンスグループを追加

顧客管理システムのリレーションシップグラフに、集計を行うために次のテーブルオカレンスグループを追加して、リレーションを張ります。

テーブルオカレンス名	使用するテーブル
売上集計_目標	顧客データ:予算
売上集計_目標_受注情報	顧客データ:受注情報
売上集計_受注情報	顧客データ:受注情報
売上集計_受注情報_営業担当者	顧客管理_マスタ:営業担当者

作成するテーブルオカレンス

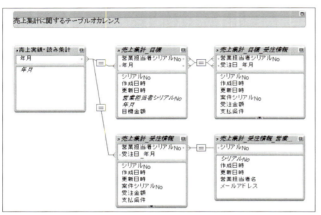

MEMO リレーションの設定

リレーションは受注日_年月と営業担当者シリアルNoをキーにします。詳しくはサンプルを参照してください。

売上集計に関するテーブルオカレンスグループ

✓POINT テーブルオカレンスの配置

レイアウトに関連付けるテーブルオカレンスを一番左側に配置させることで、テーブルオカレンスグループで実現したい処理の起点となるテーブルが一目でわかるようになります。ノートと組み合わせて、メンテナンスがしやすいリレーションシップグラフを維持するように努力しましょう。

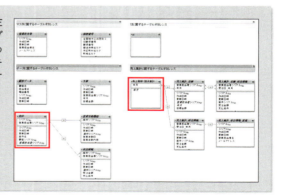

集計レイアウトの作成

集計のためのレイアウトを作成します。集計レイアウトには、集計をするための条件を指定するUIと、集計結果を表示するためのポータルやグラフを配置していきます。

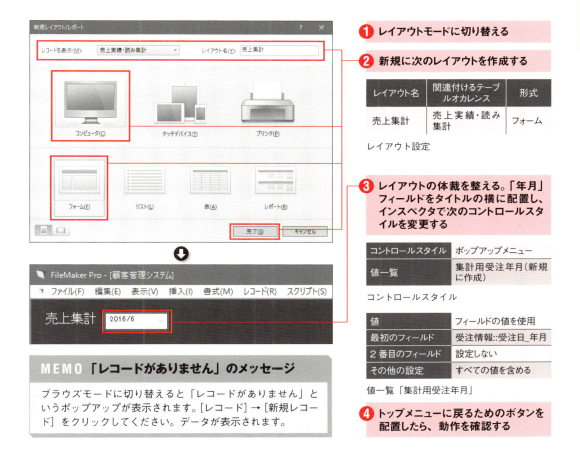

営業担当者別予算実績比較表の作成

受注情報テーブルには受注日を含んだ各営業担当者ごとの受注金額（読み金額）が格納されています。目標テーブルには、各年月に対しての営業者担当者ごとの予算が格納されています。この2つのテーブルで格納されている情報を連結し、予算と実績の比較をする表をレイアウト上に作成しましょう。

❸ ポータル内に次のフィールドを配置して、インスペクタで表示を設定する

✓POINT ポータル内のフィールドを操作・検索できないようにする

ポータル内に配置するフィールドは操作・検索ができないように、インスペクタで［動作］→［フィールド入力］の［ブラウズモード］［検索モード］のチェックを外しておきます。

テーブルオカレンス名	フィールド名	コントロールスタイル	値一覧の設定	データの書式設定	行揃え
売上集計_目標	営業担当者シリアルNo	ポップアップメニュー	営業担当者	一般	左寄せ
売上集計_目標	目標金額	編集ボックス	ー	通貨、3桁区切りを使用	右寄せ
売上集計_目標_受注情報	受注金額_確定_グラフ集計	編集ボックス	ー	通貨、3桁区切りを使用	右寄せ
売上集計_目標_受注情報	受注金額_A_グラフ集計	編集ボックス	ー	通貨、3桁区切りを使用	右寄せ
売上集計_目標_受注情報	受注金額_B_グラフ集計	編集ボックス	ー	通貨、3桁区切りを使用	右寄せ
売上集計_目標_受注情報	受注金額_C_グラフ集計	編集ボックス	ー	通貨、3桁区切りを使用	右寄せ
売上集計_目標_受注情報	受注金額_合計_グラフ集計	編集ボックス	ー	通貨、3桁区切りを使用	右寄せ

ポータル内に配置するフィールド

❹ ブラウズモードに切り替え、動作を確認する。年月フィールドで集計をしたい年月を選択し、営業担当者別予算実績比較の表に数字が適切に集計されているかを確認する

グラフオブジェクトの追加

グラフオブジェクトとは、グラフを描画するためのオブジェクトです。グラフオブジェクトを追加することで、FileMakerに格納されているデータを利用して、さまざまな種類のグラフを描画できます。営業担当者ごとの確定売上金額を、縦棒グラフで可視化してみましょう。

［グラフ設定］ダイアログ

グラフは［グラフ設定］ダイアログで設定します。ダイアログは、次の4つの機能から構成されています。

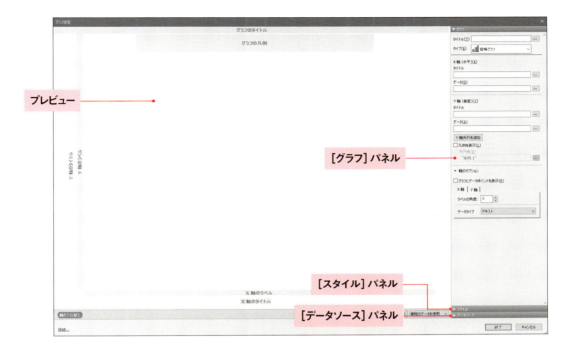

　ダイアログの画面左大部分を占めるのが、プレビューです。ここにグラフのサンプルが表示されます。各ラベルをクリックすることで、設定パネルと項目にジャンプできます。

　[グラフ] パネルには、グラフのタイプと、グラフで集計するデータ元を指定できます。また、X軸Y軸の設定、軸のオプションもこの[グラフ]パネルから設定をします。描画できるグラフは右の10種類です。

グラフの種類

　[スタイル]パネルでは、主にグラフの表示・テーマ、フォントサイズなど見た目に関する設定を行います。

　[データソース] パネルでは、グラフで集計するデータの対象を選択します。プレビューを見ながらグラフの設定をする場合、[データソース] パネルで適切なグラフデータとソート条件を選択しておく必要があります。

✅ POINT　ソート条件の指定

ソート条件を指定することで、グラフ集計時に指定したソート条件に従って集計データがまとめられます。

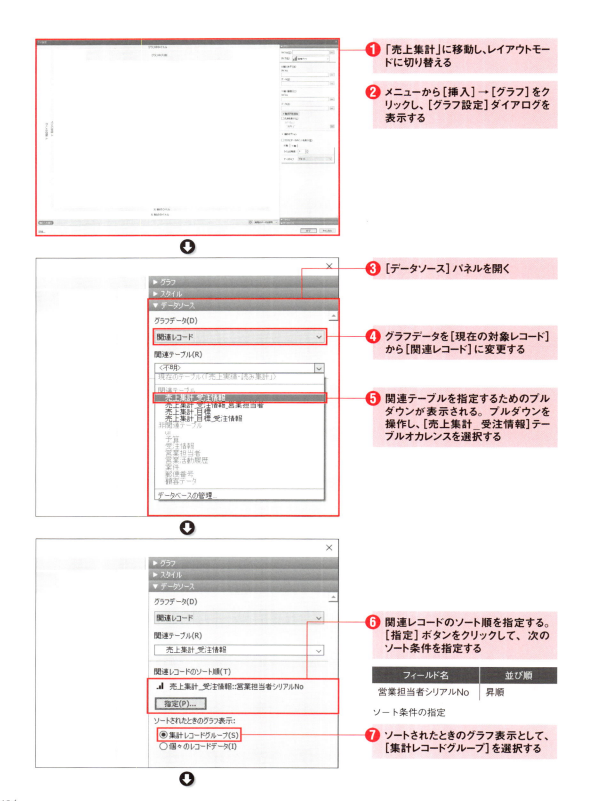

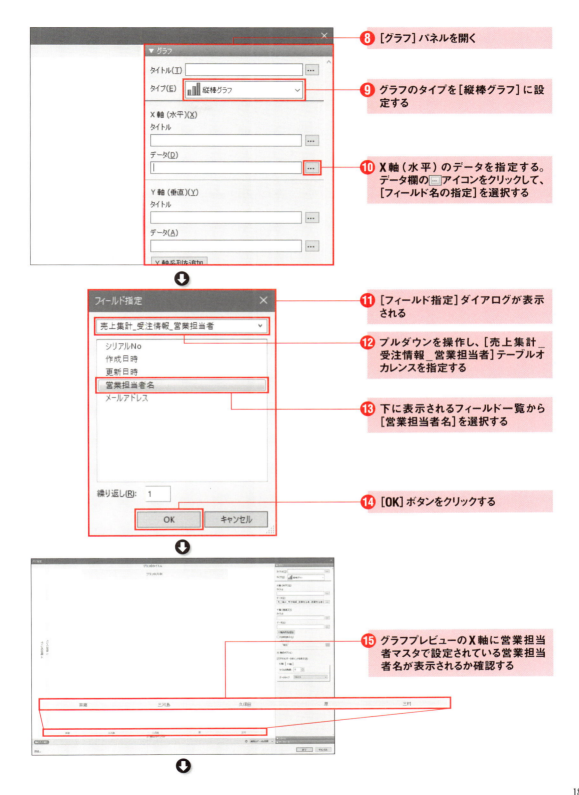

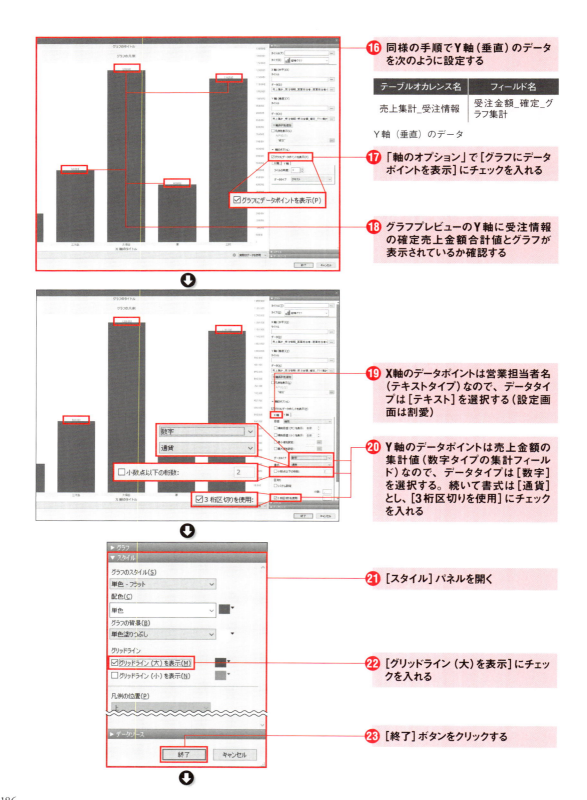

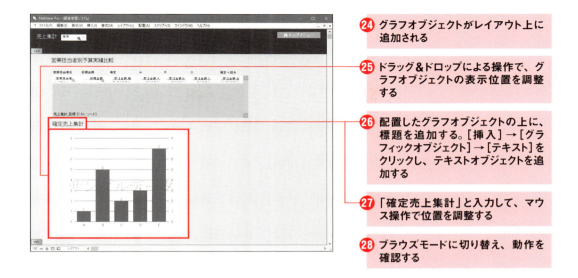

㉔ グラフオブジェクトがレイアウト上に追加される

㉕ ドラッグ&ドロップによる操作で、グラフオブジェクトの表示位置を調整する

㉖ 配置したグラフオブジェクトの上に、標題を追加する。[挿入]→[グラフィックオブジェクト]→[テキスト]をクリックし、テキストオブジェクトを追加する

㉗ 「確定売上集計」と入力して、マウス操作で位置を調整する

㉘ ブラウズモードに切り替え、動作を確認する

読みの売上金額グラフの追加

確定売上集計グラフの横に、読みの売上金額を追加したグラフを追加します。

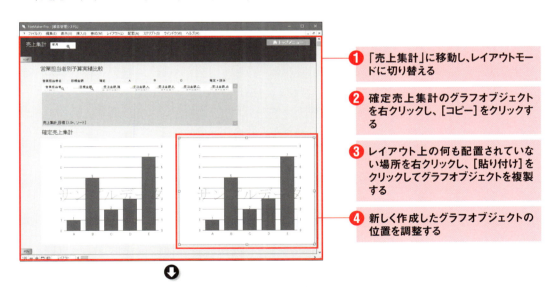

❶ 「売上集計」に移動し、レイアウトモードに切り替える

❷ 確定売上集計のグラフオブジェクトを右クリックし、[コピー]をクリックする

❸ レイアウト上の何も配置されていない場所を右クリックし、[貼り付け]をクリックしてグラフオブジェクトを複製する

❹ 新しく作成したグラフオブジェクトの位置を調整する

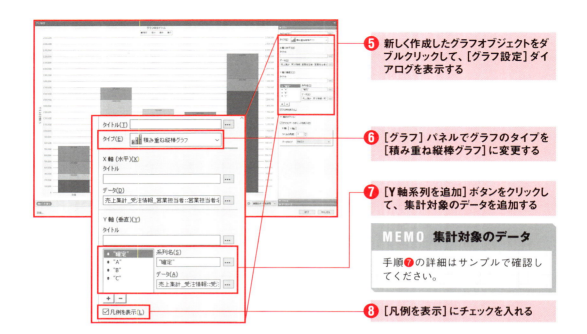

❺ 新しく作成したグラフオブジェクトをダブルクリックして、[グラフ設定] ダイアログを表示する

❻ [グラフ] パネルでグラフのタイプを [積み重ね縦棒グラフ] に変更する

❼ [Y軸系列を追加] ボタンをクリックして、集計対象のデータを追加する

MEMO 集計対象のデータ

手順❼の詳細はサンプルで確認してください。

❽ [凡例を表示] にチェックを入れる

MEMO X軸、Y軸の追加

棒グラフ、線グラフ、面グラフ、散布図、バブルグラフではそれぞれX軸またはY軸を好きなだけ追加できます。[X軸系列を追加] または [Y軸系列を追加] ボタンをクリックすると、フィールド・計算式を複数選択できるUIに変化します。

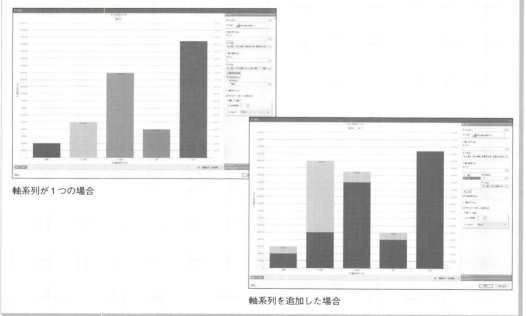

軸系列が1つの場合

軸系列を追加した場合

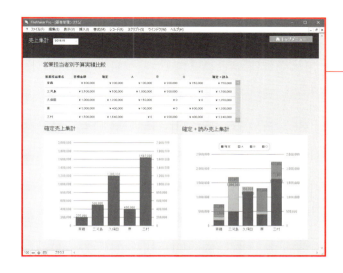

⑨ [終了] ボタンをクリックして、[グラフ設定] ダイアログを閉じる

⑩ ブラウズモードに切り替え、動作を確認する

　グラフを用いることで、大量のデータを集約した高密度な情報を一目で概要がわかるように表現できます。Chapter 5 の 03 で扱ったポータルと併用することで、グラフで概要を把握し、細かい数字をポータルと集計フィールドで追いかけて現在の業務を分析する画面も少ないコストで実現できます。

　同じデータでも、視点や角度を変えて集計をすることで、これまでは見えてこなかった気付きにたどり着けるようになります。データの最小単位に切り口となる情報を複数持たせることで、汎用性を確保したさまざまな集計が可能です。「蓄積したデータをどう活用するか」の視点を持ちながら、PDCA サイクルが円滑に行えるシステム作りを目指しましょう。

　なお、今回は最も簡単な集計の実装方法を紹介しました。理想的なのは、実装の都合のために正規化のルールを曲げずに実装が行えるようになることです。FileMaker アプリケーションの開発に慣れてきたら、P.171 で取り上げたパターン B やパターン C にもぜひチャレンジしてみてください。

COLUMN

グラフの見た目にだまされないように

情報の可視化としてグラフは便利なツールですが、集計の手法と使う場面によっては、かえってわかりにくいグラフになってしまいます。

グラフを用いる際は、あくまで正しい情報の可視化を優先しましょう。見た目の美しさを優先して、利用者のデータの読み取りを阻害するようなグラフを作成するべきではありません。

例えば比較対象のデータが 3 種類以上存在する場合、円グラフは縦線グラフに比べて正確な割合の表現に適しません。また、最近のグラフ描画ツールには 3D 描画といった、グラフを美しく見せるための機能が多く搭載されていますが、これらを利用する前にその表現が本当に必要か一考しましょう。

+α より効率良くデータの入力をするために

これまで取り上げてきた入力支援機能を準備するほかにも、効率良くデータの入力をするするためにさまざまな方法があります。

ファイルオプションで最初に表示するレイアウトを決めておく

ファイルオプションでは、FileMakerファイルを開く際のアカウント情報や、ファイルを開くことのできる最低バージョン、起動・終了時に実行するスクリプトなどを設定できます。

> **MEMO　ファイルオプション**
>
> ファイルオプションは［ファイル］→［ファイルオプション］をクリックします。

「このファイルを開く時」欄の［表示するレイアウト］に、メインメニューレイアウトを指定すると、ファイルを開くと必ずメインメニューが表示されるようになります。起動時に業務選択の画面を表示させることで、画面遷移のためのクリック回数を減らすことが可能です。

ファイルオプション

タブ順の設定

データ入力に慣れてくると、フィールドを1回1回マウスでクリックして移動するよりも、［TAB］キーを押して次の入力欄に移動するほうが確実・高速にこなせるようになります。［TAB］キーを押したときのフィールドの移動順（タブ順）は、レイアウトモード時に［レイアウト］→［タブ順設定］で指定できます。

FileMakerではフィールドのほか、ボタンオブジェクトにもタブ順を割りあてられます。データの入力内容や順番、業務の流れを検討して適切なタブ順を設定することで、さらに効率の良いデータ入力UIが実現できるでしょう。

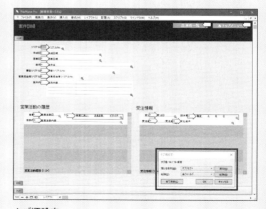

タブ順設定

Chapter 6

iPhone/iPadと連動した
データ管理システムを作る

Chapter 6 では iOS 上で FileMaker アプリケーションを開発するための基礎知識と、移植時の注意点を説明します。そして FileMaker と他 iOS ソフトウェア・他テクノロジーとの連携手法を交えながら開発をしていきます。体系的な知識を学習し、iOS アプリケーションを開発する上でのノウハウを習得しましょう。

01 PCとモバイルデバイスに対応する画面を作る

実際に開発をする前に、モバイルデバイス向けにアプリケーションを開発する上で必要な知識を身につけましょう。

iOS デバイスで使うには？

　顧客・営業活動管理システムの改修もだいぶ落ち着いてきました。データ入力率も大幅に向上し、利用者の評判も上々です。ある日、営業担当者から相談を持ちかけられました。

「外回り営業が中心だから、出先で使えるとすごい便利だと思うんだ。iPhone や iPad で顧客・営業活動管理システムを使うことはできない？」

　FileMaker Pro のファイルを iOS デバイス上で開くための FileMaker Go の存在は知っていますが、実際に使ったことはありません。しかし、iOS デバイスの機能や機動力を業務アプリケーションにうまく組み込むことができたら、現在の業務に革新をもたらすことができるかもしれません。

　iOS デバイスでできることは何か。開発では何を気を付ければ良いか。FileMaker Go では、何ができて何ができないのか。業務システムが iOS デバイスで動作すると、どのような恩恵を受けられるか。あなたは資料をかき集めて、検討を始めました。

改修の前に必要なこと

　この Chapter では、Chapter 4、5 で作成した顧客・営業活動管理システムを iOS 向け FileMaker Go 向けアプリケーションに改修します。

　アプリケーション開発の前に、モバイルデバイス向けにアプリケーションを開発する上で必要な知識と道筋を学習します。あわせて、FileMaker Pro で FileMaker Go 向けのアプリケーションを開発するにあたり、便利な開発機能を紹介します。

　モバイルデバイス向けのアプリケーションでは、PC 向けアプリケーションとまったく異なるアプローチをする必要があります。PC 向けアプリケーションを単純にモバイルデバイス上で使えるようにするだけでは、モバイルデバイスを真に活用しているとは言えません。モバイルデバイスの特性を理解し、業務フローを再設計し、FileMaker Go を学び、新しいユーザ体験を提供するアプリケーション開発が必要です。

　Chapter 6 を通してモバイルデバイスの特性と、FileMaker Go の基本操作、モバイルデバイスと FileMaker Go の連携、他 iOS アプリケーションとの連携方法についてを学んでいきます。これらをマスターすることで、モバイルデバイスに特化したアプリケーションの開発手法と、FileMaker と他

iOSアプリケーション・別のテクノロジーの連携を実現し、さまざまな業務の可能性を広げるシステムを作り上げられるようになります。

完成イメージ（iPadで見た場合）

モバイルデバイスとFileMaker

　モバイルデバイスは携帯を目的としたデバイスです。利用特性上、外出中や飲食店など気が散るような環境で使用されることが多いでしょう。そのような環境でも利用者が目的の情報に素早くアクセスできるように、開発者は応答性の良い魅力的な導線と画面設計に注力する必要があります。

　そのため、PC上で操作するすべての機能をモバイルデバイス上で再現する必要性はありません。より詳しいデータを入力・集計したければ、PC用のアプリケーションを使うようにして、モバイルデバイスにはモバイルデバイスが使用される場面に沿ったアプリケーション設計をします。

　FileMakerでPCとモバイルデバイスの両方に対応する仕組みを作る場合、次のような案が考えられます。

- Ⓐ 対応デバイスごとにファイルを分離する
- Ⓑ 対応デバイスごとにレイアウトを作成する

それぞれ次のメリット・デメリットがあります。

	メリット	デメリット
A. 対応デバイスごとにファイルを分離する	・ファイル入れ替え時のコストが低い ・ファイル入れ替え時の影響が最小限 ・1つのFileMakerファイルのファイルサイズは、Bより小さくできる	・リレーションやテーブルオカレンスを変更すると、修正範囲が大きくなる ・ファイル数が多くなる ・権限情報をそれぞれに分割する必要があり、開発がしにくい
B. 対応デバイスごとにレイアウトを作成する	・ファイル数が少なくて済む ・権限情報を1ファイルに集約できるため、開発がしやすい ・既存のリレーションやテーブルオカレンスグループを有効に活用できる	・ファイル入れ替え時のコストが高い ・ファイル入れ替え時に全プラットフォーム向けのUIファイルを停止する必要がある ・1ファイル内のレイアウト数が多くなり、レイアウト管理が複雑になる

2案のメリット・デメリット

　メリット・デメリットを比較すると、1つのUIファイル内であらかじめ定義した対応デバイスごとに、レイアウトを作成するのが最も効率的だと言えそうです。

実現機能と対応デバイスの決定

既存のアプリケーションをモバイルデバイスに対応するように改修をする場合、次のことを検討します。

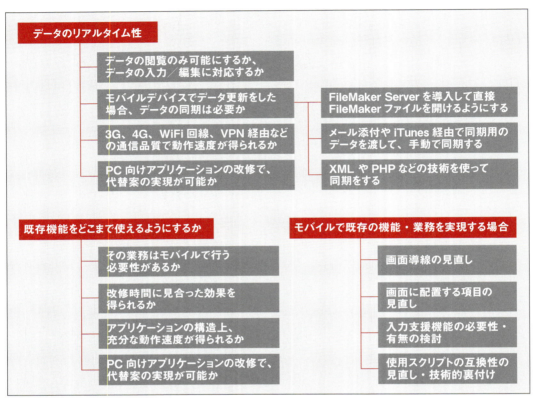

実現する機能

対応するデバイス

実現する機能と対応デバイスは個別に決定するのではなく、両側からのアプローチで決定していきましょう。実現したい機能や改修コスト、通信回線やスクリプトなどの技術的裏付けを取りつつ、確実に実現可能な範囲から設計・改修のサイクルを回します。

> **MEMO　FileMaker Goが動作するデバイスとディスプレイサイズ**
>
> FileMaker Goの動作要件であるiOS（＊）がインストール可能なiPhone/iPod touch/iPadファミリーと画面解像度はそれぞれ次の通りです。
>
> | ファミリー | デバイス | ディスプレイサイズ |
> | --- | --- | --- |
> | iPhone | iPhone 4s | 960×640 |
> | | iPhone 5/5c/5s/SE | 1136×640 |
> | | iPhone 6/6s | 1334×750 |
> | | iPhone 6 Plus/6s Plus | 1920×1080 |
> | iPod touch | iPod touch 第5/6世代 | 1136×640 |
> | iPad | iPad 2 | 1024×768 |
> | | iPad 第3世代/第4世代/Air/Air 2/Pro（9.7inch） | 2048×1536 |
> | | iPad mini | 1024×768 |
> | | iPad mini（Retina） | 2048×1536 |
> | | iPad Pro（12.9inch） | 2732×2048 |
>
> ＊FileMaker Go 14:iOS 8.1 以上
> 　FileMaker Go 15:iOS 9.3 以上
>
> iPhone/iPod touch/iPadファミリーと画面解像度

モバイルデバイス特有の事情

モバイルデバイス向けのアプリケーションを作成する場合、PC向けのアプリケーション開発と異なり、モバイルデバイス特有の事情を加味して開発を進める必要があります。

処理能力や通信品質の課題

モバイルデバイスに搭載されているCPUやメモリは、一般的に省電力向けの設計になっていることが多いです。そのため、PCと比較すると処理能力が劣る場合が多々あります。例えば、スクリプトのLoop…End Loopステップや、複数のTOをまたぐ複雑な計算式は、PC上の動作速度と比べるとパフォーマンスが伸びない傾向にあります。

また、共有ファイルでの利用を前提としたFileMakerアプリケーションの場合、通信が安定しない場所でアプリケーションが利用されるとパフォーマンスが著しく低下します。

操作中の電話着信やホームボタン押下

iOSでは、電話着信といった外部アプリケーションによる割り込みを考慮しなければなりません。例えばスクリプトでレコードを一括処理している最中に、ほかのアプリケーションに割り込まれた場合、スクリプトは処理を中断してしまいます。スクリプトを記述する際は、強制的にスクリプトが中断されてもデータベースに影響が出ないように設計する必要があります。

PC上のFileMakerアプリケーションでは「ユーザによる強制終了を許可」スクリプトステップのオプションを「オフ」に設定して、スクリプト実行中の中断を不可能にできます。iOSデバイスの場合、ホームボタンを押すと強制的にホーム画面に戻る仕様です。この都合上、スクリプトの強制終了を認めない設定をすることはほぼ不可能です。

　iOSで複雑なスクリプトを実行する予定のある場合、そこまでしてデバイス上で実現する必要が本当にあるか、業務の再検討をしましょう。

UIの設計について

　PC向けに設計されたFileMaker ProアプリケーションをFileMaker Goを使って開くことは簡単です。しかし、iPhoneやiPod touch、iPadで利用できる画面の広さには限りがあります。そのため、iOSに対して各種レイアウトや業務フローを最適化する必要があります。

　iOS上で動作するソフトウェアのUIを構築する場合、まずはAppleが推奨している、iOSのヒューマンインターフェイスガイドラインを一読することをおすすめします。これは処理や画面の流れ、ボタンの役割、形など、iOSアプリケーションを開発するにあたっての、インターフェイスのガイドラインを定義したものです。アイコンに割りあてる処理や画面効果が厳格に定義されており、App Storeでアプリケーションを配布するには、ガイドラインに沿っているかを審査されます。

> **MEMO　iOSヒューマンインターフェイスガイドライン**
>
> iOSヒューマンインターフェイスガイドライン
> **URL** https://developer.apple.com/jp/documentation/UserExperience/Conceptual/MobileHIG/BasicsPart/BasicsPart.html

　FileMakerアプリケーションはApp Store経由で配布する訳ではないので、厳密には従う必要はありません。ですが、ほかのiOSソフトウェアで用意されているアイコンに別の処理を割りあててしまった場合、ユーザに混乱を与えることになります。かといってiOSデバイスに特化しすぎたUIを作成した場合、PC向けのUIと大きく異なってしまいます。これでは既存のFileMaker Proユーザに困惑や反感を持たれることにもつながります。

　PC向け、iOS向けのそれぞれのユーザ層を予測し、実際の利用者の声を聞きながらUIの調整をする必要があります。線引きが非常に難しいところですが、ヒアリングと修正を繰り返しながら最適なUIの構築に励みましょう。

FileMaker Goアプリケーション開発に便利な機能

　FileMaker Goアプリケーションの開発は、すべてFileMaker Proで行います。モバイルデバイスに対応したレイアウトを作成するにあたり、便利な機能をいくつか紹介します。

定規の表示

　レイアウトモード上で定規を表示します。定規を見ながらオブジェクトの位置や大きさをリアルタイ

ムに確認できます。対応するデバイスモデル・画面解像度・画面の向きを確認しながら、オブジェクトを配置する際に役立ちます。定規を表示する手順は次の通りです。

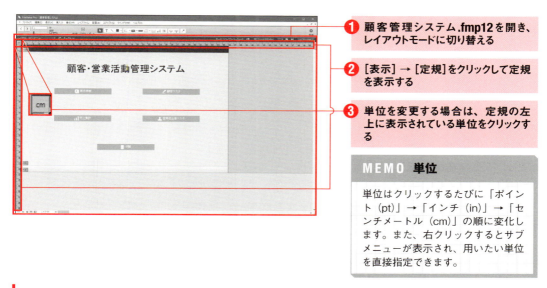

❶ 顧客管理システム.fmp12を開き、レイアウトモードに切り替える

❷ [表示]→[定規]をクリックして定規を表示する

❸ 単位を変更する場合は、定規の左上に表示されている単位をクリックする

MEMO 単位

単位はクリックするたびに「ポイント(pt)」→「インチ(in)」→「センチメートル(cm)」の順に変化します。また、右クリックするとサブメニューが表示され、用いたい単位を直接指定できます。

位置情報の確認・修正

オブジェクトの位置を微調整する場合、マウス操作でやみくもにオブジェクトを動かすよりも、インスペクタに表示される「位置」情報を見ながら操作したほうが良いでしょう。

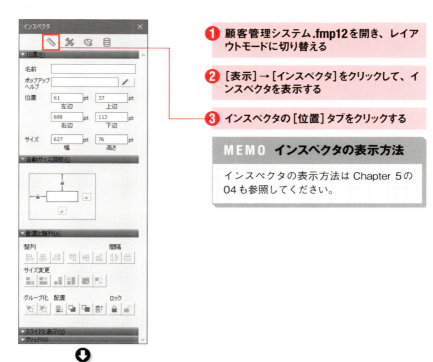

❶ 顧客管理システム.fmp12を開き、レイアウトモードに切り替える

❷ [表示]→[インスペクタ]をクリックして、インスペクタを表示する

❸ インスペクタの[位置]タブをクリックする

MEMO インスペクタの表示方法

インスペクタの表示方法はChapter 5の04も参照してください。

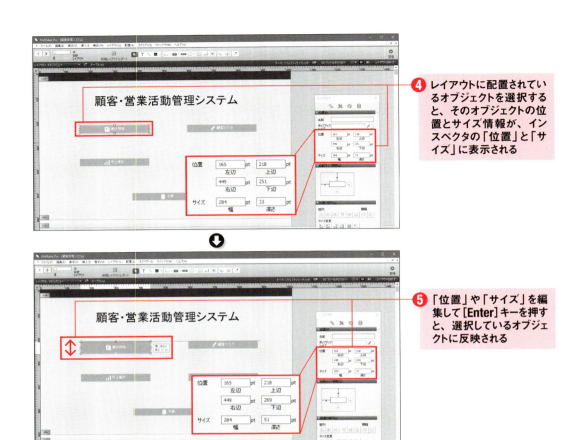

❹ レイアウトに配置されているオブジェクトを選択すると、そのオブジェクトの位置とサイズ情報が、インスペクタの「位置」と「サイズ」に表示される

❺ 「位置」や「サイズ」を編集して[Enter]キーを押すと、選択しているオブジェクトに反映される

自動サイズ調整機能

モバイルデバイスには「縦持ち」「横持ち」といった、向きの考え方が存在します。どちらの向きにも対応しつつ画面を有効に活用するには、自動サイズ調整機能の設定をしましょう。インスペクタの自動サイズ調整機能で設定をしておくと、ウィンドウサイズが変化したときにオブジェクトの表示も自動で変化します。

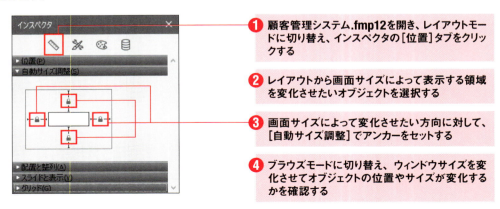

❶ 顧客管理システム.fmp12を開き、レイアウトモードに切り替え、インスペクタの[位置]タブをクリックする

❷ レイアウトから画面サイズによって表示する領域を変化させたいオブジェクトを選択する

❸ 画面サイズによって変化させたい方向に対して、[自動サイズ調整]でアンカーをセットする

❹ ブラウズモードに切り替え、ウィンドウサイズを変化させてオブジェクトの位置やサイズが変化するかを確認する

> **MEMO アンカー**
>
> アンカーとは、オブジェクトに対して設定する自動リサイズのオプションです。アンカーが設定されたオブジェクトは、FileMakerアプリケーションのウィンドウサイズが変化すると、それに合わせて移動したり、表示が引き延されたり、縮んだりします。なお、オブジェクトを配置した際のアンカーポイントは、上と左にセットされています。

例えば、ボディパート上の四隅にオブジェクトを配置して、各オブジェクトのアンカーポイントを「上と左」に設定します。すると、ウィンドウをリサイズしても、オブジェクトの表示は変化しません。レイアウト外には余白が表示されます。

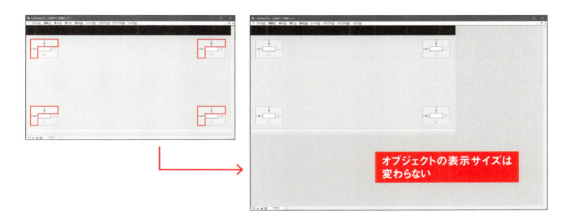

四隅のオブジェクトのアンカーポイントを左上から時計回り順に、「上と左」「上と右」「右と下」「下と左」に設定すると、四隅のオブジェクトがウィンドウサイズに合わせて移動するようになります。ボディパート自体も引き延ばされ、余白は表示されません。

もう1つの例を取り上げます。2種類のオブジェクトを配置して、上はアンカーポイントを初期値のままに、下はアンカーポイントを「上と左と右」に設定します。横方向にウィンドウサイズを広げると、下のオブジェクトは横方向にサイズが広がります。

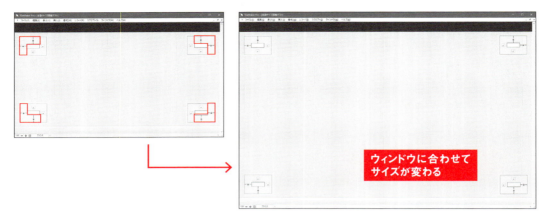

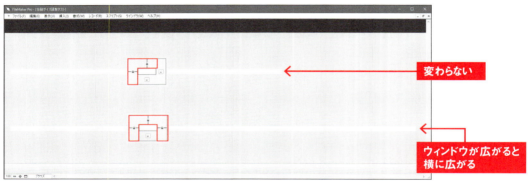

> **MEMO** 自動サイズ変更オプションの設定
>
> レイアウトオブジェクトの自動サイズ変更オプションの設定について詳しく知りたい方は、FileMaker Proのマニュアルを参照してください。

　ここまで、いろいろな機能や参考サイトを紹介しました。FileMaker Go アプリケーションの開発にあたり、デザインや画面遷移・業務フローの設計、自動サイズ機能の設定方法は Starter Solution で作成される FileMaker アプリケーションを参考にしてみましょう。

02 FileMaker Go の使い方

iOS 上で FileMaker ファイルを操作するためのアプリケーション「FileMaker Go」の基本操作方法と、FileMaker Pro との違いを説明します。

FileMaker Go の使い方

　FileMaker Go は、iOS 上で FileMaker ファイルを操作するためのアプリケーションです。PC 上で動作する FileMaker Pro アプリケーションの UI とは大きく異なります。iOS デバイス向け FileMaker アプリケーションの開発に先立ち、FileMaker Go の使い方と、FileMaker Pro との違いについて学びましょう。

インストールするには

　FileMaker Go はシステムを使いたいデバイスの App Store アプリからインストールできます。FileMaker バージョンに対応したものを用意しましょう。

- FileMaker Go 15
- FileMaker Go 14

　FileMaker Go を起動すると次の画面が表示されます。

FileMaker Go 初回起動時

FileMaker Go 起動画面

FileMakerホストの表示

［ホスト］をタップすると、現在のローカルネットワークに存在するFileMakerホストが表示されます。ホスト名をタップすると、ホストが公開しているFileMakerファイルの一覧が表示されます。

FileMakerホスト一覧

FileMakerホストの追加

⊞アイコンをタップすると、ホストを追加できます。接続したいホストがすでに確定している場合や、ローカルネットワーク以外のホストに接続したい場合はここでホストを追加します。

ホストアドレスには、IPアドレスやドメインを指定します。ホスト名は省略した場合、ホストアドレスがお気に入りのホストにそのまま表示されます。

FileMakerホストの追加

FileMaker GoでFileMakerファイルを開くには

FileMaker GoでFileMakerファイルを開くには、主に2つの方法があります。

- FileMakerホストに接続し、共有されているFileMakerファイルを開く
- FileMaker GoがインストールされているiOSデバイスにFileMakerファイルを転送し、デバイス内のFileMakerファイルを開く

FileMakerホストに接続

FileMaker Pro上でFileMakerファイルをホストし、FileMaker Goからファイルを共有しているFileMaker Proに接続する方法です。

共有設定を有効にしたFileMaker ProでFileMakerファイルを開き、モバイルデバイス側からFileMaker Goでアクセスすることができます。

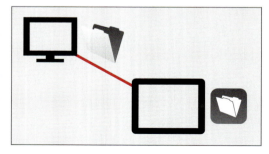

FileMaker Proの共有機能を使う

iOSデバイスにFileMakerファイルを転送

FileMaker Proで作成したFileMakerファイルを、FileMaker GoがインストールされているiOSデバイスに転送する方法です。ネットワーク利用でFileMakerファイルを操作するよりも、一般的に高速に動作します。反面、ユーザ同士でデータ同期をするには仕組み作りが必要です。

iOSデバイスにFileMakerファイルを転送するには、次のような方法があります。

- USBでiOSデバイスを接続し、iTunesを経由してFileMakerファイルを転送する
- メールにFileMakerファイルを添付して、iOSデバイス上で受信する
- Webサーバやオンラインストレージ上にFileMakerファイルを配置し、iOSデバイスからダウンロードする

FileMaker Goをインストールすると、iOS上でFileMakerファイル（.fmp12）はFileMaker Goに関連付けられます。メールによる添付や、Webサーバやオンラインストレージ上にFileMakerファイルを配置することで、iOSデバイスからアクセスしてFileMakerファイルをダウンロードできます。

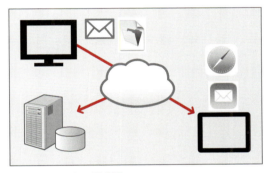

メールやWebサーバを利用

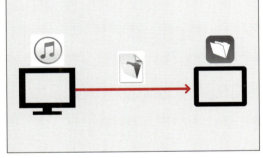

iTunesを使用

> **MEMO　iTunes**
>
> iTunes
> URL http://www.apple.com/jp/itunes/download/

FileMakerホスト経由ではなく、FileMaker Goで直接FileMakerファイルを開いた場合、FileMaker Goアプリの中にFileMakerファイルが配置されます。再度同じFileMakerファイルを開く際に、メールやSafariから再ダウンロードする必要はありません。

> **MEMO　アプリケーションサンドボックス**
>
> iOSではセキュリティ上の理由から、アプリケーションサンドボックスと呼ばれる仕組みに基づいてアプリケーションのデータを管理しています。FileMaker Goで直接FileMakerファイルを開いた際、FileMaker GoサンドボックスのユーザドキュメントディレクトリにFileMakerファイルが配置されます。FileMaker Goのユーザドキュメントディレクトリは、iTunesで開いた際に「FileMaker Goの書類」として参照することができます。

iTunes で転送する

　一度に複数の FileMaker ファイルを iOS デバイス上に転送する場合は、iTunes を経由したファイル転送が簡単でおすすめです。

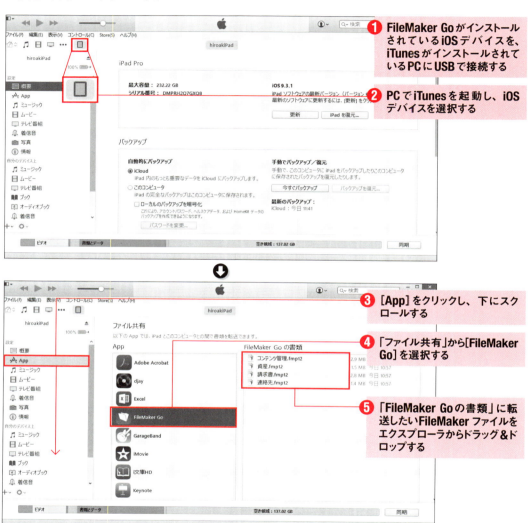

　iOS デバイス上の「FileMaker Go の書類」に FileMaker ファイルを転送した後は、FileMaker Go で自由に開くことが可能になります。

FileMaker ファイルの画面構成

メイン画面は次の要素から構成されています。

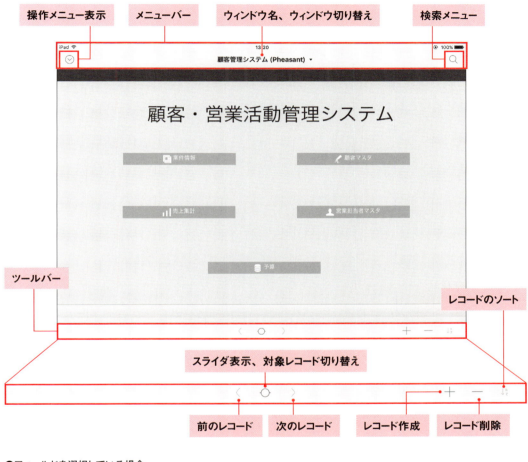

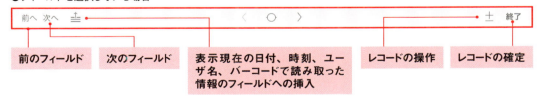

> **MEMO　ツールバーの表示・非表示を切り替える**
>
> ツールバーは左上の ⊙ をタップし、[レイアウト] → [ツールバーの表示] で表示・非表示を切り替えることができます。また、メニューバーとツールバーは3本指での上下スワイプでも表示・非表示を切り替えられます。

操作メニュー

◎アイコンをタップすると、ファイル全体と FileMaker Go に関する操作メニューが表示されます。

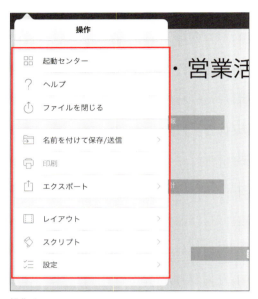

操作メニュー

メニュー名	内容
起動センター	起動センターを表示する
ヘルプ	オンラインヘルプを表示する
ファイルを閉じる	現在開いているファイルを閉じる
名前を付けて保存/送信	現在のデータベースや、選択しているフィールドの内容を書き出すためのメニューに移動する
印刷	AirPrint経由での印刷をする
エクスポート	レコードをエクスポートするためのメニューに移動する
レイアウト	レイアウトを切り替えるためのメニューに移動する
スクリプト	スクリプト実行のためのメニューに移動する
設定	FileMaker Goの動作全体を定義する設定メニューに移動する

メニュー内容

操作メニューで設定をタップすると、設定メニューが表示されます。

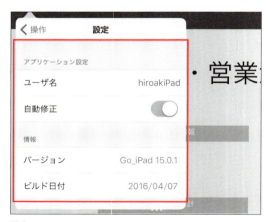

設定メニュー

メニュー名	内容
ユーザ名	FileMaker Goのユーザ名を設定する。ここで設定したユーザ名は、FileMaker Server上での接続ユーザ確認画面や、FileMakerファイル上での各Get関数で利用される。初期値はデバイス名
自動修正	自動修正の有効無効を切り替える
バージョン	FileMaker Goのバージョン情報を表示する
ビルド日付	FileMaker Goがビルドされた日付を表示する

メニュー内容

　操作メニューで［スクリプト］をタップするとスクリプトメニューが表示されます。［メニューに含める］にチェックが入ったフォルダ・スクリプトのみが表示されます。スクリプト名をタップすると、スクリプトを実行できます。

スクリプトメニュー

操作メニューで［エクスポート］をタップすると、エクスポート設定メニューが表示されます。ここからデータをエクスポートできます。

エクスポート設定メニュー

メニュー名	内容
名前	エクスポートするファイル名を指定する。初期値は現在開いているFileMakerファイル名
タイプ	エクスポートするファイルのタイプを指定する
フィールド	エクスポートするフィールドを選択する
レイアウト書式を使用	エクスポートするフィールド内データに、レイアウトの書式を適用する

メニュー内容

エクスポートできるファイルタイプは次の通りです。

エクスポートするファイルタイプを1つ選択

操作メニューで［名前を付けて保存 / 送信］をタップすると、データをメールで送信したり保存をしたりできます。

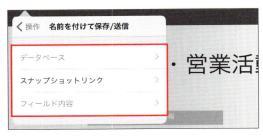

名前を付けて保存/送信メニュー

メニュー名	内容
データベース	現在のFileMakerファイルを保存する
スナップショットリンク	現在のFileMakerファイルの更新状態を保存する
フィールド内容	現在選択しているフィールドの内容を保存する

メニュー内容

レコード

フィールドを選択している状態で⊞をタップすると、レコードに関する操作メニューが表示されます。[終了]をタップすると、現在操作中のレコードを確定します。

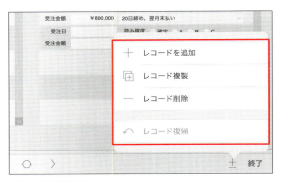

レコードの操作メニュー

メニュー名	内容
レコードを追加	レコードを新規に作成する
レコード複製	現在のレコードを複製する
レコード削除	現在のレコードを削除する
レコード復帰	現在の編集内容を破棄し、データを変更する前の状態に戻す

メニュー内容

フィールドへの挿入

フィールドを選択している状態で⊡をタップすると、フィールドへの挿入に関する操作メニューが表示されます。

フィールドへの挿入メニュー

メニュー名	内容
現在の日付	現在の日付を挿入する
現在の時刻	現在の時刻を挿入する
現在のユーザ名	現在のユーザ名を挿入する
バーコード	カメラを起動し、スキャンしたバーコードの内容を挿入する

メニュー内容

> **MEMO　バーコードのスキャン**
>
> FileMaker Goでは、iOSデバイスの前面または背面カメラを使用したバーコードのスキャンができます。UPCコードやQRコードをはじめ、各種バーコードタイプをサポートしています。

ウィンドウのサムネイル表示

　ウィンドウ名をタップすると、現在開いているウィンドウをサムネイルで表示します。複数のウィンドウからなるアプリケーションの場合、この機能でウィンドウの切り替えや、閉じる操作をします。

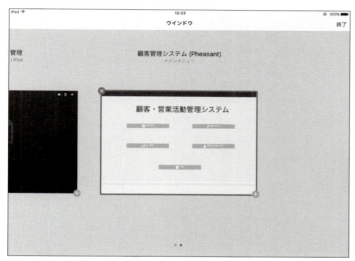

ウィンドウのサムネイル

> **MEMO　すべてのウィンドウを閉じる**
>
> すべてのウィンドウを閉じると、FileMaker Goは自動的に起動直後の画面に戻ります。

レイアウト

　◎アイコンをタップし、[レイアウト]をタップすると、レイアウトの表示に関する操作メニューが表示されます。

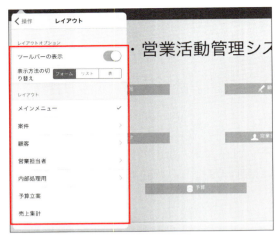

レイアウトの操作メニュー

メニュー名	内容	備考
ツールバーの表示	ツールバーの表示・非表示切り替え	「ツールバーの表示切り替え」スクリプトステップの影響を受ける
表示方法の切り替え	レイアウトの表示方法を「フォーム」「リスト」「表」のいずれかに切り替え	FileMaker Proのレイアウト設定で設定された表示形式のみ選択可能
ファイル内の各レイアウト名	現在開いているファイルで[レイアウトメニューに表示させる]にチェックが入ったフォルダ・レイアウトを表示	レイアウト名タップでレイアウトを切り替え

メニュー内容

対象レコード

◯をタップすると、対象レコードの表示に関する操作メニューが表示されます。スライダはレコードを操作するためのものです。アイコンをクリックし、現在表示しているレコードの前または次に移動します。つまみを左右にスライドさせると、任意のレコードに移動できます。

対象レコードの操作メニュー

メニュー名	内容
すべてを表示	すべてのレコードを表示する
対象/対象外を入れ替える	対象レコード/対象外レコードの表示を入れ替える
レコードを対象外に	1件または複数のレコードを対象外とする

メニュー内容

> **MEMO タッチキーボードタイプ**
>
> FileMaker Goでは、入力効率を高めるためのソフトウェアキーボードが多数用意されています。例えば電話番号を入力するフィールドに、あらかじめ FileMaker Proのインスペクタ上で設定をしておくと、電話番号を入力する際に必要なキーだけが表示されるようになります。

FileMaker Go と FileMaker Pro の違い

　FileMaker Go はモバイルデバイス上で FileMaker Pro ファイルを操作する場面に特化したソフトウェアです。FileMaker Go 向けのアプリケーションを開発する際、まずは FileMaker Pro との違いを理解する必要があります。

機能の互換性

　FileMaker Go では、FileMaker Pro でサポートされている次の機能が利用できません。

- デバイス上でのデータベースの作成
- テーブル、フィールド、リレーションシップ、データソース、およびアクセス権などのデータベーススキーマの変更
- レイアウト、スクリプト、値一覧、カスタムメニューなどのデータベース構造の変更
- .fmp12、XML、Excel .xls 形式へのエクスポート
- スペルチェック
- 外部関数
- プラグイン
- ファイルのホスト

動作の違い

　FileMaker Pro は FileMaker アプリケーションの操作と開発が可能です。一方、FileMaker Go は、基本的に FileMaker アプリケーションの操作のみが可能です。FileMaker Go ではレイアウトモードとプレビューモードがサポートされておらず、単体での開発作業はできません。

　このため、FileMaker Go 上で動作するアプリケーションを開発する場合は、FileMaker Pro が必須です。レイアウトなどをオンザフライで微調整する場合、共有機能を設定した FileMaker Pro または FileMaker Server が必要になります。

スクリプトステップの動作

　FileMaker Go で動作するスクリプトステップは、iOS 互換のスクリプトステップに限定されます。また、スクリプトステップには、FileMaker Pro とは異なる動作をする処理も含まれます。

　FileMaker Go と FileMaker Pro 上で実行するスクリプトは、処理の必要性と妥当性を再検討した上で、同じ処理でない場合はスクリプトを別に作成しましょう。実現したい処理内容が FileMaker Go と FileMaker Pro 上で似ている場合は、Get（システムプラットフォーム）関数などを用いて動作環境を確認し、適切な条件分岐を行います。

アプリケーションの処理パフォーマンス

　共有利用を前提とするFileMaker Go向けのアプリケーション開発では、CPU処理速度のほか、ネットワーク速度について常に気を配る必要があります。特に回線が細い環境下でアプリケーションを動作させる場合、するべきではない処理が存在します。代表的なものとして、次の事柄が挙げられます。

- 長いループスクリプトを記述しない・実行しない
- むやみに集計フィールドを利用しない
- レイアウトに画像をむやみに配置しない。配置する場合は、できる限り圧縮してファイルサイズの小さい画像を用いること
- 関連テーブル先のレコード（ポータル経由、リレーション経由）をソートしない
- 1つのレイアウトに配置するフィールドを可能な限り少なくする

　PC向けアプリケーションの開発とは異なり、モバイルデバイス向けの開発では画面サイズやデバイスの処理能力など、さまざまな要素を視野に入れて開発に取り組む必要があります。FileMaker Goの操作感や特性をしっかりと理解し、場面に応じたアプリケーション開発をしましょう。

> **MEMO　FileMaker GoとFileMaker Proの違い**
>
> FileMaker GoとFileMaker Proの細かな動作の違いや、FileMaker Goのバージョン差異は、FileMaker社より配布されている開発者のためのドキュメント「FileMaker Goデベロップメントガイド」に詳しく書かれています。

03 メディアファイルの作成・連携

FileMaker Goでサポートされているメディアファイルの種類と、専用のUIを説明します。利用できるメディアファイルを確認し、業務システムへのアプローチをイメージしてみましょう。

メディアファイルの活用

　画像・動画・音声・表計算などのメディアファイルは、ありとあらゆるビジネスシーンでなくてはならない存在です。適切な情報とメディアファイルを管理することで、より少ないコストで多くの情報を得ることができます。FileMakerに格納されている情報と、外出先で取得した画像や音声ファイル、WordやExcelといったドキュメントファイルを紐付けることで、さまざまな業務での活用が期待できるでしょう。

　ここでは、FileMaker Goでサポートされているメディアファイルの種類と、専用のUIを学習します。利用できるメディアファイルを確認し、業務システムへのアプローチをイメージしてみましょう。

　なお、ここで紹介する操作はすべてFileMaker Goで行います。文中のスクリーンショットは、iPad上で動作させたFileMaker Go 15のものです。

FileMaker Goで取り扱えるメディアファイル

　FileMaker Go 15からFileMakerデータベースに格納できるメディアファイルは次の通りです。

データの種類	ファイルタイプ	拡張子	内容
カメラ	Portable Network Graphics、QuickTime Movie	png、mov	内蔵カメラを起動して写真・動画データを保存
オーディオ	Advanced Audio Coding	m4a	内蔵マイクを起動して音声を録音
署名	Portable Network Graphics	png	手書きの署名を挿入
写真	Portable Network Graphics	png	デバイスの写真ライブラリ内に存在する写真を選択
音楽	Advanced Audio Coding	m4a	デバイスの音楽ライブラリ内に存在する楽曲を選択
ファイル	さまざま	—	FileMaker Go 15の[デバイス上のファイル]に表示されているファイルを選択

格納可能なメディアファイル

　これらのメディアファイルは、FileMakerファイルの「オブジェクトフィールド」へ格納されます。FileMaker Go上でオブジェクトフィールドにフォーカスを入れる（タップする）と、ファイルを挿入するためのメニューが表示されます。

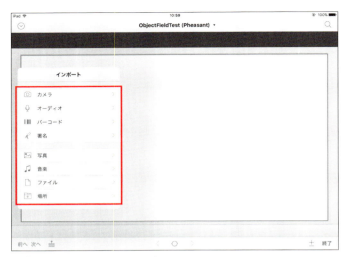

オブジェクトフィールドへのインポートメニュー

カメラ

メニューの［カメラ］をタップすると、カメラが起動します。写真または動画を撮影し、［写真を使用］をタップすると、結果をオブジェクトフィールドに格納します。

オーディオ

タップすると、内蔵マイクが起動します。音声を録音して、保存をタップすると格納されます。

音声ファイルは「.m4a」形式のファイルとして保存されます。オブジェクトフィールドに格納された音声ファイルは、タップして再生が可能です。

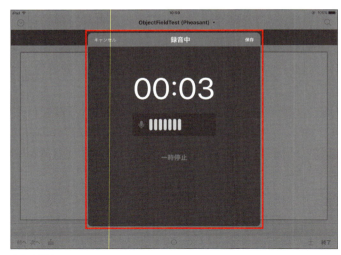

音声の録音

POINT
マイクへのアクセス

［"FileMaker Go"がマイクへのアクセスを求めています。］という表示が出たら［OK］をタップします。

署名

　見積書やクレジットカードの署名を入力する際に用います。FileMaker Goで提供されるUIです。［署名］をタップすると、署名を書き込むための専用の画面が表示されます。

　画面上に指やApple Pencilなどで署名を書き込んで、［承認］ボタンをタップすると、署名がPNG形式の画像ファイルとしてオブジェクトフィールドに保存されます。

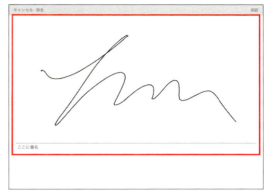

指などで署名を記入

写真

　デバイスの写真ライブラリを呼び出し、選択した画像をオブジェクトフィールドに格納します。画像を選択すると、PNG形式またはJPG形式の画像ファイルとしてオブジェクトフィールドに保存されます。

写真の選択UI

写真が保存される

POINT　写真へのアクセス

「"FileMaker Go"が写真へのアクセスを求めています。」という表示が出たら［OK］をタップします。

音楽

デバイスの iTunes ライブラリを呼び出し、選択した楽曲・音声をオブジェクトフィールドに格納します。楽曲・音声を選択すると、ファイルをオブジェクトフィールドに格納します。画像ファイルと比較してファイルサイズが大きくなるため、格納するまでに時間がかかる場合があります。音声ファイルと同様、「.m4a」形式のファイルとして保存されます。

音楽の選択UI

ファイルのアップロード中

ファイル

FileMaker Go ファイルブラウザに格納されているファイルから、オブジェクトフィールドに格納するファイルを選択します。

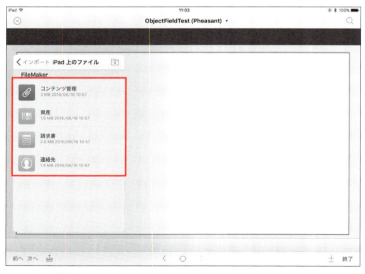
ファイルの選択UI

オブジェクトファイルが格納されている場合の動作

オブジェクトフィールドに何らかのファイルが格納されている場合、次の操作が可能です。

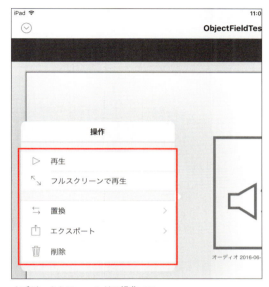

MEMO 操作メニュー

操作メニューはオブジェクトフィールドに格納されているファイルによって異なります。ここでは各ファイル共通の操作メニューを紹介しています。

オブジェクトフィールドの操作メニュー

操作	内容
置換	オブジェクトフィールドに格納されているファイルを別のファイルに上書きする
エクスポート	オブジェクトフィールドに格納されているファイルを、メールで送信またはデバイス内に保存する
削除	オブジェクトフィールドに格納されているファイルを削除する

メニュー内容

エクスポートでは、ファイル名を変更してiOSのメールソフトに添付してメール送信できます。

［保存］ボタンをタップすると、FileMaker Goファイルブラウザにファイルを書き出します。FileMaker Goファイルブラウザに保存されたファイルは、再度オブジェクトフィールドに格納したり、iTunes経由でファイルを取り出したりできます。

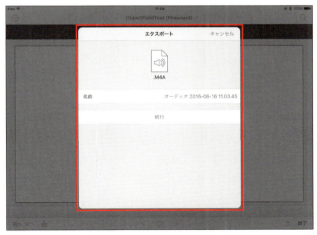

エクスポート時のメニュー

FileMaker Go で参照できるファイルタイプ

　FileMaker Go からのファイル格納は、基本的に先述のファイル種類のみ行えます。Word 形式や Excel 形式、PDF 形式といった iOS でサポートされている、ほかのファイル形式の場合は、直接プレビューが可能です。

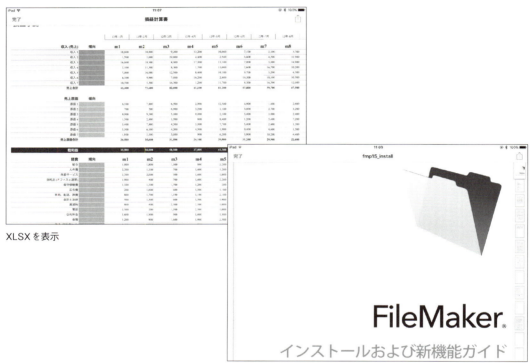

XLSX を表示

PDF の表示

　ファイルの形式が FileMaker Go および iOS でサポートされていない場合は、エクスポートを選択し、該当のファイル形式に対応しているアプリケーションに渡すか、E メールに添付するか動作を選択することができます。

　マイクやカメラなどとの連携は、モバイルデバイス上で動作するアプリケーションの大きな強みと言えるでしょう。出先現場での状態を保存するための写真、会議の議事録、簡易レジ端末、ドキュメントファイル共有管理など、さまざまな場面での活用ができます。FileMaker Go のみならず、ほかの iOS ソフトウェアとこれらのメディアファイルや各種情報をやり取りすることで、さらなる情報の活用化が期待できます。既存業務の効率化・省力化に加え、柔軟な発想を用いて iOS デバイスならではの新しいユーザ体験を、業務アプリケーションに活かしてみましょう。

04 GPSとWebビューアで、地図上に情報を表示

GPSとWebビューアを使用して、Google Mapsで選択した顧客への経路案内機能を実現してみましょう。

システムの概要

　iPhoneやiPadの一部のモデルでは、GPSが内蔵されています。FileMaker Goでは位置情報を取得するためのモバイル関数が用意されており、GPSと連動したアプリケーションの開発が可能です。GPS取得までの手順を学び、GPSとWebビューアを使用して、Google Mapsで選択した顧客への経路案内機能を開発しましょう。

> **MEMO　位置情報の利用許可**
>
> FileMaker Goで位置情報を取得するには、現在の位置情報利用許可を設定する必要があります。初回の現在地取得時に確認ダイアログが表示されます。[許可]をタップしてiOSの位置情報をFileMaker Goで利用できるようにします。この設定は、iOSの[設定]→[プライバシー]→[位置情報サービス]で変更できます。

確認ダイアログ

GPS座標を取得する関数

　FileMaker Goで利用できる位置情報を取得するための関数（モバイル関数）として、Location関数とLocationValues関数があります。

Location関数

緯度情報と経度情報を取得する関数です。結果はカンマ区切りで表示されます。

```
Location (精度 {; タイムアウト })
```

入力式

引数の名前	内容
精度	取得するGPS情報について、メートル単位での精度を指定
タイムアウト	GPSで緯度経度情報を取得するまでのタイムアウトを秒数で指定。初期値は60（秒）。省略可

関数の引数

```
+35.645681, +139.714990, +65.000000
```

Location関数の実行結果サンプル

LocationValues関数

緯度情報と経度情報に加え、高度、水平精度、垂直精度、経過分数を取得する関数です。実行結果は改行区切りで表示されます。

```
LocationValues (精度 {; タイムアウト })
```

入力式

引数の名前	内容
精度	取得するGPS情報について、メートル単位での精度を指定
タイムアウト	GPSで緯度経度や、その他位置情報を取得するまでのタイムアウトを秒数で指定。初期値は60（秒）。省略可

関数の引数

```
35.645681
139.714990
30.096905
65
10
0.013985
```

Location Values関数の実行結果サンプル

これら2つの関数は、計算フィールドやスクリプトステップ、Webビューアのカスタム URL での計算式に利用できます。今回は関数が呼び出されたタイミングでGPSを起動し、緯度経度をはじめとした位置情報の取得を試みます。

 CAUTION

モバイル関数が使えるバージョン

Location 関数と LocationValues 関数は FileMaker Go 12 以降で動作します。FileMaker Pro 11 以前、FileMaker Go 11 for iPhone/iPad では動作しません。また、GPS が搭載されていない iOS デバイス上で FileMaker Go を動作させた場合や、FileMaker Pro では空の文字列が返ります。

現在地点から選択した顧客への道順を Google Maps で表示

Google Maps で経路案内の地図を表示するには、次の URL を用います。

```
https://maps.google.co.jp/maps?saddr=（出発地点）&daddr=（目的地点）
```
Google Maps経路案内URL

出発地点と目的地点は、Google Maps が対応する住所表記やランドマーク、緯度経度を入力します。出発地点（saddr）に「新宿駅」、（目的地点）daddr に「都庁」と指定して Google Maps にアクセスすると、次の表示結果を得ることができます。

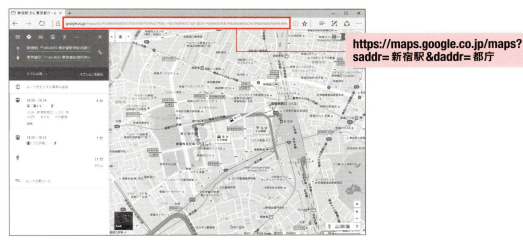

Microsoft Edge の Google Maps 表示例

FileMaker Go の LocationValues 関数の実行結果で得られる緯度経度情報と Google Maps の機能を利用して、現在地点から選択した顧客への経路を表示してみましょう。

❶ FileMaker Pro で顧客管理システム.fmp12 を開く

MEMO 手順について
以後、手順⓮までFileMaker Proで作業します。

❷ 案内経路を表示するためのレイアウトを作成する

レイアウト名	顧客詳細_経路案内
関連付けるテーブルオカレンス	顧客データ
設定する表示形式	フォーム形式

レイアウト設定

❸ **レイアウトが iOS でのみ表示されるように、レイアウトを移動するスクリプトを作成する**

```
If [ Get ( システムプラットフォーム ) ≠ 3 ]
    カスタムダイアログを表示 [ " メッセージ "; " この機能は、FileMaker Go のみで利用できます " ]
    現在のスクリプト終了 [ テキスト結果 : ]
End If
レイアウト切り替え [ 「顧客詳細 _ 経路案内」（顧客データ）]
```

❹ **顧客詳細レイアウトに移動し、画面遷移用のボタンオブジェクトを作成してスクリプトを割りあてる**

✓ POINT　iOS デバイス上でのみ特定の処理を行う

Get（システムプラットフォーム）関数を利用し、If…End If ステップで iOS デバイス上で動作している場合のみレイアウトを切り替えるようにします。レイアウトを切り替えるためのボタンオブジェクトにスクリプトを割りあてることで、iOS でのみ画面遷移が実行されるボタンが実現できます。

❺ **顧客管理 _ データ.fmp12 を開く**

❻ **顧客データテーブルに、次のフィールドを作成する**

フィールド名	住所
タイプ	計算
コンテキスト	顧客データ
計算式	都道府県&市区町村&番地
計算結果タイプ	テキスト

フィールド設定

❼ **顧客管理システム.fmp12 の顧客経路案内レイアウトに移動する**

❽ **［挿入］→［Web ビューア］をクリックする**

❾ **Web ビューアの Web アドレスに、次の計算式を入力する**

```
Let
(
    [
        location = LocationValues ( 100 );
        lat = GetValue ( location ; 1 );
        long = GetValue ( location ; 2 );
        saddr = lat & "," & long;
        daddr = GetAsURLEncoded （顧客データ :: 住所）
    ] ;
    "https://maps.google.co.jp/maps?saddr=" & saddr & "&daddr=" & daddr & "dirflg=w"
)
```

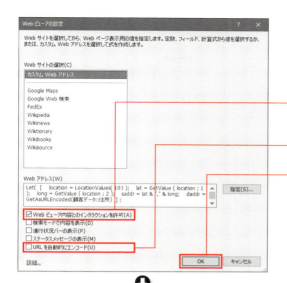

❿ [Webビューア内容とのインタラクションを許可]にチェックを入れる

⓫ [URLを自動的にエンコード]のチェックを外す

⓬ [OK]ボタンをクリックする

> **POINT** Webビューア内での操作
>
> [Webビューア内容とのインタラクションを許可]にチェックを入れると、Webビューア上でGoogle Mapsの操作が可能になります。

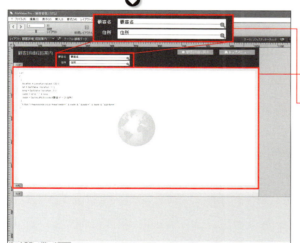

⓭ Webビューアのサイズを調整する

⓮ ヘッダに顧客名フィールドと住所フィールド、画面遷移用のボタンを配置する

ボタン名	顧客詳細に戻る
ボタンをクリックしたときの動作	レイアウト切り替え [「顧客詳細」(顧客データ)]
ボタン名	トップページ
ボタンをクリックしたときの動作	レイアウト切り替え [「メインメニュー」(ui)]

ボタン設定

⓯ iOSデバイス上でFileMaker Goを起動し、顧客管理システム.fmp12を開き、表示を確認する

⓰ Webビューア上に表示されているGoogle Mapsを操作することで、経路案内や地図の移動ができる

Webビューアの計算式

最後に手順❾で設定した計算式の中で、FileMaker Pro 特有の関数を説明します。

Let関数

Let 関数は、変数定義と計算式の 2 つからなる論理関数です。変数定義部分で宣言した変数は、計算式内で利用することができます。複数のフィールドや計算式を作成する際に、Let 関数を用いると計算式の記述を簡易化できます。

```
Let ( { [} 変数1 = 式1 {; 変数2 = 式2...] }; 計算式 )
```

入力式

> **MEMO　複数の引数を渡すには**
>
> いくつかの関数は、"[ ]" で囲むことで複数の引数を渡すことができます。Let関数では、"[ ]" で複数の変数が宣言できます。

LocationValues関数

次の情報を改行区切りで取得する関数です。

・緯度	・水平精度（+/-メートル精度）
・経度	・垂直精度（+/-メートル精度）
・高度	・経過分数（0.2 は 0.2 分または 12 秒前）

GPS や WiFi などからの場所が特定・取得できない場合、LocationValues 関数は空欄の文字列を返します。引数に渡す精度の値は、数値を高くすればするほど高い精度の結果を得ることができます。ただし、バッテリーの消費を抑えるため、精度の数値は大きく、タイムアウトの設定値は小さく指定することが推奨されています。

GetValue関数

改行区切りの文字列中、値番号を渡して特定行の文字列を取得する関数です。

```
GetValue ( 値一覧 ; 値番号 )
```

入力式

値一覧に、次の改行文字列を渡した場合、値番号に指定する数字と実行結果として返る文字列の対応は次の通りです。

```
35.645681
139.714990
30.096905
65
10
0.013985
```

GetValue関数に渡す値一覧

指定する値番号	実行結果
1	35.645681
2	139.714990
3	30.096905
4	65
5	10
6	0.013985

値番号と実行結果

LocationValues 関数の結果で得られるのは、位置情報を改行で区切った文字列です。GetValue 関数で 1 行目と 2 行目の値を取得することで、緯度と経度の情報を取得できます。

GetAsURLEncoded関数

テキストを URL エンコードする関数です。文字コードは UTF-8 となります。

```
GetAsURLEncoded ( テキスト )
```
入力式

Web ビューアや「URL を開く」スクリプトステップで URL を開く場合、空白スペースやマルチバイト文字が混入していると正常に動作しない場合があります。URL の引数にこれらの文字列を指定する場合、GetAsURLEncoded 関数で URL エンコードした文字列を使用します。

 CAUTION

マルチバイト文字は URL エンコードする

FileMaker Pro/Go 上の Web ビューアでマルチバイト文字を含んだ URL リクエストを処理する場合は、あらかじめマルチバイト文字を GetAsURLEncoded 関数を用いて URL エンコードする必要があります。

LocationValues の実行結果が次のリストで、加えて、住所に「渋谷区 1-1-1」と入力されていた場合、Let 計算式内で利用できる変数と計算式は次の値をとります。

```
35.645681
139.714990
30.096905
65
10
0.013985
```

LocationValuesの実行結果

lat	35.645681
long	139.714990
saddr	35.645681,139.714990
daddr	%e6%b8%8b%e8%b0%b7%e5%8c%ba1%2d1%2d1
Let 内で評価される計算式	https://maps.google.co.jp/maps?saddr=35.645681,139.714990&daddr=%e6%b8%8b%e8%b0%b7%e5%8c%ba1%2d1%2d1&dirflg=w

計算式内の変数に格納される値と計算結果

　FileMaker Go で現在座標の位置情報を取得して、情報を入力した場所を簡単にデータベースに落とし込むことができます。取得した位置情報から緯度経度を処理する Web アプリケーションと組み合わせて、その位置に関する情報を画面上に配置すると、さまざまな業務に応じた機能を実現できます。

　例えば、既存の Web サービスと連携することで、現在地の天気予報や経路案内が表示できます。別の位置情報データベースと連携すれば、ルート営業や訪問メンテナンスなど、特定の業務に特化させた地図情報アプリケーションも簡単に実現可能です。

COLUMN

Web ビューアを利用する場合の注意点

Web ビューアで外部 Web サイトを開く場合、インターネットに接続されていないと利用できません。Web と連携するアプリケーションを構築する場合、さまざまな要因で動作が機能しない場合があります。

- マシンがインターネット環境に接続されていない
- 経路の途中に障害がある（DNS 障害、物理的に回線が抜けている、回線速度が遅いなど）
- 相手先のサーバに障害がある（過負荷による一時的な応答不可、メンテナンスによる応答なしなど）

iOS デバイス向けのアプリケーションを作成する場合、通信が安定しない環境下で利用する可能性が出てきます。Web ビューアを利用したスクリプトを作成する際は、エラー処理を特に入念に検討しましょう。

05 URL スキームを使った テクニック

iOS アプリケーションをもっと便利に活用する手段 URL スキームの仕組みと、各種 URL スキームを使ったテクニックを解説します。

iOS アプリケーションの活用

iOS アプリケーションをもっと便利に活用する手段として、URL スキームが挙げられます。URL スキームを活用することで、FileMaker Go と他 iOS アプリケーションとの情報の共有や連携が可能になります。さらに、URL スキームと Web ビューアを応用すれば、FileMaker 単体では難しい表現も実現できます。iOS アプリケーションにおける縁の下の力持ち、URL スキームを学習しましょう。

URL スキームとは

URL スキームとは、Web ページの URL のような形式で書かれているアドレスです。ソフトウェアであらかじめ用意されたプロトコルを用いて情報を渡し、アプリケーションの起動や特定の操作をします。

一部の iOS ソフトウェアは、独自の URL スキームに対応し、アプリケーション特有の操作を URL スキーム経由で行うことができます。これを「カスタム URL スキーム」と呼びます。URL スキームは、プロトコルとパラメータから構成されます。

URL スキームの例

上の例は iOS の［設定］メニューからインストールできるソフトウェア、「Twitter」でサポートされているカスタム URL スキームです。プロトコルには、アプリケーションの名称にちなんだ名前が付けられることが多いです。このカスタム URL スキームを呼び出すと、Twitter が起動し、投稿内容を記載するスペースに「Hello」が入力されている状態で表示されます。

fmp プロトコル

iOS 上で FileMaker ファイルを開く場合、通常のステップでは FileMaker Go を起動し、デバイス上またはリモート上の FileMaker ファイルを選択します。FileMaker Go はこの手順以外に、カスタム URL スキームを利用して FileMaker ファイルを開く手段が用意されています。この専用のプロトコルが「fmp」です。fmp プロトコルの主な書式は次の通りです。

```
fmp:// [[ アカウント : パスワード @] ネットアドレス ] /データベース名
```

fmp プロトコルの基本書式

fmp プロトコルを利用することで、iOS のホーム画面から直接 FileMaker ファイルを起動させたり、別の iOS アプリケーションから FileMaker ファイルを起動・連携することが可能です。fmp プロトコルを用いることで可能な操作の一部を紹介しましょう。

デバイス上のローカルファイルを開く

```
fmp://%7e/（ファイル名）.fmp12
```

ネットアドレス部分に %7e を指定することで、現在のローカルデバイスを参照できます。スラッシュに続けて、データベース名を入力します。

> **MEMO 拡張子**
>
> 拡張子の .fmp12 の部分は、省略が可能です。

ファイルを開いてスクリプトを実行

```
fmp://%7e/（ファイル名）.fmp12?script=（スクリプト名）
```

ファイル名の後ろに「?script=」、続けてスクリプト名を指定すると、デバイス上のローカルファイルを開いた後にスクリプトを実行できます。同名のスクリプトが複数ある場合は、スクリプトの並び順の上位に配置されたものが優先して起動します。

> **⚠ CAUTION ⚠**
> **スクリプト名のルール**
>
> カスタム URL スキームを使用してスクリプトを起動する場合、スクリプト名は重複しないように名前を付けましょう。

ファイルを開いて、引数・変数を付けてスクリプトを実行

```
fmp://%7e/（ファイル名）.fmp12?script=（スクリプト名）&param=（渡したいスクリプト引数）
fmp://%7e/（ファイル名）.fmp12?script=（スクリプト名）&$（変数名）%24（変数に格納したい値）
```

URL と同じく、& で複数のクエリを渡すことができます。script クエリに加えて、param クエリ

にスクリプト引数を指定できます。スクリプト引数は、スクリプト本文中で Get（スクリプト引数）で取得可能です。

　また、クエリ名に %24 に続けて変数名を指定し、さらに値を設定することでスクリプトに変数を直接渡せます。この場合、スクリプト本文中で変数の宣言をすることなく変数を使用できます。

リモートホスト上のファイルを開く

```
fmp://（リモートホスト IP アドレス）/（ファイル名）.fmp12
```

　共有設定をして FileMaker Pro を起動しているマシンや、FileMaker Server が動作しているマシンの IP アドレスを指定し、リモートホスト上の FileMaker ファイルを開きます。

　FileMaker Go に用意されているカスタム URL スキームを使うことで、さまざまな場面やタイミングで FileMaker ファイルを開くことが可能になります。

FileMaker ファイルと他 iOS アプリを連携させる

　ほかの iOS アプリケーション上で URL スキームが用意されている場合は、FileMaker Go 上のスクリプトステップ「URL を開く」を用いて他 iOS アプリとの連携が可能です。

　ここでは FileMaker ファイルと Google Maps アプリケーションを連携して、FileMaker Go から Google Maps を起動し、Google Maps 上で経路案内をするスクリプトを作成してみましょう。

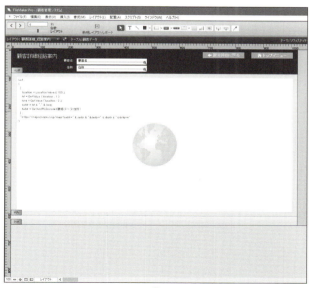

❶ **FileMaker Pro で顧客管理システム.fmp12 を開く**

MEMO　手順について

以後、手順❹までは FileMaker Pro で作業をします。

❷ **Chapter 6 の 04 で作成した、顧客詳細_経路案内レイアウトを表示する**

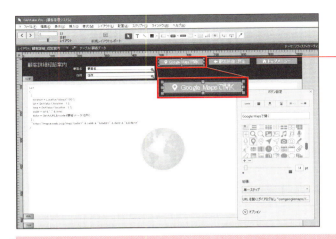

❸ 顧客詳細_経路案内レイアウトに「Google Maps で開く」スクリプトを起動するためのボタンオブジェクトを配置する

❹ ボタンに単一ステップを割りあてる。割りあてるステップは次の通り

```
URL を開く [ ダイアログあり: オフ; "comgooglemaps://?daddr=" & GetAsURLEncoded
( 顧客データ::住所 ) ]
```

❺ iOS デバイス上で FileMaker Go を起動し、顧客経路案内レイアウト上に配置したボタンをタップする

❻ Google Maps アプリケーション上で、現在地から FileMaker Go で渡した目的地までの経路情報が表示される

✓ POINT　Google Maps でサポートしているカスタム URL スキーム

Google Maps のカスタム URL スキームについては、**URL** https://itunes.apple.com/jp/app/google-maps/id585027354 を参照してください。

Webビューアにファイルを埋め込む

FileMaker Go の Web ビューアと、URL スキームの一種「データ URI スキーム」を用いて、動的に HTML を作成後、Web ビューアで表示するといった表現もできます。

> **POINT　Webアプリケーションの作成に必要な知識**
> Webビューア上でHTMLを用いた画面や表現をする場合、HTMLやCSS、JavaScriptといったWebアプリケーションに関連する知識が必要です。それぞれ専門書籍などを参照してください。

Web ビューアとデータ URI スキームを活用することで、FileMaker では表現が難しい動的な段組表示などを、「<table>」要素で簡単に表現できます。いくつかの構文サンプルを紹介します。

HTMLを生成する

```
data:text/html;charset=UTF-8,（HTML を記述）
```

Web ビューアのカスタム URL に Web サイトのアドレスを入力せず、データ URI スキームで HTML を生成します。計算式中に FileMaker のフィールドを指定することで、Web テクノロジーを利用して FileMaker のデータを表現できます。

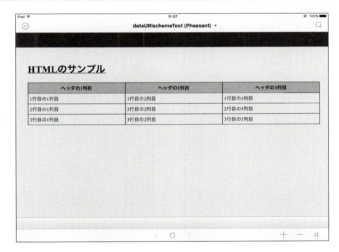

SVGを埋め込む

```
data:image/svg+xml,（XML）
```

ベクタ形式で画像情報を保存する SVG を Web ビューアで表示します。拡大・縮小しても劣化することなく、画像を用いることができます。

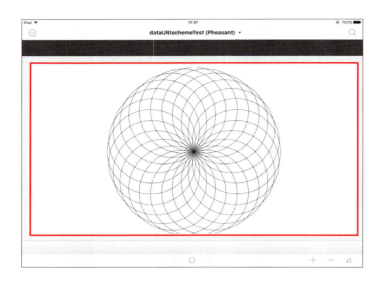

アニメーションGIF画像を埋め込む

```
data:image/gif;base64, (BASE64 エンコードされた文字列)
```

　FileMaker のイメージオブジェクトでは、アニメーション GIF はサポートされておらず、アニメーションを使えません。Web ビューア上にアニメーション GIF を BASE64 エンコードした文字列をデータ URL スキームに渡すことで、アニメーション GIF を表示することができます。

　それぞれの言語やプラットフォームには、得手不得手が存在します。FileMaker で難しいことを無理矢理 FileMaker 単体で実現する必要はありません。ほかのアプリケーションやテクノロジーと組み合わせて、連携し、柔軟なアプリケーションを作りましょう。

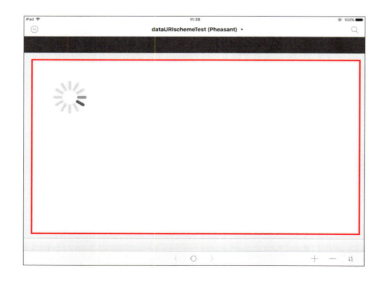

Chapter 7

見積&請求書管理システムを作る

Chapter 7 では見積&請求書管理システムを作りながらテーブルの正規化や、複雑な計算が求められるスクリプトの作成、帳票設計の手法を学びます。
ここでのゴールは FileMaker を使って、中規模のアプリケーションの開発と、既存アプリケーションの円滑な改修ができるようになることです。日常業務を強力にバックアップするアプリケーションの開発に取り組みましょう。

01 システムの概要と税率

見積書・請求書管理システムの概要を解説します。また、大前提の知識となる税率についてここで学んでおきましょう。

システムで見積書などを作りたい

　顧客・営業活動管理システムの運用が始まって数ヵ月。モバイルデバイスにも対応し、着々とデータが集まってくるようになりました。次は営業担当者以外もこのシステムを活用できないか思案していたところ、営業部門と経理部門の担当者から相談を持ちかけられました。

　「システムで顧客情報も案件情報も管理しているから、見積書と請求書も作成できるようにならない？うちって、見積書や請求書の作成ソフトもフォーマットも営業任せなんだよ。ほかの営業が作ったデータを再利用しにくくて」

　見積書や請求書が直接システムから作成できるようになれば、また1つ業務の省力化が図れそうです。また、2次利用の効かない現行の運用を解消すれば、システム利用者全員のデータを共有でき、作業省力化が目指せます。

　あなたはまず、営業担当者から現行の見積書と請求書のフォーマットをもらいました。データベースでどのようにデータを持たせるか、税率の扱いをシステム上でどう実現するか。さっそく検討に乗り出しました。

見積書・請求書管理システムとは

　Chapter 7では、これまでに作成した顧客・営業活動管理システムに、見積書・請求書システムを上乗せして作成します。見積書・請求書管理システムとは、営業と経理担当者の業務を情報システムとして形にしたものです。アプリケーション上で見積書や請求書を作成し、帳票として紙に印刷したり、PDFとして出力したりできます。

　見積書と請求書は基本情報と明細情報に分割されています。そのため、複数の情報をどのようにデータベースで表現するかの設計が重要になってきます。また、社内・社外向けの公式な帳票を作成するため、入力UIだけでなく帳票物の見た目を意識して作成する必要があります。

完成イメージ／トップメニュー

完成イメージ／見積書入力UI

完成イメージ／見積書帳票

完成イメージ／案件詳細

税率の考え方

　見積書・請求書管理システムは金銭のやり取りを記録することになります。したがって「税率」の計算方法を知っておく必要もあります。開発に取りかかる前に、税率について学んでおきましょう。

　見積書や請求書では税率のデータをどのように取り扱うかが課題となってきます。一般的な見積書・請求書を管理する場合、必要になる税区分は「消費税」です。現在の日本の消費税率は、執筆時点（2016年6月）では8%です。消費税率は今後変動するため、システム開発ではあらかじめ税率を簡単にカスタマイズできるようにしておく必要があります。

　消費税をデータベースで管理する方法として、ここでは2通りの方法を紹介します。

現在の消費税率を持たせる

　現時点での消費税率を、システムの設定情報を管理するテーブルやフィールド、スクリプト中の変数に書き込むパターンです。

　ある数値をプログラム中のコードや、スクリプトの計算式に直接数値として持たせることを一般的に「ハードコーディング」と呼びます。ハードコーディングは実装が簡単ですが、将来数値を変更するときのために、数値を変更しなければならない箇所を別にまとめておく必要が出てきます。

税率に開始日と終了日を持たせる

税率を管理するテーブルを作成し、1つのレコード中に税率と、その税率を適用する期間の開始日と終了日を入力しておきます。そして、その日時範囲での税率を適用するパターンです。

税率の履歴を残せるほか、新しい税率が適用される期間を準備できるので、税率が変更される直前に作業をする必要がなくなります。実装難易度が上がりますが、反面、メンテナンスの作業負荷を減らすことが可能です。

本書では実装の難易度を重視して、ハードコーディングを用いた実装方法を紹介します。実際に税率が変更されたときには、税率が直接計算式に書き込まれている箇所を適宜修正してください。

消費税の計算方法

消費税の計算方法について、代表的な2パターンについて取り上げます。

明細の合計金額に対して、消費税を計算する

明細の1行1行に入力された商品価格や金額を合計した数値に、税率を掛ける方法です。

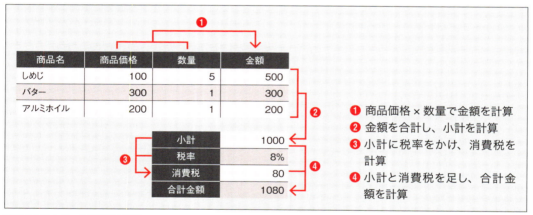

明細の合計金額から消費税を計算

計算方法が簡単な上、アプリケーションの開発も簡単です。デメリットとして、明細に入力する商品の税区分が混在したり、税率が異なると対処できなくなってくる点があります。

MEMO 税区分について

税区分とは、商品価格や費用の額に消費税を含めるか否かを指定する区分です。本アプリケーションでは、外税（税抜）、内税（税込）、非課税の3種類の入力に対応します。

税区分	内容	備考
外税	商品価格や費用の額とは別に消費税を計算するパターン	商品価格100円、税率8％の場合、100円、税8円、税込価格108円といったように表記される
内税	商品価格や費用の額に消費税が含まれているパターン	税率8％で商品表示価格が100円の場合、税抜価格は92円、税金額は8円となる（端数四捨五入の場合）
非課税	商品に対して課税をしないパターン	非課税の取引を明細に加える場合、税率を計算せず、入力された商品価格や費用をそのまま使用する

アプリケーションで扱う税区分

MEMO 消費税総額表示制度

2004年4月に消費税総額表示制度が義務付けられたので、外税による表示方式は禁止されています。値札や広告で商品の価格を表示する場合、内税表記を用いる必要があります。

明細の各行に対して消費税を計算し、合計値を算出する

明細の1行1行に入力された商品価格や金額に、税率を掛ける方法です。この場合、税率は明細の1行1行に持たせます。最終的に、明細の税金額と税込金額を合計します。

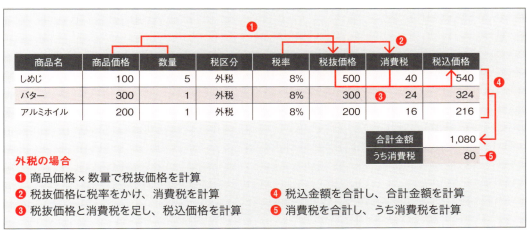

外税のみの場合

商品名	商品価格	数量	税区分	税率	税抜価格	消費税	税込価格
アルミホイル	200	1	内税	8%	185	15	200
しめじ	100	5	外税	8%	500	40	540
特別お値引き	-10	5	非課税	8%	-50	0	-50
バター	300	1	外税	8%	300	24	324

合計金額	1,014
うち消費税	79

内税の場合
❶ 商品価格 × 数量で税込価格を計算
❷ 税込金額を税率で割り、税抜価格を計算
❸ 税込価格から税抜価格を引き、消費税を計算
※合計金額、うち消費税は外税計算の場合と同じ

内税の計算式は、外税の計算と順番が異なる

明細に入力する商品の税区分が混在したり、税率が異なってきても、この計算方式では柔軟な対応が可能です。デメリットは、計算方法が若干複雑になり、アプリケーションの開発も複雑化することです。

1円未満の端数処理

最後に消費税の1円未満の端数処理についての課題です。消費税の計算で生じた端数の処理については、次のものがあります。

端数の処理	内容	例（税抜価格180円、税率8%の場合）	対応する関数
四捨五入	端数を四捨五入する	税金額は14.4円。端数を四捨五入し、税金額は14円。最終的な税込価格は194円	Round
切り上げ	端数を切り上げ計算する	税金額は14.4円。端数を切り上げ、税金額は15円。最終的な税込価格は195円	Ceiling
切り捨て	端数を切り捨て計算する	税金額は14.4円。端数を切り捨て、税金額は14円。最終的な税込価格は194円	Floor

端数の処理例

本書籍のサンプルアプリケーションでは、次の3パターンで実装をします。

- 明細の1行1行で税計算をする
- 端数は四捨五入とする
- 明細の税計算では「外税」「内税」「非課税」の3種類に対応する

✅POINT 消費税の計算方法

消費税の計算方法は、企業や取引先によって異なる可能性があります。開発の前に、自分の会社や取引先がどのような税区分・端数処理で計算されているか、あらかじめ経理担当者に確認しておきましょう。

以上を踏まえた上で、本書では見積明細の税抜金額・消費税・税込金額、見積書の合計金額と内消費税を自動で計算するスクリプトを作成します。

02 フラグ管理とテーブル最適化、画面遷移設計

見積書・請求書の管理機能を追加するために、テーブルの設計や画面遷移の検討をしましょう。

作業の流れ

営業データベースで見積書と請求書を管理するために、必要な情報は何でしょうか。Chapter 7 の 01 で説明した消費税に関する注意点と実装手順をおさらいしながら、実際にテーブルと画面遷移図を書き出してみましょう。ここでは次の順で作業をします。

・見積書・請求書の管理に必要な情報を、テーブルとフィールドに落とし込む
・画面遷移図を作成する

1 円未満の端数処理

まずは見積書と請求書に必要なデータを整理します。

テーブル

情報	内容	データ更新の頻度
見積書	見積書の基本情報を管理する	高
見積書明細	見積書の明細部分に相当するデータを管理する	高
請求書	請求書の基本情報を管理する	高
請求書明細	請求書の明細部分に相当するデータを管理する	高
自社マスタ	見積書・請求書に印字する自社情報を定義する	低

必要なテーブル

フィールド

フィールド名	タイプ	内容	特記事項
シリアルNo	数字	管理上の番号	自動連番、ユニーク
作成日時	タイムスタンプ	レコード登録時のタイムスタンプを保存	自動入力
更新日時	タイムスタンプ	レコード更新時のタイムスタンプを保存	自動入力
案件シリアルNo	数字	―	―
顧客シリアルNo	数字	―	―
見積日	日付	―	―
特記事項	テキスト	―	―
合計金額	数字	―	―
営業担当者シリアルNo	数字	―	―
うち消費税	数字	―	―

見積書

フィールド名	タイプ	内容	特記事項
シリアルNo	数字	管理上の番号	自動連番、ユニーク
作成日時	タイムスタンプ	レコード登録時のタイムスタンプを保存	自動入力
更新日時	タイムスタンプ	レコード更新時のタイムスタンプを保存	自動入力
見積シリアルNo	数字	リレーションキー	―
顧客シリアルNo	数字	―	―
項目	テキスト	―	―
概要	テキスト	―	―
単価	数字	―	―
数量	数字	―	―
単位	テキスト	―	―
税率	数字	―	―
税区分	テキスト	―	―
税抜金額	数字	―	―
消費税	数字	―	―
税込金額	数字	―	―
並び順	数字	―	―

見積書明細

フィールド名	タイプ	内容	特記事項
シリアルNo	数字	管理上の番号	自動連番、ユニーク
作成日時	タイムスタンプ	レコード登録時のタイムスタンプを保存	自動入力
更新日時	タイムスタンプ	レコード更新時のタイムスタンプを保存	自動入力
会社名	テキスト	―	―
郵便番号	テキスト	―	―
住所	テキスト	―	―
TEL	テキスト	―	―
FAX	テキスト	―	―

自社マスタ（レコードを1件のみ登録）

フィールド名	タイプ	内容	特記事項
シリアルNo	数字	管理上の番号	自動連番、ユニーク
作成日時	タイムスタンプ	レコード登録時のタイムスタンプを保存	自動入力
更新日時	タイムスタンプ	レコード更新時のタイムスタンプを保存	自動入力
案件シリアルNo	数字	—	—
顧客シリアルNo	数字	—	—
営業担当者シリアルNo	数字	—	—
請求日	日付	—	—
特記事項	テキスト	—	—
合計金額	数字	—	—
うち消費税	数字	—	—

請求書

フィールド名	タイプ	内容	特記事項
シリアルNo	数字	管理上の番号	自動連番、ユニーク
作成日時	タイムスタンプ	レコード登録時のタイムスタンプを保存	自動入力
更新日時	タイムスタンプ	レコード更新時のタイムスタンプを保存	自動入力
請求シリアルNo	数字	リレーションキー	—
顧客シリアルNo	数字	—	—
項目	テキスト	—	—
概要	テキスト	—	—
単価	数字	—	—
数量	数字	—	—
単位	テキスト	—	—
税率	数字	—	—
税区分	テキスト	—	—
税抜金額	数字	—	—
消費税	数字	—	—
税込金額	数字	—	—
並び順	数字	—	—

請求書明細

　「見積書」は見積書の基本情報を、「見積書明細」は見積書の明細部分のデータを格納します。データの紐付けは、管理上の番号である「見積書シリアル No」を用います。

　また、「見積書」「請求書」両者とも、情報のくくりとしては「案件」に関連付いた情報です。このため、案件と見積書の情報の紐付けと、案件と請求書の紐付けは、管理上の番号である「案件シリアル No」および「顧客シリアル No」を用いることになります。

　次にテーブル設計での注意点を押さえておきましょう。

注意点 1　見積書と請求書は別テーブル

Chapter 2 の 03 の正規化の原則に従い、見積書と請求書は別のテーブルとしています。

見積書の情報と請求書の情報は用途上、データの構造がかなり似たものになります。1つのテーブルに見積書と請求書のデータを一緒に管理すると、開発が簡単になることがあります。例えば、次のようなデータ管理です。

🅐 1つのテーブルに見積書と請求書のレコードを一緒に格納。1つの見積書から、まったく同じデータ体裁の請求書を発行する

🅑 1つのテーブルに見積書と請求書のレコードを一緒に格納。特定のフィールドに格納された値を用いて、見積書のデータか請求書のデータかをシステムが判断する

A の場合、見積書と請求書のテーブルを1つにし、それぞれの情報を格納するフィールドを共通にすることで、開発を単純化します。システム利用者が見積書を作成すると、裏で請求書のデータも作成されることになります。データ入力の二度手間もなく、一見開発者にも利用者にもやさしいシステムに見えます。

シリアル番号	見積日	請求日	顧客名	金額	備考
8001	2016/2/1	2016/3/18	株式会社ABC	¥298,500	
8002	2016/1/15	2016/3/31	XXXYYYZZZ株式会社	¥450,000	

見積書と請求書を1テーブルで管理（A）

B は見積書と請求書のテーブルを1つにするところまでは A と同じです。B の場合はレコードの単位を明確に区切るために、フラグによる出し分けをしています。テーブル内に登録されているレコードが見積書なのか請求書なのか判定する際は、システムが特定のフィールドに格納された値を確認します。

シリアル番号	日付	顧客名	金額	備考	請求書 FLG
10000	2016/2/1	株式会社ABC	¥298,500		
10001	2016/3/18	株式会社ABC	¥298,500		1
10002	2016/3/31	XXXYYYZZZ株式会社	¥450,000		1

```
No. 10000
見積書
2016/2/1
株式会社 ABC 御中
見積合計金額
    298,500 円
```

```
No. 10001
請求書
2016/3/18
株式会社 ABC 御中
請求合計金額
    298,500 円
```

```
No. 10002
請求書
2016/3/31
XXXYYYZZZ 御中
請求合計金額
    450,000 円
```

見積書と請求書を1テーブルで管理（B）

　A、B共通して言えるのは、「テーブルが一緒」ということです。テーブルを1つにまとめると、次のメリットとデメリットがあります。

メリット	デメリット
テーブルとフィールドを共通利用できるため、レイアウトやスクリプト作成時の開発工数を圧縮できる	1つのテーブル内に見積書・請求書データが混在するため、レコード量が増大する
特別なスクリプトを組まなくても、見積書で入力したデータを請求書で再利用できる	1つのデータベーススキーマ変更が、見積書・請求書に影響する
―	正規化の原則に反する（2-3参照）

テーブルをまとめるメリット・デメリット

　開発工数の圧縮やユーザによる入力の手間を簡易化できることを考えると、テーブルを共通化したほうが一見メリットがあるように見えます。ここで、再度 Chapter 3 の 02 で取り上げた「RASIS」を思い出してみてください。テーブルを共通化することによるデメリットは、RASIS の「Serviceability（保守性）」に影響してきます。

　テーブルを共通化することによる、保守性が落ちる要因を考えてみましょう。

データベーススキーマ変更の影響範囲

　テーブルを共通化すると、1つのデータベーススキーマ変更が、見積書・請求書に影響します。
　例えばテーブルを共通化して、共用できるフィールドと共用できないフィールドが存在するテーブルを設計したとします。

フィールド名	共用できるかどうか	理由
見積日	×	見積日と請求日は異なるため
請求日	×	見積日と請求日は異なるため
金額	○	見積書・請求書に記述する合計金額部分は共通化できると言える

共用できる・できないフィールドの一例

この場合、金額フィールドを共用するため、見積書として入力した金額を請求書でもデータを利用できます。データを入力するタイミングは見積書の金額を入力する1度だけです。ユーザの手間も減り、一見良いことずくめに考えられます。

しかし、運用の途中で「請求書の金額フィールドにだけ」仕様を変更する必要が出てきた場合はどうでしょうか。金額フィールドはもともと共通利用する前提だったため、「見積書」と「請求書」で違うデータを格納することは考えていませんでした。この対策を無理矢理データベースに反映するとなると、次のような修正が必要になります。

・テーブルに金額を格納するフィールドを2種類に分ける（見積書金額と請求書金額）
・金額フィールドの計算式を変更し、見積書と請求書で動作を変更する

規模の小さい修正を繰り返すうちに、1つのテーブルに複数の意味を持つデータが混在することになり、何のためにテーブルを共通化したのかがわからなくなってしまいます。

正規化の原則に反する

正規化されたデータは、それぞれのデータが意味を持っています。そして、各データとの関連付けがされた上で構造化されています。データのまとまりを見れば、たとえデータベースに精通していない人でも、「何のデータなのか」がわかるようになっています。

システム開発の都合やUIの見た目のために、これらの構造を曲げてしまうと、データを取り出す際に「データベースの内側の構造を知る者による作業」が必要になってしまいます。また、リレーションやフィールドを1つ追加する際にも、どのデータがどのように関連しているかが「データベースの内側の構造を知る者に」にしかわからないため、簡単には作業できません。ドキュメントの数やメンテナンス作業時の注意点も膨大な数になります。

データの構造は、実務や改善後の業務を主軸に設計されるべきです。アプリケーションの開発効率やUIの見た目のために変更されるべきではありません。テーブルを一緒にすることによるメリットよりもデメリットを重視し、見積書と請求書は別テーブルでの実装をします。

注意点2 印刷時に使用する自社情報のマスタ化

見積書や請求書には、社名や電話番号など自社の情報が不可欠です。これらの自社情報は、自社情報のデータを格納するマスタテーブルで管理します。

自社情報は屋号の変更や、会社の引っ越しで住所や電話番号が変更された際にデータの修正が予想され

ます。マスタ化せずレイアウト上にテキストオブジェクトを配置して、会社名や住所を直接入力した場合は、すべてのレイアウトに対して修正作業が発生してしまいます。

　頻度的に高いとは言えない内容ですが、将来的に変更される可能性のある情報をマスタ化することで、マスタテーブルの1レコードを変更するだけでメンテナンスが済むようになります。

　テーブル設計をするときはこの2点に注意しましょう。

フラグ管理とは

データの状態や種類を簡易的に表現するための手法です。コンピュータはフラグの値を参照し、続く処理や動作を変更します。FileMakerの場合、フラグは主に数字フィールドで代用します。数字フィールドに0か1の値を格納し、各種計算式や条件分岐などで、続く処理を分岐させます。

Bパターンによる実装例の場合は、請求書FLGなるフィールドを用意し、アプリケーション側で「請求書FLGが1の場合はそのデータを請求書として取り扱う。それ以外の場合は、見積書として取り扱う」といった条件分岐による判定をします。

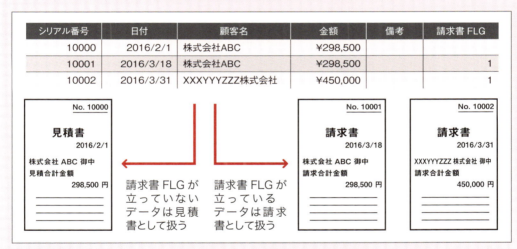

フラグで判定

日常のさまざまな業務をデータで表現するために、さまざまなフラグ管理が行われています。

■例　稟議書

稟議を通すためにそれぞれの上長に確認と判断を仰ぎます。課長や部長の確認印を、データベースでフラグとして扱います。フラグが立っている場合は、課長や部長が確認をしたものとしてデータを取り扱います。

シリアル番号	作成者	起案日	内容	担当承認FLG	課長承認FLG	部長承認FLG
1000	富田	2016/2/1	参加協力金の支出	1		
1001	若林	2016/4/1	パート従業員採用について	1	1	1

稟議書のテーブル例

画面遷移の設計

　見積書と請求書の管理機能を追加する上で、既存システムの画面遷移を見直します。見積書・請求書は案件に紐付くデータです。必要な画面や、画面動線を検討します。

❶ **まずは必要になると思われる画面をすべて書き出す。5W1Hの思考ロジックや、ピラミッドツリーのロジックを用いながら、思いつく限りの画面を書き出す**

- Ⓛ 見積書を一覧で確認する画面
- Ⓜ 見積書を入力する画面
- Ⓝ 見積書の印刷をする画面
- Ⓞ 請求書を一覧で確認する画面
- Ⓟ 請求書を入力する画面
- Ⓠ 請求書の印刷をする画面
- Ⓡ 自社マスタの編集をする画面

❷ **書き出した画面で行う予定の仕事内容や、必要性、疑問などを追記していく**

記号	画面名	仕事内容	必要性・疑問など
L	見積書一覧	作成した見積書を一覧で見渡し、目的の情報へ移動	この画面とは別に、案件詳細で関連する見積の一覧が表示されていると便利
M	見積書(詳細)	作成した見積書の詳細確認と情報の入力	この画面とは別に、案件詳細から関連する見積書の詳細へ画面遷移できると便利
N	見積書印刷	見積書印刷用の画面(A4縦)	印刷用の画面なので、情報の入力はできないようにする
O	請求書一覧	作成した請求書を一覧で見渡し、目的の情報へ移動	この画面とは別に、案件詳細で関連する請求の一覧が表示されていると便利
P	請求書(詳細)	作成した請求書の詳細確認と情報の入力	この画面とは別に、案件詳細から関連する請求書の詳細へ画面遷移できると便利
Q	請求書印刷	請求書印刷用の画面(A4縦)	印刷用の画面なので、情報の入力はできないようにする
R	自社マスタ	見積書や請求書に表示する、自社情報の定義	自社情報が変わっても、ユーザ自身の手で簡単にメンテナンスができるようにする

画面の情報を整理

❸ **システムで実現する業務と、各画面との関係性を検討し、画面に導線を設定する**

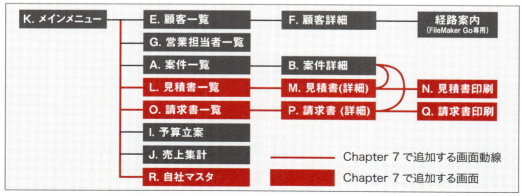

画面遷移図

画面遷移の注意点

画面遷移図の設計で、今回は次のポイントに注意しています。

案件から見積書・請求書へ移動

　見積書・請求書は見積書番号や請求書番号から辿る機会に加えて、「どの案件から発行した見積・請求書か」「この案件でどのような見積・請求書を発行したか」というくくりで情報を特定したい場面が予想されます。このため、案件詳細画面からも見積・請求詳細画面に移動できるように画面遷移を設計しています。

　逆に、見積書・請求書の詳細画面から「どの案件に紐付いているのか」を簡単に確認できるよう、案件詳細画面にも移動できるようにしています。

印刷画面は別ウィンドウ表示

　見積書詳細、請求書詳細画面から印刷物を出力する際に使用する「見積書印刷」「請求書印刷」は、別ウィンドウで表示するようにしています。これは、見積書・請求書を印刷するレイアウトの都合上、帳票画面で別の見積書・請求書へ移動できないように制約を設けるためです。

　別ウィンドウにすることで、次のような特性を持たせます。

- FileMakerのツールバーを非表示にしてレイアウトを移動できないようにする
- スクリプトを活用し、プレビューモードでのみ表示させる
- 印刷の手続きを終了後、自動的にウィンドウを閉じる

　関連し合うデータへの相互移動ができることで、ユーザがより短い手数で目的の情報へたどり着きやすくできます。テーブルオカレンスの適切なグルーピングをしながら、管理上のメンテナンス性も確保し、ユーザの満足度も得られるアプリケーションを目指しましょう。

03 見積書の入力UI作成

既存のFileMakerアプリケーションに対して、実際に改修をしていきましょう。顧客・営業管理システムに見積書の入力UIを実装します。

作業の流れ

消費税計算の概念をひと通り学習して、見積書／請求書の管理に必要なデータ構造と画面遷移の修正案の検討が完了しました。ここでは、顧客・営業管理システムに見積書の入力UIを実装します。各画面の完成イメージは次の通りです。

見積書入力UI

見積書帳票（Chapter 7の04で作成）

見積書は宛先や見積日などの「基本情報」と、商品や単価・個数などの「明細情報」の2つの情報から成り立っています。情報を入力する画面も、なるべく実際に紙やPDFとして出力する帳票画面に近づけて作成します。

テーブルの作成とリレーションの設定

見積書の入力UIを作成するにあたり、必要なテーブルの作成とリレーションの設定をします。

❶ Chapter 5、6で作成したファイルに、Chapter 7の02で整理した通りにテーブルとフィールドを作成する

ファイル名	用途	追加で作成するテーブル
顧客管理システム	UI情報を格納。必要なテーブルオカレンス、リレーション、スクリプトトリガ、レイアウトはすべてこのファイルに集約	ー
顧客管理_データ	頻繁に更新されるデータを格納	見積書、見積書明細
顧客管理_マスタ	あまり頻繁には更新されないデータを格納	自社マスタ

作成するテーブル

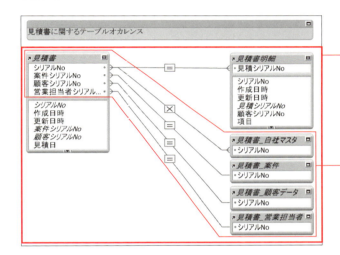

❷ 顧客管理システム.fmp12を開く

❸ [データベースの管理]ダイアログを開き、テーブルオカレンスを追加する

❹ [リレーションシップ]タブを開き、リレーションシップグラフに必要なテーブルオカレンスを配置する

❺ [OK]ボタンをクリックして[データベースの管理]ダイアログを閉じる

テーブルオカレンス名	使用するテーブル	テーブルオカレンス名	使用するテーブル
見積書	顧客管理_データ::見積書	見積書_案件	顧客管理_データ::案件
見積書明細	顧客管理_データ::見積書明細	見積書_顧客データ	顧客管理_データ::顧客データ
見積書_自社マスタ	顧客管理_マスタ::自社マスタ	見積書_営業担当者	顧客管理_マスタ::営業担当者

作成するテーブルオカレンス

MEMO　テーブルオカレンスの表示方法を変える

テーブルオカレンスの右上にあるアイコンをクリックすると、テーブルオカレンスの表示方法を変更できます。アイコンをクリックすると、テーブルオカレンスのリレーションキーのみを表示します。アイコンをクリックすると、テーブルオカレンス名のみを表示します。アイコンをクリックすると、テーブルオカレンスの通常表示に戻ります。

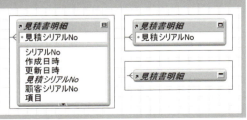

自社マスタ・見積書一覧・内部処理用レイアウトの作成

❶ **顧客管理システム.fmp12ファイルに、レイアウトを作成する。作成するレイアウト名と、関連付けるテーブルオカレンスは次の通り**

レイアウト名	関連付けるテーブルオカレンス	設定する表示形式	備考
自社マスタ	見積書_自社マスタ	フォーム形式	
見積書一覧	見積書	リスト形式	
見積書明細	見積書明細	フォーム形式	内部処理フォルダに格納

作成するレイアウト

❷ **それぞれのレイアウトに右のフィールドを配置する**

レイアウト名	配置するフィールド名
自社マスタ	すべてのフィールド
見積書一覧	シリアルNo、案件シリアルNo、顧客シリアルNo、見積日、合計金額
見積書明細	すべてのフィールド

配置するフィールド

❸ **見積書一覧レイアウトで使用する値一覧を作成する**

作成する値一覧名	値
案件	フィールドの値を使用:「案件::シリアルNo」および「案件::案件名」

作成する値一覧

❹ **自社マスタのレイアウトの体裁を整える**

フィールド	コントロールスタイル	値一覧	フィールド入力	行揃え	データの書式設定
シリアルNo	編集ボックス	—	ブラウズモードでの入力不可	左寄せ	一般
作成日時	編集ボックス	—	ブラウズモードでの入力不可	左寄せ	入力モードそのまま
更新日時	編集ボックス	—	ブラウズモードでの入力不可	左寄せ	入力モードそのまま
会社名	編集ボックス	—	ブラウズモードでの入力可	左寄せ	入力モードそのまま
郵便番号	編集ボックス	—	ブラウズモードでの入力可	左寄せ	入力モードそのまま
住所	編集ボックス	—	ブラウズモードでの入力可	左寄せ	入力モードそのまま
TEL	編集ボックス	—	ブラウズモードでの入力可	左寄せ	入力モードそのまま
FAX	編集ボックス	—	ブラウズモードでの入力可	左寄せ	入力モードそのまま

フィールドの設定

❺ **見積書一覧のレイアウトの体裁を整える**

フィールド	コントロールスタイル	値一覧	フィールド入力	行揃え	データの書式設定
シリアルNo	編集ボックス	—	ブラウズモードでの入力不可	中央寄せ	一般
案件シリアルNo	ポップアップメニュー	案件	ブラウズモードでの入力不可	左寄せ	一般
顧客シリアルNo	ポップアップメニュー	顧客	ブラウズモードでの入力不可	左寄せ	一般
見積日	編集ボックス	—	ブラウズモードでの入力不可	左寄せ	入力モードそのまま
合計金額	編集ボックス	—	ブラウズモードでの入力不可	右寄せ	通貨、3桁区切りを使用

フィールドの設定

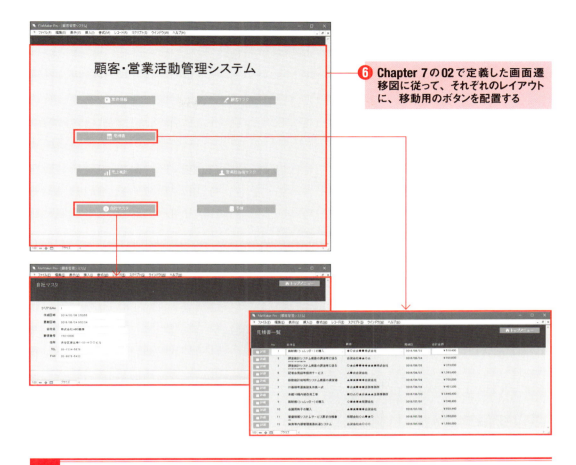

見積書詳細レイアウトの作成

見積書を印刷するための情報を入力する、見積書詳細レイアウトの作成を行います。

❶ 顧客管理システム.fmp12ファイルに、次のレイアウトを新規に作成する

レイアウト名	関連付けるテーブルオカレンス	設定する表示形式
見積書	見積書	フォーム形式

作成するレイアウト

❷ 見積書詳細レイアウトで使用する値一覧を作成する

作成する値一覧名	値
単位	カスタム値*:個,式,時間,日,人月
税区分	カスタム値*:外税,内税,非課税

※カンマ区切りで表記していますが、入力する際は改行区切りで設定します。

作成する値一覧

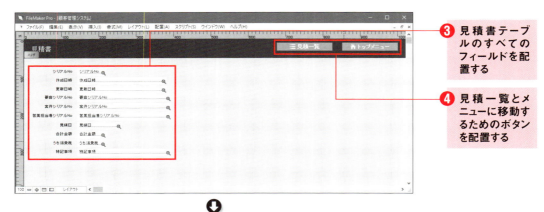

❸ 見積書テーブルのすべてのフィールドを配置する

❹ 見積一覧とメニューに移動するためのボタンを配置する

❺ 見積書明細のポータルをレイアウト上に配置する。追加するポータルオブジェクトの設定情報と、配置するフィールドは次の通り

関連付けるテーブルオカレンス	見積書明細
ソート	昇順:並び順
その他の設定	垂直スクロールバーを表示、最初の行:1、行数:10、アクティブな行状態を使用

ポータル設定

テーブルオカレンス名	フィールド名	テーブルオカレンス名	フィールド名
見積書明細	項目	見積書明細	税率
見積書明細	概要	見積書明細	税抜金額
見積書明細	単価	見積書明細	消費税
見積書明細	数量	見積書明細	税込金額
見積書明細	単位	見積書明細	並び順
見積書明細	税区分		

ポータル内に配置するフィールド

❻ インスペクタで次のようにレイアウトの体裁を整える

フィールド	コントロールスタイル	値一覧	フィールド入力	行揃え	データの書式設定
シリアルNo	編集ボックス	ー	ブラウズモードでの入力不可	左寄せ	一般
作成日時	編集ボックス	ー	ブラウズモードでの入力不可	左寄せ	入力モードそのまま
更新日時	編集ボックス	ー	ブラウズモードでの入力不可	左寄せ	入力モードそのまま
顧客シリアルNo	ポップアップメニュー	顧客名	ブラウズモードでの入力可	左寄せ	一般
案件シリアルNo	ポップアップメニュー	案件名	ブラウズモードでの入力可	左寄せ	一般
営業担当者シリアルNo	ポップアップメニュー	営業担当者	ブラウズモードでの入力可	左寄せ	一般
見積日	ドロップダウンカレンダー	ー	ブラウズモードでの入力可	左寄せ	入力モードそのまま
合計金額	編集ボックス	ー	ブラウズモードでの入力可	右寄せ	一般
うち消費税	編集ボックス	ー	ブラウズモードでの入力可	右寄せ	一般
特記事項	編集ボックス	ー	ブラウズモードでの入力可	左寄せ	入力モードそのまま

テーブルオカレンス：見積書

フィールド	コントロールスタイル	値一覧	フィールド入力	行揃え	データの書式設定
項目	編集ボックス	ー	ブラウズモードでの入力可	左寄せ	入力モードそのまま
概要	編集ボックス	ー	ブラウズモードでの入力可	左寄せ	入力モードそのまま
単価	編集ボックス	ー	ブラウズモードでの入力可	右寄せ	通貨、3桁区切りを使用
数量	編集ボックス	ー	ブラウズモードでの入力可	中央寄せ	一般
単位	ポップアップメニュー	単位	ブラウズモードでの入力可	中央寄せ	入力モードそのまま
税区分	ポップアップメニュー	税区分	ブラウズモードでの入力可	中央寄せ	入力モードそのまま
税率	編集ボックス	ー	ブラウズモードでの入力可	中央寄せ	パーセント
税抜金額	編集ボックス	ー	ブラウズモードでの入力可	右寄せ	通貨、3桁区切りを使用
消費税	編集ボックス	ー	ブラウズモードでの入力可	右寄せ	通貨、3桁区切りを使用
税込金額	編集ボックス	ー	ブラウズモードでの入力可	右寄せ	通貨、3桁区切りを使用
並び順	編集ボックス	ー	ブラウズモードでの入力可	中央寄せ	一般

テーブルオカレンス：見積書明細（ポータル内）

✓ POINT　ユーザフレンドリーなラベルを付ける

フィールドオブジェクトの設定時や、フィールドピッカーからフィールドを配置する際、ラベルをテキストオブジェクトとして配置できます。このラベルは、初期値としてフィールド名が使用されます。
シリアルNoといったリレーションキーとして使用するフィールドは、ユーザがぱっと見たときに判別が難しい名称になりがちです。ユーザにとっては"顧客シリアルNo"と表示されているよりも"顧客名"と表示されていたほうが「何を入力すれば良いのか」がすぐに判断できるでしょう。ユーザがデータを直接入力・変更するフィールドは、ユーザにとってわかりやすいラベルを配置するように心がけましょう。

Chapter 7 見積&請求書管理システムを作る

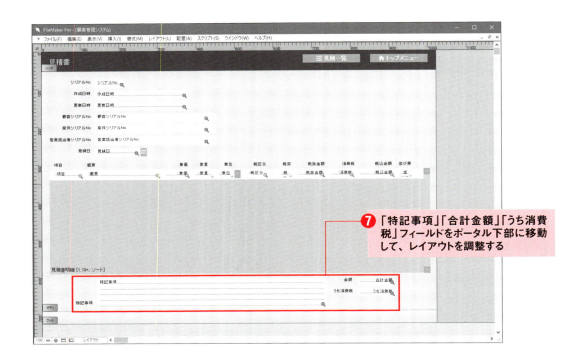

❼ 「特記事項」「合計金額」「うち消費税」フィールドをポータル下部に移動して、レイアウトを調整する

見積明細行を追加・削除するボタンを作成

リレーションシップグラフの設定で［このリレーションシップを使用して、このテーブルのレコードの作成を許可］をチェックすると、ポータル上で直接関連レコードを作成できます。しかし、ここではレコード作成時にいくつかの初期値を設定したいので、このオプションを使用しないで実装をします。

今回はスクリプトを活用して「レコードを作成すると同時に、任意のフィールドに対して計算を行い、結果を転記する仕組み」を実装します。

✓POINT 初期値の自動入力のためにテーブルオカレンスを乱立させない

長期的な機能の改良や保守の面を考慮し、初期値を設定するためだけにフィールドやリレーションシップをいくつも追加することは避けたいところです。テーブルやリレーションシップの汚染を防ぐため、設定したい初期値に外部テーブルの値や情報を含める場合は、「入力値の自動化」を使用せず、スクリプトを使用して同等の機能を実装するように心がけましょう。

まずは見積明細行を1行追加するボタンと、削除するボタンを作成します。

追加ボタンの作成

① 見積書レイアウトを開き、ブラウズモードにする

② [ファイル]→[管理]→[スクリプト]でスクリプトワークスペースを開く

③ 次のスクリプトを新規に作成する。ここではスクリプト名は「見積明細行の追加」にする

```
If [ Get ( ウインドウモード ) ≠ 0 ]
    現在のスクリプト終了 [ テキスト結果: ]
End If
# 見積書の情報からシリアルを取得
変数を設定 [ $clientSerial; 値:見積書::顧客シリアルNo ]
変数を設定 [ $projectSerial; 値:見積書::案件シリアルNo ]
変数を設定 [ $estSerial; 値:見積書::シリアルNo ]
変数を設定 [ $rowSortNumber; 値:( Count ( 見積書明細::シリアルNo ) + 1 ) * 10 ]
# 初期値を設定
変数を設定 [ $num; 値:1 ]
変数を設定 [ $taxType; 値:"外税" ]
変数を設定 [ $taxPercent; 値:.08 ]
# レコードの作成
ウインドウの固定
レイアウト切り替え [ 「見積書明細」(見積書明細) ]
新規レコード/検索条件
フィールド設定 [ 見積書明細::見積シリアルNo; $estSerial ]
フィールド設定 [ 見積書明細::数量; $num ]
フィールド設定 [ 見積書明細::税区分; $taxType ]
フィールド設定 [ 見積書明細::税率; $taxPercent ]
フィールド設定 [ 見積書明細::並び順; $rowSortNumber ]
レイアウト切り替え [ 「見積書」(見積書) ]
```

✓ POINT スクリプトステップ「#」

「#」から始まる文言は「その他」カテゴリにある「コメント」です。コメントはスクリプトの説明やメモを記載する役割です。複雑だったり、長くなったりするスクリプトに使用すると便利です。

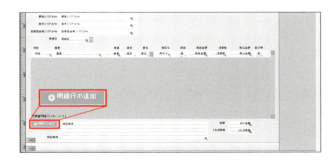

④ レイアウトモードに切り替え、見積書レイアウト上に、ボタンオブジェクトを配置する。ボタン設定内容は次の通り

オブジェクトをクリックしたときの動作	スクリプト実行 [「見積明細行の追加」]
オプション	現在のスクリプト:終了
ボタンラベル	明細行の追加

ボタン設定

削除ボタンの作成

ここでは ☒ の画像をクリックすると、明細行が削除されるようにします。

Chapter 7 見積&請求書管理システムを作る

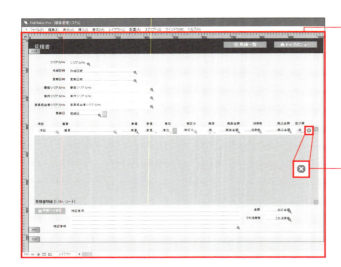

❶ 見積書詳細レイアウトを開き、レイアウトモードに切り替える

❷ メニューより[挿入]→[ピクチャ]をクリックする

❸ [ピクチャを挿入]ダイアログで[削除]ボタンとして表示したい画像ファイルを選択する

❹ レイアウト上に画像が配置されるので、ドラッグ&ドロップで見積書明細の右端に配置する

✓POINT 画像の挿入方法

エクスプローラから直接画像ファイルを FileMaker のレイアウト上にドラッグ&ドロップすることでも画像を挿入することが可能です。

✓POINT ボタン機能はあらゆるオブジェクトに設定可

ボタンオブジェクト以外にも、あらゆるオブジェクトにボタン機能を割りあてられます。例えば、フィールドオブジェクトやテキストオブジェクトにもボタンを割りあてることが可能です。ただし、ユーザビリティの観念から、ユーザが「ボタン」だとわかる画面を設計するように心がけましょう。

❺ 配置した画像を右クリックし、[ボタン設定]をクリックする

❻ 次のボタン設定をする

オブジェクトをクリックしたときの動作	ポータル内の行を削除 [ダイアログあり: オン]
オプション	指定しない

ボタン設定

❼ ブラウズモードに切り替え、次の動作をするか確認する

クリックするボタン	動作	初期値
明細行の追加	見積明細のレコードが1行追加される	数量「1」、税区分「外税」、税率「8%」、並び順が行数に応じて設定される
✕(明細行の削除)	レコード削除の確認ダイアログが表示される。[削除]ボタンをクリックすると1行削除される	―

動作の確認

見積明細行の追加スクリプトの解説

このスクリプト（P.255参照）では見積と見積明細のリレーションを成立させるため、見積テーブルのレコードからリレーションに必要な値を取得し、その値を利用して見積明細にレコードを作成します。また、レコード作成と同時にいくつかのフィールドに初期値を設定します。スクリプト本文中、ポイントを確認していきましょう。

ウィンドウモードの判定

ブラウズモード以外でスクリプトを実行しないように、まずはモードの判定をします。

```
If [ Get ( ウインドウモード ) ≠ 0 ]
    現在のスクリプト終了 [ テキスト結果： ]
End If
```

スクリプト先頭の「If」スクリプトステップで、条件分岐を行います。Get（ウインドウモード）関数では、現在のウィンドウモードを取得します。各ウィンドウモードに対応する返り値は右の通りです。

上記スクリプト中の条件分岐では、ブラウズモード以外の場合は、「現在のスクリプト終了」スクリプトステップを実行してスクリプトを終了させます。

現在のウィンドウモード	返り値
ブラウズ	0
検索	1
プレビュー	2
印刷中	3
レイアウトモード （FileMaker Pro Advancedのみ）	4

返り値

リレーションに必要な値の取得

```
# 見積書の情報からシリアルを取得
変数を設定 [ $clientSerial; 値：見積書::顧客シリアルNo ]
変数を設定 [ $projectSerial; 値：見積書::案件シリアルNo ]
変数を設定 [ $estSerial; 値：見積書::シリアルNo ]
```

上記のスクリプトステップでは、見積書テーブルと見積書明細テーブルのリレーションに必要な値を取得し、それぞれの変数に格納しています。$clientSerialには顧客シリアルNo、$projectSerialには案件シリアルNo、$estSerialには見積書シリアルNoを格納します。各変数名に対応する見積書明細テーブルのフィールドは右の通りです。

変数名	変数の内容を設定するフィールド
clientSerial	顧客シリアルNo
projectSerial	案件シリアルNo
estSerial	見積書シリアルNo

変数に対応するフィールド

見積明細レコード作成時の初期値設定

```
# 初期値を設定
変数を設定 [ $rowSortNumber; 値:( Count ( 見積書明細::シリアルNo ) + 1 ) * 10 ]
変数を設定 [ $num; 値:1 ]
変数を設定 [ $taxType; 値:"外税" ]
変数を設定 [ $taxPercent; 値:.08 ]
```

見積明細にレコードを新規に作成する際に設定する初期値を指定しています。フィールドの「自動値の入力」オプションを使用せずに、スクリプトで同等の機能を実現します。システムの運用中に初期値を変更したくなった場合は、これらの部分を変更します。各変数名に対応する見積書明細テーブルのフィールドは右の通りです。

並び順の初期値となる $rowSortNumber 変数では、Count 関数を使用しています。Count 関数の入力式は次の通りです。

変数名	変数の内容を設定するフィールド
rowSortNumber	並び順
num	数量
taxType	税区分
taxPercent	税率

変数に対応するフィールド

```
Count ( フィールド名 )
```

Count 関数では、指定したフィールドに関連する数を返します。Count 関数に関連フィールドを指定すると、関連レコードの数が返ります。スクリプト本文中の使い方をした場合、見積書に関連する見積明細レコードが1件もない場合は 10 が返ります。関連レコードが増えるにつれて、10、20、30……と 10 刻みで数が増えていきます。

見積明細レコードを作成

```
# レコードの作成
ウインドウの固定
(中略)
レイアウト切り替え [「見積書」(見積書) ]
```

スクリプトの終盤で、見積書明細のレコードを表示する内部処理用のレイアウトに移動し、レコードを新規に作成します。レコード作成後、初期値として変数に格納していた値をそれぞれのフィールドに設定します。

✓ POINT　ウィンドウの制御

「ウインドウの固定」スクリプトステップを使用すると、スクリプトの処理が完了するまでウィンドウの内容を固定します。ウィンドウの内容が固定している間は、レイアウトの移動やスクリプトでの計算結果はユーザには見えません。スクリプトが終了するか、「ウインドウ内容の再表示」スクリプトステップが実行されるまで、ウィンドウの固定が持続します。
また、ウィンドウの描画が都度発生しないため、Loop…End Loop ステップを使用した繰り返し動作の処理速度を上げることもできます。スクリプト中で大量のレコードに対して繰り返し処理を行うときは、処理前にウィンドウの固定ステップを挿入できないかを検討してみましょう。

ウィンドウ固定中はユーザに処理が見えない

入力支援機能の作成

　必要な数量と税区分を入力するだけで、税抜金額や消費税などを計算する機能を作成します。作成する入力支援機能は、次の2つです。

・見積明細の単価、数量、税区分、税率から「税抜金額」「消費税」「税込金額」を計算する機能
・見積明細の消費税、税込金額から、見積書の「合計金額」「うち消費税」を計算する機能

❶ 見積書詳細レイアウトを開き、ブラウズモードにする

❷ [ファイル] → [管理] → [スクリプト] でスクリプトワークスペースを開く

❸ 次のスクリプトを新規に作成する。ここではスクリプト名は「見積明細金額計算」にしている

```
# 初期値を設定
変数を設定 [ $noTax; 値:0 ]
変数を設定 [ $tax; 値:0 ]
変数を設定 [ $includeTax; 値:0 ]
変数を設定 [ $price; 値:見積書明細::数量 * 見積書明細::単価 ]
If [ 見積書明細::税区分 = "外税" ]
    変数を設定 [ $noTax; 値:$price ]
    変数を設定 [ $tax; 値:Round ( $noTax * 見積書明細::税率 ; 0 )]
    変数を設定 [ $includeTax; 値:$noTax + $tax ]
Else If [ 見積書明細::税区分 = "内税" ]
    変数を設定 [ $includeTax; 値:$price ]
    変数を設定 [ $noTax; 値:Round ( $includeTax / ( 1 + 見積書明細::税率 ) ; 0 )]
    変数を設定 [ $tax; 値:$includeTax - $noTax ]
Else If [ 見積書明細::税区分 = "非課税" ]
    変数を設定 [ $noTax; 値:$price ]
    変数を設定 [ $includeTax; 値:$price ]
End If
フィールド設定 [ 見積書明細::税抜金額 ; $noTax ]
フィールド設定 [ 見積書明細::消費税 ; $tax ]
フィールド設定 [ 見積書明細::税込金額 ; $includeTax ]
```

❹ 続けて次のスクリプトを作成する。スクリプト名は「見積明細金額の合計算出」としている

```
レコード/検索条件確定 [ ダイアログあり: オフ ]
フィールド設定 [ 見積書::合計金額 ; Sum ( 見積書明細::税込金額 ) ]
フィールド設定 [ 見積書::うち消費税 ; Sum ( 見積書明細::消費税 ) ]
レコード/検索条件確定 [ ダイアログあり: オフ ]
```

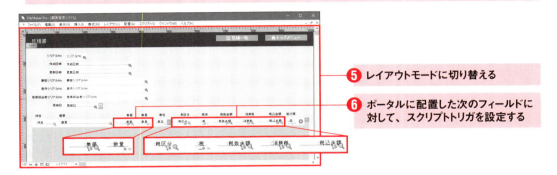

❺ レイアウトモードに切り替える

❻ ポータルに配置した次のフィールドに対して、スクリプトトリガを設定する

フィールド名	イベント	スクリプト名	次で有効
見積書明細::単価	OnObjectModify	見積明細金額計算	ブラウズ
見積書明細::単価	OnObjectExit	見積明細金額の合計算出	ブラウズ
見積書明細::数量	OnObjectModify	見積明細金額計算	ブラウズ
見積書明細::数量	OnObjectExit	見積明細金額の合計算出	ブラウズ
見積書明細::税区分	OnObjectModify	見積明細金額計算	ブラウズ
見積書明細::税区分	OnObjectExit	見積明細金額の合計算出	ブラウズ
見積書明細::税率	OnObjectModify	見積明細金額計算	ブラウズ
見積書明細::税率	OnObjectExit	見積明細金額の合計算出	ブラウズ
見積書明細::税込金額	OnObjectExit	見積明細金額の合計算出	ブラウズ
見積書明細::消費税	OnObjectExit	見積明細金額の合計算出	ブラウズ
見積書明細::税抜金額	OnObjectExit	見積明細金額の合計算出	ブラウズ

スクリプトトリガを設定するフィールド

❼ ブラウズモードに切り替え、動作確認をする。ポータル内の単価、数量、税区分、税率フィールドを変更すると、「税抜金額」「消費税」「税込金額」が自動で計算される。金額に関係するフィールドからフォーカスを外した際、見積書の「合計金額」「うち消費税」も集計され、それぞれのフィールドに格納される

見積明細金額計算スクリプトの解説

このスクリプト（P.259 参照）では見積明細 1 行に入力された各種情報を元に「税抜金額」「消費税」「税込金額」を計算します。計算結果は、それぞれに対応するフィールドに設定します。

消費税計算の元になる数値を取得

```
# 初期値を設定
変数を設定 [ $noTax; 値:0 ]
(中略)
変数を設定 [ $price; 値:見積書明細::数量 * 見積書明細::単価 ]
```

スクリプトの先頭で、変数を宣言します。税抜金額、消費税、税込金額の初期値はすべて 0 としています。それぞれの変数は、最終的に右のフィールドに設定します。

$price 変数は、計算の基準となる金額です。見積書明細に入力された数量と単価を掛けて計算します。

変数名	変数の内容を設定するフィールド
noTax	税抜金額
tax	消費税
includeTax	税込金額

変数に対応するフィールド

税区分に応じた消費税計算

```
If [ 見積書明細::税区分 = "外税" ]
    変数を設定 [ $noTax; 値:$price ]
(中略)
End If
```

見積書明細に入力された税区分を判断して、決められた順番で「税抜金額（$noTax）」「消費税（$tax）」「税込金額（$includeTax）」の計算をします。

税区分が「外税」の場合は、計算基準となる金額を「税抜金額（$noTax）」として扱います。税抜金額と税率から、消費税（$tax）を計算します。消費税の端数を四捨五入するので、計算式では Round 関数を使用します。

MEMO　Round 関数

Round 関数

　　　Round （ 数値 ; 桁数 ）

数値には、四捨五入したい数値を指定します。桁数には、四捨五入する桁数を指定します。桁数に負の数を指定すると、小数点より左側の数値（10の位や100の位など）で四捨五入します。

計算式	結果
Round(3.141592;4)	3.142
Round(541.12;0)	541
Round(12345.678;-1)	12350
Round(498440;-3)	498000

Round 関数のサンプル

税区分が「外税」の場合の消費税（$tax）計算式は、次のようになっています。

```
Round ( $noTax * 見積書明細::税率 ; 0 )
```
外税の計算式

税抜金額（$noTax）が148,000、税率が0.08（8%）だった場合、この計算式は11,840を返すことになります。

最後に、税込金額を計算します。これまでの計算で税抜金額（$noTax）と消費税（$tax）が計算できているので、これらの2つの値を足して税込金額（$includeTax）を求め、計算結果を変数に格納します。

税区分が「内税」の場合は、計算基準となる金額を「税込金額（$includeTax）」として扱います。税込金額と税率から、税抜金額（$noTax）を逆算します。税込金額から税率に1を足した値を割ることで、税抜金額を求めます。端数は四捨五入するので、外税の場合と同様、Round関数を用いて四捨五入を行います。

税込金額（$includeTax）と税抜金額（$noTax）が計算できたら、最後に差を求めて消費税（$tax）を計算し、結果を変数に格納します。

税区分が「非課税」の場合、税に関する計算を行いません。計算基準となる金額を「税抜金額（$noTax）」と「税込金額（$includeTax）」それぞれに対して格納します。

上記をまとめると、次の順番で計算します。

税区分	計算の順番
外税	1. 計算基準となる金額($Price)を「税抜金額($noTax)」に格納 2. 税抜金額($noTax)と税率から消費税を求め、計算結果を「消費税($tax)」に格納 3. 税抜金額($includeTax)と消費税($noTax)を足し、計算結果を「税込金額($includeTax)」に格納
内税	1. 計算基準となる金額($price)を「税込金額($includeTax)」に格納 2. 税込金額($includeTax)と税率から税抜金額を求め、計算結果を「税抜金額($noTax)」に格納 3. 税込金額($includeTax)と税抜金額($noTax)の差から消費税を求め、計算結果を「消費税($tax)」に格納
非課税	1. 計算基準となる金額($price)を「税抜金額($noTax)」と「税込金額($includeTax)」に格納

税区分と計算の順番の比較

税区分に合った計算方式で税抜金額（$noTax）、消費税（$tax）、税込金額（$includeTax）を計算後、結果を見積明細のそれぞれのフィールドに設定します。

消費税計算結果をフィールドへ設定

```
フィールド設定 [ 見積書明細::税抜金額 ; $noTax ]
フィールド設定 [ 見積書明細::消費税 ; $tax ]
フィールド設定 [ 見積書明細::税込金額 ; $includeTax ]
```

スクリプトで計算した「税抜金額（$noTax）」「消費税（$tax）」「税込金額（$includeTax）」を、それぞれ対応するフィールドへ設定します。

見積明細金額の合計算出スクリプトの解説

「見積明細金額の合計算出」スクリプトでは、スクリプトステップ中にポイントはありません。このスクリプトのポイントは、「見積明細金額計算」スクリプトと別にしていることにあります。

このスクリプトを別にする理由は、2点あります。

- 1スクリプトに1処理だけを書く
- ポータルオブジェクトに関する仕様の都合

1スクリプトに1処理だけを書く

1つ目の理由は、「1つのスクリプトには、1つの処理だけを書くべき」というお作法です。スクリプトにはスクリプトステップ数の上限がないため、極論を言えば複雑な処理でも1つのスクリプトだけで実現できます。

ここで、再度 Chapter 3 の 02 で取り上げた RASIS を思い出してみてください。重要になってくるのが、「Serviceability（保守性）」です。1つのスクリプトでいくつもの処理を行う場合、スクリプトは冗長になります。冗長になったスクリプトは、さまざまな理由で保守性に欠けます。

保守性に欠ける理由	考えられる弊害
複雑さを増せば増すほど、スクリプトの開発者にしか内容がわからなくなる	・スクリプトのためのドキュメントが別途必要になる ・開発者がいないと、保守やメンテナンスの引き継ぎ人員の確保が難しい
デバッグが困難になる	・不具合発見の際、原因の切り分けに時間がかかる ・原因を見つけても、処理の関係上、原因の処理を取り除けない可能性がある
細かい処理の再利用ができない	・別場面で処理の一部だけを利用したい場合、別にスクリプトを用意する必要がある ・スクリプトが重複するため、メンテナンス時の障害や、バグの温床となる

冗長なスクリプトで発生するトラブルの例

このため、スクリプトは「見積明細の金額を自動計算して、見積書の合計金額を算出する」という1つのスクリプトに収めるのではなく、「見積明細の金額を自動計算する」「見積書の合計金額を算出する」という2つのスクリプトに分離しています。スクリプトを分離しておくことで、必要な場面で必要な処理だけを実行できます。

> **POINT スクリプトから別のスクリプトを呼び出す**
>
> スクリプトの中で別のスクリプトを呼び出したい場合は、「スクリプト実行」スクリプトステップを使用します。複雑な処理を一度に実行したい場合は、複雑な処理を1つ1つの簡単な処理体系になるように分割し、小さな処理単位でスクリプトを複数個作成します。それらの細かい処理を一度に実行するためのスクリプトを作成して、「スクリプト実行」スクリプトステップでまとめてスクリプトを実行します。

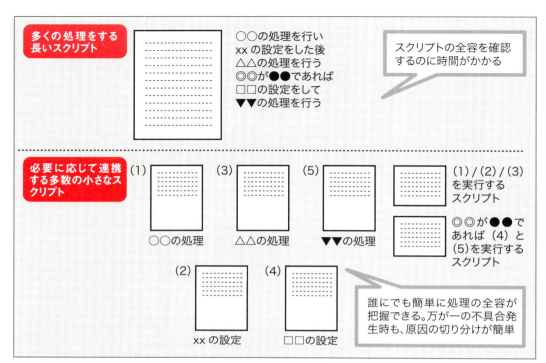

1つの複雑で長いスクリプトと、複数のシンプルで短いスクリプト

ポータルオブジェクトに関する仕様の都合

　2つ目の理由は、FileMakerのポータルオブジェクトに関する仕様の都合です。ポータルオブジェクトに配置されたフィールドは、ポータルからフォーカスが外れるまでレコードの確定がされない特性があります。

　レコードが確定していない場合、入力されている数値がまだFileMakerデータベースに反映されていない状態となります。このため、関連元テーブルから関連先テーブルのレコードの値を計算しようとした際に、計算が正常に動作しなくなってきます。「見積書の合計金額を算出する」スクリプトは、スクリプトが実行される前に見積書明細テーブルのレコードが確定していないと正常に計算を行うことができません。このため、「見積明細の金額を自動計算する」スクリプトと「見積書の合計金額を算出する」スクリプトを別にし、スクリプトトリガを用いてスクリプトを実行するタイミングをずらしています。

　やや複雑な計算を伴うスクリプトですが、1つ1つの処理を小さな単位とし、スクリプト同士を連携させることでメンテナンス性を確保したスクリプトの開発が可能となります。1つのスクリプトを開発していて処理が長くなってきてるなと感じたら、その処理が必要になる場面を考え、処理の分割ができないかを検討してみましょう。

04 見積書帳票の作成、印刷・PDF化

GPSとWebビューアを使用して、Google Mapsで選択した顧客への経路案内機能を実現してみましょう。

帳票のレイアウト

ここで見積書の帳票を実装します。入力者がスムーズに情報を入力・認識できるよう、見積情報を入力する画面と、体裁が同じになるようにデザインを整えます。また、FileMakerに用意されている基本機能だけで、明細行が2ページ以降に渡るような量であっても自動的に改ページが行われるようにレイアウトを作成します。

見積書帳票

帳票レイアウトの作成

❶ 顧客管理システム.fmp12に次のレイアウトを作成する。なお、このレイアウトのテーマは「エンライトンド印刷」に設定する

レイアウト名	見積書印刷
関連付けるテーブルオカレンス	見積書明細
設定する表示形式	リスト形式

レイアウト設定

✅ POINT 「見積明細」テーブルオカレンスを関連付ける理由

見積書詳細レイアウトと異なり、見積書印刷レイアウトでは「見積明細」テーブルオカレンスを関連付けます。これは、帳票レイアウトをリスト形式で表示し、ボディパート部分を明細行として表現することで、見積書の明細行が2ページ以降に渡るような量であっても、自動的に改ページされるようにするためです。

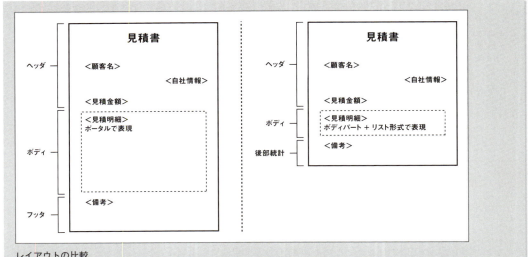

レイアウトの比較

上図は見積TOのレイアウトに見積書明細をポータルで配置した帳票例（上図左）と、見積明細TOレイアウトに明細をボディパート＋リスト形式で表現する帳票例（上図右）です。左の例では、ポータルの行数を超えるような見積明細が登録された場合に、自動的に改ページがされないデメリットがあります。右の例では明細が増えてもボディパートが伸縮し、自動的に改ページがされます。

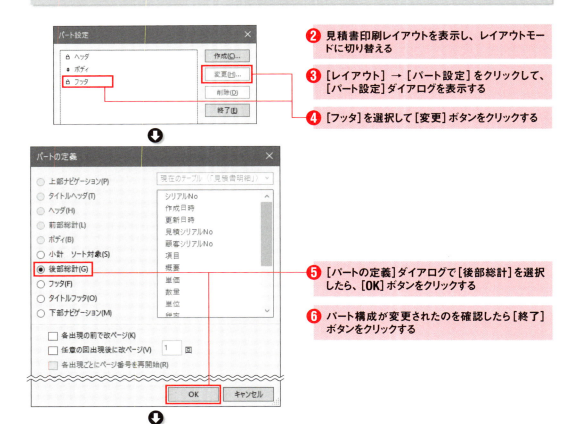

❷ 見積書印刷レイアウトを表示し、レイアウトモードに切り替える

❸ [レイアウト] → [パート設定] をクリックして、[パート設定] ダイアログを表示する

❹ [フッタ] を選択して [変更] ボタンをクリックする

❺ [パートの定義] ダイアログで [後部総計] を選択したら、[OK] ボタンをクリックする

❻ パート構成が変更されたのを確認したら [終了] ボタンをクリックする

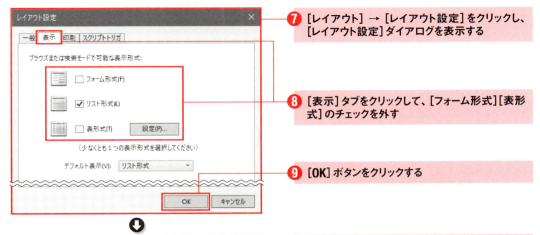

❼ [レイアウト] → [レイアウト設定] をクリックし、[レイアウト設定] ダイアログを表示する

❽ [表示] タブをクリックして、[フォーム形式] [表形式] のチェックを外す

❾ [OK] ボタンをクリックする

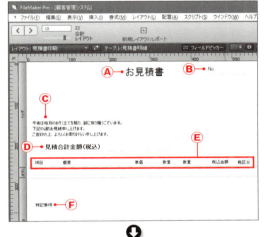

❿ テキストオブジェクトとフィールドを配置し見積書の体裁を整える。まずはヘッダと後部総計に次のテキストオブジェクトを配置する

テキストオブジェクト	配置場所
Ⓐ 見積書の見出し	ヘッダ
Ⓑ 見積書番号のラベル	ヘッダ
Ⓒ 挨拶文	ヘッダ
Ⓓ 見積合計金額	ヘッダ
Ⓔ 明細部分のラベル	ヘッダ
Ⓕ 特記事項	後部総計

テキストオブジェクト設定

⓫ ヘッダ、ボディ、後部総計に次ページのフィールドを配置、設定する。なお、マージフィールドの場合は、[挿入] → [マージフィールド] で配置する

✓ POINT
フィールド内の文字列をテキストとして表示する

テキストオブジェクト内で、<< と >> で囲んでテーブルオカレンスとフィールド名を入力することで、フィールド内の文字列をそのままテキストとして表示することができます(マージフィールド)。フィールドオブジェクトと異なり、マージフィールドはオブジェクトのサイズの制限を受けず、文字列の長さに応じて表示が可変します。このため、美しいデザイン性が求められる対社外帳票などで有効に活用できます。

フィールド	コントロールスタイル	値一覧	フィールド入力	行揃え	データの書式設定
見積書::シリアルNo	編集ボックス	―	ブラウズモードでの入力不可	左寄せ	一般
見積書::見積日	編集ボックス	―	ブラウズモードでの入力不可	右寄せ	2016年12月25日
見積書::合計金額	編集ボックス	―	ブラウズモードでの入力不可	右寄せ	通貨、3桁区切りを使用
見積書_顧客データ::顧客名	マージフィールド	―	―	―	―
見積書_自社マスタ::郵便番号	マージフィールド	―	―	―	―
見積書_自社マスタ::住所	マージフィールド	―	―	―	―
見積書_自社マスタ::会社名	マージフィールド	―	―	―	―
見積書_自社マスタ::TEL	マージフィールド	―	―	―	―
見積書_自社マスタ::FAX	マージフィールド	―	―	―	―
見積書_営業担当者::営業担当者名	マージフィールド	―	―	―	―

ヘッダパート

フィールド	コントロールスタイル	値一覧	フィールド入力	行揃え	データの書式設定
見積書明細::項目	編集ボックス	―	ブラウズモードでの入力不可	左寄せ	入力モードそのまま
見積書明細::概要	編集ボックス	―	ブラウズモードでの入力不可	左寄せ	入力モードそのまま
見積書明細::単価	編集ボックス	―	ブラウズモードでの入力不可	右寄せ	通貨、3桁区切りを使用
見積書明細::数量	編集ボックス	―	ブラウズモードでの入力不可	中央寄せ	一般
見積書明細::単位	編集ボックス	―	ブラウズモードでの入力不可	中央寄せ	入力モードそのまま
見積書明細::税込金額	編集ボックス	―	ブラウズモードでの入力不可	右寄せ	通貨、3桁区切りを使用
見積書明細::税区分	編集ボックス	―	ブラウズモードでの入力不可	中央寄せ	入力モードそのまま

ボディパート

フィールド	コントロールスタイル	値一覧	フィールド入力	行揃え	データの書式設定
見積書::特記事項	編集ボックス	―	ブラウズモードでの入力不可	左寄せ	入力モードそのまま

後部総計パート

❶❷ [挿入]→[グラフィックオブジェクト]で、線や長方形のグラフィックオブジェクトを配置する。長さや大きさを調整し、全体のバランスを整える

MEMO　グラフィックオブジェクトの線の太さなどを調整する

グラフィックオブジェクトの線の太さや色、塗りつぶしを調整するにはインスペクタの[外観]タブ→[グラフィック]から各種設定をします。グラフィックオブジェクトを使用して画面を整える際は、線の太さに強弱をつけてメリハリのあるデザインになるように心がけましょう。

❶❸ ブラウズモードに切り替え、表示を確認する

見積書の印刷

[印刷]ボタンをクリックしたら見積書レイアウトから、見積書を印刷できるようにします。

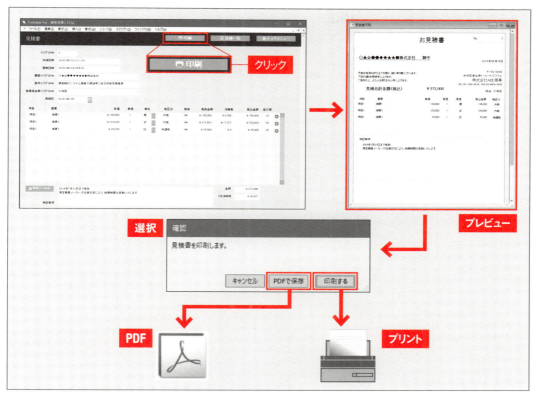

見積書印刷までの流れ

❶ スクリプトを作成する。スクリプトワークスペースを開く

❷ 次のスクリプトを新規に作成する。スクリプト名は「見積書の印刷」にする

```
If [ Get ( ウインドウモード ) ≠ 0 ]
    現在のスクリプト終了 [ テキスト結果: ]
End If
エラー処理 [ オン ]
変数を設定 [ $serial; 値: 見積書::シリアルNo ]
新規ウインドウ [ スタイル: ドキュメント; 名前: "見積書印刷" ]
ツールバーの表示切り替え [ 隠す ]
レイアウト切り替え [ 「見積書印刷」(見積書明細) ]
検索モードに切り替え [ 一時停止: オフ ]
フィールド設定 [ 見積書明細::見積シリアルNo; $serial ]
検索実行 [ ]
```

```
レコードのソート [ 記憶する ; ダイアログあり : オフ ]
スクリプト実行 [ 「印刷設定_A4縦」 ]
プレビューモードに切り替え [ 一時停止 : オフ ]
ウインドウの調整 [ 収まるようにサイズ変更 ]
スクリプト一時停止/続行 [ 制限時間なし ]
カスタムダイアログを表示 [ "確認"; "見積書を印刷します。" ]
If [ Get ( 最終メッセージ選択 ) = 1 ]
    印刷 [ ダイアログあり : オン ]
Else If [ Get ( 最終メッセージ選択 ) = 2 ]
    レコードを PDF として保存 [ ダイアログあり : オン ]
End If
ウインドウを閉じる [ 現在のウインドウ ]
```

MEMO 「印刷設定_A4縦」スクリプト

「印刷設定_A4縦」スクリプトについてはP.273を参照してください。

MEMO スクリプトステップオプション

「カスタムダイアログを表示」のスクリプトステップオプションについては、P.272を参照してください

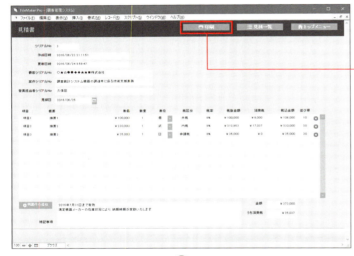

❸ 見積書レイアウト上に、ボタンオブジェクトを配置する。ボタン設定内容は次の通り

ボタンをクリックしたときの動作	スクリプト実行[「見積書の印刷」]
オプション	現在のスクリプト:終了
ボタンラベル	印刷

ボタン設定

❹ ブラウズモードに切り替え、動作を確認する。[印刷]ボタンをクリックすると、新規にウィンドウが開き、見積書の確認画面が表示される

❺ [Enter]キーを押すと、見積書を印刷するか、PDFとして保存するかを選択するダイアログが表示される。ダイアログの[印刷する]ボタンをクリックすると、OS標準の印刷ダイアログを表示する。[PDFで保存]ボタンをクリックすると、PDFファイルを保存する場所を選択するダイアログが表示される。[キャンセル]をボタンをクリックすると、印刷・PDF保存はされない

MEMO レイアウトの移動制限

それぞれの処理完了後、ウィンドウを閉じます。一連の処理中では、レイアウトが移動できないようになっています。

見積書の印刷スクリプトの解説

このスクリプト（P.269〜270 参照）では、レイアウトで表示している見積書レコードを見積書の帳票として印刷を行います。スクリプトを実行すると、別ウィンドウが開いて、印刷内容の確認をします。［Enter］キーを押すと、見積書の内容を印刷するか、PDF ファイルとして保存するか、キャンセルするかのいずれかを指定するダイアログを表示します。

> **MEMO　PDFファイルの作成**
>
> FileMaker Pro では、特別なソフトウェアのインストールなしに PDF ファイルを作成できます。

印刷確認用の新規ウインドウを開く

　　　新規ウインドウ ［ スタイル： ドキュメント； 名前： " 見積書印刷 " ］

「新規ウインドウ」スクリプトステップは、ウィンドウを新規に作成するステップです。アクティブウィンドウに表示されているレイアウトを表示するウィンドウを新しく作成します。「新規ウインドウ」スクリプトステップでは、スクリプトステップオプションとして次の情報を渡すことができます。

オプション	内容
ウインドウ名	ウィンドウの名前を指定する。何も指定しなかった場合は、ファイル名が使用される
高さ	ウィンドウの高さをポイント単位で指定する
横幅	ウィンドウの横幅をポイント単位で指定する
上端からの距離	ウィンドウを表示する位置について、上端からの距離をポイント単位で指定する
左端からの距離	ウィンドウを表示する位置について、左端からの距離をポイント単位で指定する
ウインドウコントロール	ウィンドウのスタイルや、可能／不可能にしたい操作を指定する

新規ウインドウのオプション

✅POINT 新規ウインドウとレイアウト

新規ウインドウが作成される際、アクティブウィンドウに表示されているレイアウトの対象レコードをそのまま引き継ぎます。複数のウィンドウで同じレイアウトを表示させている場合、対象レコードはそれぞれのウィンドウで管理されます。このため、一方のウィンドウで対象レコードが増減しても、ほかのウィンドウの対象レコードには影響しません。レコードの対象範囲を保存しつつ、別の対象範囲でレコードを操作する際に役立ちます。

```
ツールバーの表示切り替え　［　隠す　］
```

「ツールバーの表示切り替え」スクリプトステップでは、ツールバーの表示・非表示を切り替えます。限られた画面サイズに多くの情報を表示したいときや、ツールバーを非表示にしてレイアウトのみを強調表示したい際に用います。

「ツールバーの表示切り替え」ステップで使用できるスクリプトステップオプションは次の通りです。

オプション	内容
表示する	ツールバーを表示する
隠す	ツールバーを非表示にする
表示切り替え	ツールバーの表示/非表示を切り替える
ロック	ツールバーの表示非表示切り替えを、ユーザにはできないようにロックする。ロックしている間は、[表示]→[ステータスツールバー]によるステータスツールバーの表示/非表示切り替えができなくなる。ロックを解除するには、「ツールバーの表示切り替え」スクリプトステップを再度実行する必要がある

スクリプトステップオプション

見積書印刷に使用するレコードの検索

```
レイアウト切り替え　［「見積書印刷」（見積書明細）］
検索モードに切り替え　［　一時停止：　オフ　］
（中略）
レコードのソート　［　記憶する；ダイアログあり：　オフ　］
```

スクリプトの先頭部分で取得した見積書のシリアル No を用いて、見積書明細テーブルのレコードを検索します。検索後、並び順で昇順ソートを行います。

また、見積書印刷レイアウトのボディパートは高さを低くし、リスト形式のみの表示を許可しています。見積書の明細1行1行が見積書明細の1レコード1レコードに相当します。見積書のシリアル No で見積書明細テーブルのレコードを絞り込むことで、見積書を表示する仕組みです。

✅POINT ポータルオブジェクトを用いて帳票レイアウトの明細を作成する場合

見積書の明細をポータルオブジェクトを用いて作成する方法もあります。この手法の場合、空行も表示できるため帳票としての見た目は良いですが、明細行が多く2ページ以降にまたがるような見積書になる場合の印刷について別途開発手法を検討する必要が出てきます。

印刷設定をサブスクリプトとして実行

```
スクリプト実行 [ 「印刷設定_A4縦」 ]
```

印刷設定として用紙の方向やサイズを設定するための処理を、別のスクリプトとして呼び出します（サブスクリプトと言います）。

サブスクリプトとして処理を切り出しておくことで、用紙のサイズや向きを変更したくなった場合は、サブスクリプトだけを修正すれば良いことになります。汎用性の高い処理は細かく切り出して、別のスクリプトにすることで、ほかのスクリプトから処理を呼び出すだけで済みます。さまざまな用紙方向やサイズが混在する仕組みを作成する際は、次のように印刷設定のためのスクリプトを別に切り出すように覚えておきましょう。

```
印刷設定 [ 記憶する ; ダイアログあり: オフ ]
```

「印刷設定_A4縦」スクリプト

印刷内容の確認

```
プレビューモードに切り替え [ 一時停止: オフ ]
ウインドウの調整 [ 収まるようにサイズ変更 ]
スクリプト一時停止/続行 [ 制限時間なし ]
```

印刷内容のプレビューをユーザに確認できるように、プレビューモードに切り替えます。その後、ウインドウのサイズをレイアウトに収まるようにサイズを変更し、スクリプトの一時停止をします。

「ウインドウの調整」スクリプトステップでは、スクリプトステップオプションとして次の情報を渡すことができます。

オプション	内容
収まるようにサイズ変更	ウィンドウのサイズを、レイアウトの表示が収まるようにサイズを自動調整する
最大化	ウィンドウを最大化する
最小化	ウィンドウを最小化する
元に戻す	ウィンドウの表示を元に戻す
隠す	ウィンドウを非表示にする。非表示になったウィンドウは、画面上部の「ウインドウ」メニューより、再度表示させることが可能

ウインドウ調整のオプション

「スクリプトの一時停止/続行」スクリプトステップでは、スクリプトの一時停止を行います。指定できるスクリプトステップオプションは次の通りです。

オプション	内容
制限時間なし	スクリプトを一時停止する。スクリプトが一時停止している間、ユーザはレイアウトに表示されている内容の確認や、一部の操作が可能。ツールバーに表示される[続行]ボタンをクリックするか、[Enter]キーを押すことで再度スクリプトが続行される
間隔	一時停止する間隔を秒単位で指定する。指定した時間が経過後、スクリプトは自動的に続行される

スクリプトの一時停止／続行オプション

印刷／PDF化の確認

```
カスタムダイアログを表示 [ "確認"; "見積書を印刷します。" ]
(中略)
ウインドウを閉じる [ 現在のウインドウ ]
```

プレビュー内容を確認後、[Enter] キーを押すと確認のダイアログを表示します。
「カスタムダイアログを表示」スクリプトステップで設定するフィールドオプションは次の通りです。

オプション	値
タイトル	"確認"
メッセージ	"見積書を印刷します。"
デフォルトボタン	"印刷する"
ボタン2	"PDFで保存"
ボタン3	"キャンセル"

フィールドオプション

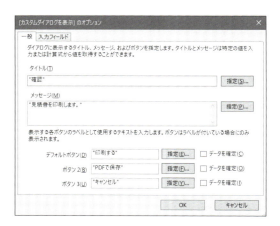

後続の「If…Else If」スクリプトステップで、押されたボタンに対応する処理を切り分けます。

ボタンの種類	ボタンのラベル	実行する処理
デフォルトボタン	印刷する	印刷をして、ウィンドウを閉じる
ボタン2	PDFで保存	PDFで保存をして、ウィンドウを閉じる
ボタン3	キャンセル	印刷・PDF化せず、ウィンドウを閉じる

ボタンに対応する処理

　画面レイアウトの設計方法に正解・不正解はありません。帳票のレイアウトも例外ではなく、要件やデータ構造に従ってさまざまな画面の実現方法が存在します。帳票作成のコツがつかめたら、ポータルオブジェクトや小計パートを使用した帳票の作成にもチャレンジしてみましょう。

05 請求書の入力UI作成

請求書のUIを作成しましょう。見積書と請求書は実際の帳票やテーブルデータの構造から、似たような画面レイアウトにしたほうが好都合です。

見積書データから請求書を作る

　見積書の入力UIと帳票レイアウトの作成を終え、請求書のレイアウト作りに取りかかろうと思っていたところに、見積書と請求書のフォーマットをくれた営業担当者から相談を持ちかけられました。
　「見積書から請求書を1クリックで作成できるようにならない？　ほとんどのお客さんには、見積書とまったく同じ請求書を提出することになる。しかも明細行が増えると、転記する時間がかかるからね。」
　データ入力の二度手間は、避けたいところです。さらに話を聞くと、必ずしも見積書と請求書が同じ金額や明細になるわけではないようです。そこで、「見積書のデータを引き継いで、請求書のデータを作成する」開発手法を採用することにしました。
　手法を調べた結果、まとまった単位のレコードを複製するには「レコードのインポート」スクリプトステップを用いるのが良いという結論になりました。あなたは、さっそく1クリックで見積書から請求書データを作成するスクリプトの設計に取りかかりました。

請求書管理システムの概要

　レイアウトの情報やレコードの情報など、何もかも1から作成するのではなく、既存の資産を活用できる場合は積極的に利用しましょう。
　ここでは見積書に関するレイアウトを元に、請求書の画面ひと通りを実装します。また、見積書から請求書を作成するための入力支援機能を実現します。画面の完成イメージは次の通りです。

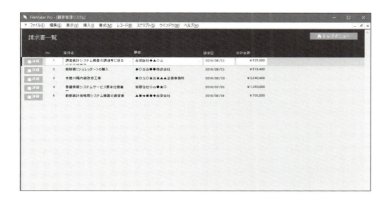

Chapter 7　見積&請求書管理システムを作る

完成イメージ

テーブルの作成、リレーション設定

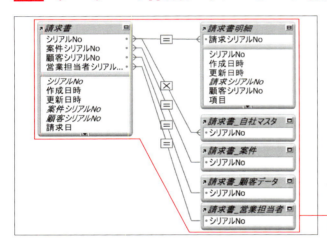

❶ 顧客管理_データ.fmp12 に、Chapter 7 の 02 で整理した通りにテーブルとフィールドを作成する

ファイル名	用途	追加するテーブル
顧客管理_データ	頻繁に更新されるデータを格納	請求書、請求書明細

テーブルとフィールドの設定

❷ 顧客管理システム.fmp12 を開く

❸ [データベースの管理] ダイアログを開く

❹ [リレーションシップ] タブを開き、リレーションシップグラフに必要なテーブルオカレンスを配置する

テーブルオカレンス名	使用するテーブル	テーブルオカレンス名	使用するテーブル
請求書	顧客管理_データ::請求書	請求書_案件	顧客管理_データ::案件
請求書明細	顧客管理_データ::請求書明細	請求書_顧客データ	顧客管理_データ::顧客データ
請求書_自社マスタ	顧客管理_マスタ::自社マスタ	請求書_営業担当者	顧客管理_マスタ::営業担当者

作成するテーブルオカレンス

請求書レイアウトの作成

似たようなレイアウトをいくつも作成する場合は、1からレイアウトを作成するよりも、似たようなレイアウトを複製して修正を行う場合のほうが手順が短くなります。今回作成する「請求書」に関するレイアウトはすべて見積書レイアウトと同等の機能になるため、「見積書」に関係するレイアウトを元に作成します。

❶ **Chapter 7の02で定義した画面遷移図に従って、必要なレイアウトを作成する。作成するレイアウト名と、関連付けるテーブルオカレンスは次の通り。**
このうち、請求書一覧レイアウトは見積書一覧レイアウトを元に、請求書レイアウトは見積書レイアウトを元に、請求書印刷レイアウトは見積書印刷レイアウトを元に作成する

レイアウト名	関連付けるテーブルオカレンス	設定する表示形式	備考
請求書一覧	請求書	リスト形式	―
請求書	請求書	フォーム形式	―
請求書印刷	請求書明細	リスト形式	―
請求書明細	請求書明細	フォーム形式	内部処理用のレイアウト

作成するレイアウト名と関連付けるテーブルオカレンス

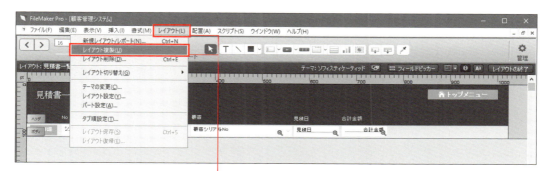

❷ 見積書一覧レイアウトを表示して、レイアウトモードに切り替える

❸ [レイアウト]→[レイアウトの複製]をクリックして、レイアウトを複製する

> **MEMO　レイアウトの複製**
>
> レイアウトの複製では、レイアウトに配置されたオブジェクトや関連付けられたテーブルオカレンスすべての複製を行います。レイアウト名は「(複製前のレイアウト名) コピー」と、末尾に「コピー」が付きます。

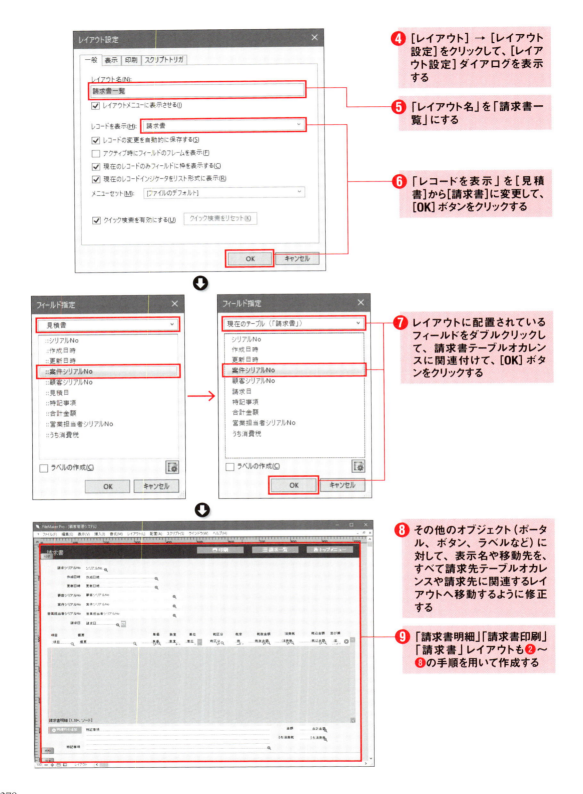

スクリプトの作成

　レイアウト同様、似たような処理を行うスクリプトを作成する場合は、1 からスクリプトを作成するよりも、似たようなスクリプトを複製して修正をした場合のほうが手順が短くなります。「見積書」レイアウトのボタンや、スクリプトトリガとして割りあてたスクリプトを元に、「請求書」レイアウトで使用するスクリプトを作成します。

新規に作成するスクリプト名	複製元のスクリプト名	用途
請求明細行の追加	見積明細行の追加	請求明細の行レコードを1件作成する
請求明細金額計算	見積明細金額計算	請求明細の税抜金額、消費税、税込金額を計算する
請求明細金額の合計算出	見積明細金額の合計算出	請求明細に入力された消費税、税込金額の合計値を計算する
請求書の印刷	見積書の印刷	別ウィンドウで請求書印刷の帳票を表示し、印刷/PDF化の手続きをする

作成するスクリプト

✓ POINT　1つのスクリプトには1つの処理を

既存のスクリプトに条件分岐で機能を追加するのではなく、スクリプトを分離するのがポイントです。「ある条件が○○ならば、見積明細行を追加する。ある条件が××であれば、請求書明細行を追加する」スクリプトよりも、「見積明細行を追加する」スクリプトと「請求明細行を追加する」スクリプトを別にしたほうが保守の面で好都合です。

❶ スクリプトワークスペースで「見積明細行の追加」スクリプトを選択する

❷ 右クリックで表示されるメニューから[複製]をクリックすると「見積明細行の追加コピー」が作成される

❸ 「見積明細行の追加コピー」の名称を「請求明細行の追加」に変更する

❹ スクリプト内部の「変数を設定」「レイアウト切り替え」「フィールド設定」スクリプトステップなどで参照している「見積書」「見積書明細」テーブルオカレンスの情報を、「請求書」「請求明細」に修正する

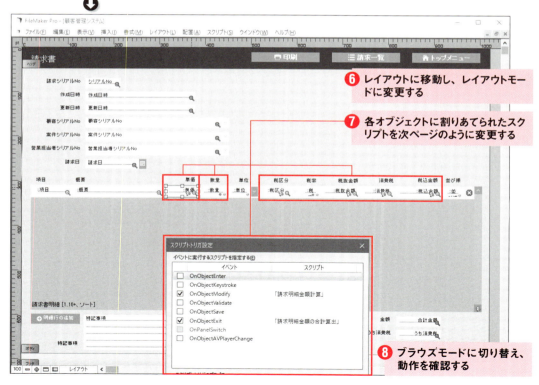

❺ ❶～❹の手順を用いて、「請求明細金額計算」「請求明細金額の合計算出」「請求書の印刷」スクリプトを作成する

❻ レイアウトに移動し、レイアウトモードに変更する

❼ 各オブジェクトに割りあてられたスクリプトを次ページのように変更する

❽ ブラウズモードに切り替え、動作を確認する

オブジェクト	起動するスクリプト
明細行の追加	請求明細行の追加
印刷	請求書の印刷

フィールド名	イベント	スクリプト名	次で有効
請求書明細::単価	OnObjectModify	請求明細金額計算	ブラウズ
請求書明細::単価	OnObjectExit	請求明細金額の合計算出	ブラウズ
請求書明細::数量	OnObjectModify	請求明細金額計算	ブラウズ
請求書明細::数量	OnObjectExit	請求明細金額の合計算出	ブラウズ
請求書明細::税区分	OnObjectModify	請求明細金額計算	ブラウズ
請求書明細::税区分	OnObjectExit	請求明細金額の合計算出	ブラウズ
請求書明細::税率	OnObjectModify	請求明細金額計算	ブラウズ
請求書明細::税率	OnObjectExit	請求明細金額の合計算出	ブラウズ
請求書明細::税抜金額	OnObjectExit	請求明細金額の合計算出	ブラウズ
請求書明細::消費税	OnObjectExit	請求明細金額の合計算出	ブラウズ
請求書明細::税込金額	OnObjectExit	請求明細金額の合計算出	ブラウズ

スクリプトトリガを設定するフィールド

✓ POINT 複製後の注意点

レイアウトやスクリプトを複製して作成した場合は、修正漏れが起きていないか、必ずひと通りの動作を実際に確認しましょう。注意すべき点は次の通りです。

- 画面遷移が正しく行われるか
- ラベルが適正か
- 見えなくなっているフィールドがないか（リレーション外のフィールドを配置した場合、ブラウズモードで<非関連テーブル>と表示されます）
- ボタンやフィールドに割りあてたスクリプトが正常に動作しているか
- 間違ったフィールドを配置していないか

見積書から請求書を作成

　営業担当者が見積書を提出して、顧客がその通りに発注した場合、見積書から請求書が作成できるようにしてみましょう。Chapter 7 の 02 で説明した通り、見積書テーブルに「請求書フラグ」を立てずに、別テーブルに別のデータとして新しくレコードを作成します。レコードの作成には「レコードのインポート」スクリプトステップを使用します。

❶ 顧客管理システム.fmp12ファイルに、スクリプト作業中に表示するレイアウトを作成する

レイアウト名	作業中
関連付けるテーブルオカレンス	UI
設定する表示形式	フォーム形式

レイアウト設定

❷ 作業中の旨の通知をユーザに伝わるイラストを挿入する。ここでは時計のイラストを入れる

❸ イラストと一緒にメッセージが表示されるようにする。[挿入]→[マージ変数]をクリックし、「$message」と記入する

✅POINT　マージ変数

マージ変数とは、スクリプトの変数に格納された値や文字列をレイアウトに表示するための機能です。ここで表示する文言はこの後、設定します。

❹ スクリプトワークスペースを開く

❺ 次のスクリプトを新規に作成する。スクリプト名は「見積書から請求書の作成」にする

```
エラー処理 [ オン ]
If [ Get ( ウインドウモード ) ≠ 0 ]
    現在のスクリプト終了 [ テキスト結果: ]
End If
カスタムダイアログを表示 [ "確認"; "この見積書から請求書を作成します。¶ よろしいですか？" ]
If [ Get ( 最終メッセージ選択 ) = 1 ]
    現在のスクリプト終了 [ テキスト結果: ]
End If
変数を設定 [ $serial; 値:見積書::シリアルNo ]
変数を設定 [ $message; 値:"見積書から請求書を作成しています。¶ しばらくお待ちください…" ]
新規ウインドウ [ スタイル: ドキュメント; 名前: "作業中" ]
レイアウト切り替え [ 「作業中」(UI) ]
ツールバーの表示切り替え [ 隠す ]
ウインドウの調整 [ 収まるようにサイズ変更 ]
ウインドウの固定
# 請求書として作成するレコードの絞り込み
レイアウト切り替え [ 「見積書」(見積書) ]
検索モードに切り替え [ 一時停止: オフ ]
フィールド設定 [ 見積書::シリアルNo; $serial ]
検索実行 [ ]
レイアウト切り替え [ 「見積書明細」(見積書明細) ]
検索モードに切り替え [ 一時停止: オフ ]
フィールド設定 [ 見積書明細::見積シリアルNo; $serial ]
検索実行 [ ]
```

```
# 請求書・請求書明細へインポート
レイアウト切り替え [「請求書」(請求書)]
レコードのインポート [ ダイアログあり: オフ;「顧客管理システム.fmp12」; 追加 ; シフト JIS ]
変数を設定 [ $lastError; 値:Get ( 最終エラー ) ]
If [ $lastError = 0 ]
    変数を設定 [ $billSerial; 値:請求書::シリアルNo ]
    レイアウト切り替え [「請求書明細」(請求書明細)]
    レコードのインポート [ ダイアログあり: オフ;「顧客管理システム.fmp12」; 追加 ; シフト JIS ]
    If [ Get ( 最終エラー ) = 0 ]
        フィールド内容の全置換 [ ダイアログあり: オフ; 請求書明細::請求シリアルNo; $billSerial ]
    End If
Else
    カスタムダイアログを表示 [ "エラー"; "請求書の作成に失敗しました。¶エラー番号: " & $lastError ]
    ウインドウを閉じる [ 現在のウインドウ ]
    現在のスクリプト終了 [ テキスト結果: ]
End If
ウインドウを閉じる [ 現在のウインドウ ]
レイアウト切り替え [「請求書」(請求書)]
検索モードに切り替え [ 一時停止: オフ ]
フィールド設定 [ 請求書::シリアルNo; $billSerial ]
検索実行 [ ]
カスタムダイアログを表示 [ "メッセージ"; "請求書を作成しました。" ]
```

MEMO 「レコードのインポート」スクリプトステップ

「レコードのインポート」スクリプトステップについてはサンプルを参照してください。また、この後の"「レコードのインポート」の手順"で詳しく説明します。操作がわからない場合はこちらを参考にしてください。

❻ 見積書レイアウト上に、ボタンオブジェクトを配置する。ボタン設定内容は次の通り

ボタンをクリックしたときの動作	スクリプト実行 [「見積書から請求書の作成」]
オプション	現在のスクリプト:終了
ボタンラベル	請求書作成

ボタン設定

❼ ブラウズモードに切り替え、動作を確認する

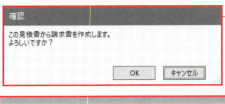

❽ [請求書作成] ボタンをクリックすると、確認のダイアログが表示される

❾ ダイアログの [OK] ボタンをクリックすると、[作業中] ダイアログが表示され、作業中である旨のメッセージが表示される

MEMO レイアウトの移動

ダイアログの [OK] ボタンをクリックすると、請求書詳細レイアウトに移動します。このレイアウトには、見積書から作成した請求書が表示されます。

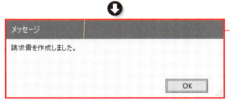

❿ しばらくすると、[作業中] ダイアログが閉じ、作業完了通知の [メッセージ] ダイアログが表示される

「レコードのインポート」の手順

「レコードのインポート」スクリプトステップは、次の手順で設定を行います。

❶ データソース（レコードのインポート元）を指定
❷ フィールドデータのインポート順を指定
❸ インポートオプションを指定
❹ ダイアログの有無を指定

　まず最初に、データソース（レコードのインポート元）を指定します。FileMaker Pro ではレコードのインポート元として、次の4種類のデータソースから選択できます。

・ファイル／フォルダ／XMLデータ／ODBCデータ

　今回は「ファイル」からレコードのインポートをします。

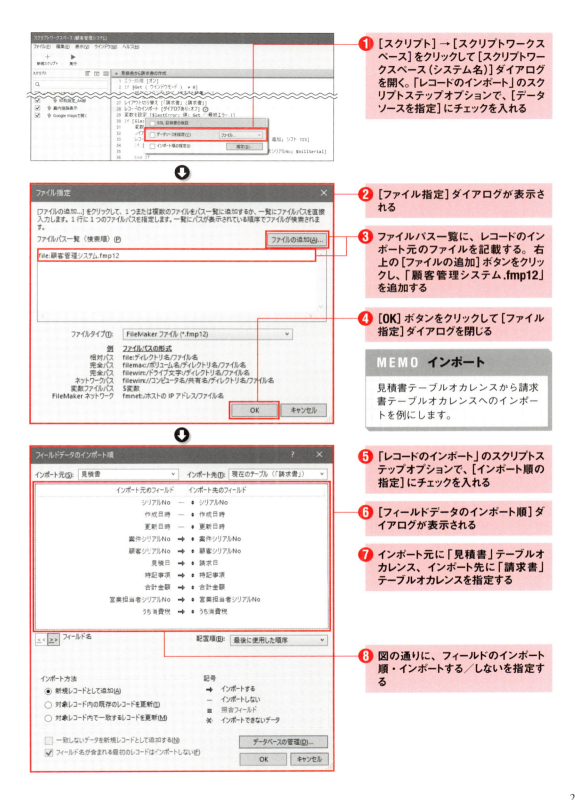

✅POINT インポート順を変更する

フィールドのインポート順を変更したい場合は、インポート先のフィールド一覧に表示されている⬍をドラッグ＆ドロップします。インポート元フィールドとインポート先フィールドの間に表示されているアイコンをクリックして、フィールド間のインポートをするかしないかを指定します。インポートするフィールドを絞り込み、必要なデータのみをインポートしましょう。

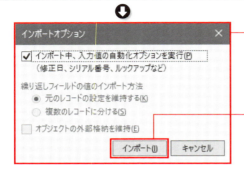

❾ [OK] ボタンをクリックすると、[インポートオプション] ダイアログが表示される。ここでは、[インポート中、入力値の自動化オプションを実行] にチェックを入れる

❿ [インポート] ボタンをクリックし、[インポートオプション] ダイアログを閉じる

⓫ 「レコードのインポート」のスクリプトステップオプションで、[ダイアログなしで実行] にチェックを入れる

MEMO オプションの内容

インポートオプションで指定するオプションの内容は次の通りです。

オプション名	内容
インポート中、入力値の自動化オプションを実行	インポート先テーブルオカレンスに、入力値の自動化オプションが指定されたフィールドが存在する場合、インポートの際に入力値の自動化オプションを実行するか否かを指定する
繰り返しフィールドの値のインポート方法	繰り返しフィールドの値をインポートする方法を指定する

オプション

MEMO [インポートオプション] ダイアログ

インポート先のテーブルオカレンスで自動値の入力や繰り返しのオプションが指定されているフィールドが定義されていない場合は、[インポートオプション] ダイアログは表示されません。

MEMO [レコードのインポート] ダイアログ

「レコードのインポート」スクリプトステップをダイアログなしで実行すると、[レコードのインポート] ダイアログを表示しないでインポートを実行します。レコードのインポート元やインポート順を固定したい場合に有効です。

見積書から請求書の作成スクリプトの解説

このスクリプト（P.282〜283 参照）では、レイアウトで表示している見積書レコードから、請求書のデータを作成します。見積書は「見積書」テーブルと「見積書明細」テーブルの関連レコードからなります。スクリプトを実行すると、レイアウトに表示している見積書レコードと関連する見積書明細レコードを特定し、請求書テーブルと請求書明細テーブルにそれぞれインポートを実行します。インポート後、請求書明細テーブルのシリアル番号を取得し直してリレーションを張り直す動作をします。

作成前の確認

```
カスタムダイアログを表示 [ "確認"; "この見積書から請求書を作成します。¶よろしいですか？" ]
If [ Get ( 最終メッセージ選択 ) = 1 ]
    現在のスクリプト終了 [ テキスト結果： ]
End If
```

ここでは、見積書から請求書を作成する処理の前に、ユーザに確認をします。デフォルトボタンに「キャンセル」を割りあて、確認しないまま［Enter］キーを押した際に処理が中止されるような動作にしています。ユーザの確認を要する処理をダイアログで確認する場合、デフォルトボタンに処理をキャンセルする動作を割りあてておくと、ユーザの誤操作を未然に防ぐことができます。

作業中ウィンドウの表示

```
変数を設定 [ $message； 値："見積書から請求書を作成しています。¶しばらくお待ちください …" ]
（中略）
ウインドウの固定
```

プログラムが作業中である旨をユーザに伝えるための画面を表示します。「作業中」レイアウトには、テキストオブジェクトとしてマージ変数を配置しています。変数にテキストを入れた状態でレイアウトを表示すると、その内容がレイアウト上に反映されます。一時的に使用する注意メッセージを表示する際に有効です。

新しいウィンドウで作業中レイアウトを表示した後で、ウィンドウを固定しています。これは、スクリプト処理のためにレイアウトが切り替わるのをユーザに見せないようにするためです。

✓POINT 「アプリケーションが作業中」を通知する仕組み

処理によってユーザを待たせると想定できる場合は、ユーザにアプリケーションが作業中だと通知する仕組みを作るように心がけましょう。何も通知をせずに時間のかかる処理を始めてしまった場合、ユーザはアプリケーションがフリーズしたのか、作業をしているのかがわかりません。少し複雑な作りになりますが、慣れてきたら作業の進捗を表示する画面にも挑戦してみましょう。

レコードのインポートの準備

```
# 請求書として作成するレコードの絞り込み
レイアウト切り替え [「見積書」(見積書)]
(中略)
検索実行 [ ]
```

レコードのインポートをする準備をします。「レコードのインポート」スクリプトステップでは、レコードのインポート元であるテーブルオカレンスにある現在の対象レコードをインポートします。

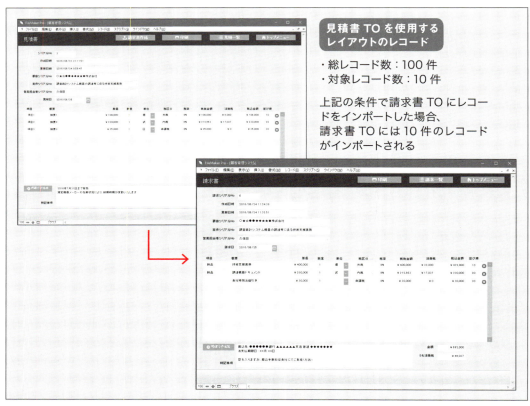

対象レコードのみインポートされる

このため、見積書テーブルオカレンスと見積書明細テーブルオカレンスにおいて、請求書テーブルにインポートしたいレコードのみを対象にするために「見積書::シリアルNo」フィールドの値を用いて検索を行います。

請求書テーブルに見積書テーブルのレコードをインポート

```
レコードのインポート [ ダイアログあり:オフ;「顧客管理システム.fmp12」;追加;シフトJIS ]
変数を設定 [ $lastError; 値:Get ( 最終エラー ) ]
```

請求書テーブルオカレンスに、見積書テーブルオカレンスの対象レコードをインポートします。「レコードのインポート」スクリプトステップについては、この後詳しく説明します。

また、レコードのインポート実行前に「見積書::シリアルNo」で対象レコードを絞り込んでいます。シリアルNoはユニークなので、必ず1件の見積書レコードがインポートされることになります。インポート実行後、インポート処理に成功したかどうかのエラー処理をするので、lastError変数にGet（最終エラー）の値を格納します。

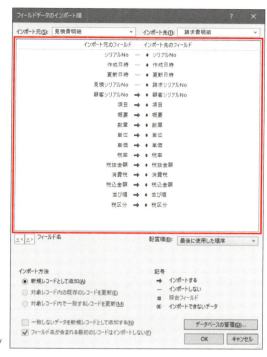

［フィールドデータのインポート順］ダイアログ

請求書明細に見積書明細のレコードをインポート

```
If [ $lastError = 0 ]
（中略）
End If
```

見積書レコードのインポートに成功したかどうかを判定します。最終エラーが0（エラーなし）の場合は、続けて請求書明細のインポートを実行します。

まず、見積書テーブルオカレンスからインポートしたレコードのシリアル番号を取得します（請求書::シリアルNo）。内部処理用のレイアウトに切り替え、続けて請求書明細テーブルに見積書明細テーブルのレコードをインポートします。

インポート実行後、エラー判定をします。正常にインポート処理がされた場合は、「フィールド内容の全置換」スクリプトステップを実行し、請求テーブルと請求書明細テーブルのリレーションが成立するようにシリアル番号を置換します。

なお、最初の見積書テーブルからレコードをインポートする処理で何らかのエラーが発生した場合は、明細テーブルのインポートをせず、エラーメッセージとエラー番号を表示してスクリプトを終了させます。

請求書作成後の処理

```
レイアウト切り替え ［「請求書」（請求書）］
（中略）
カスタムダイアログを表示 ［ " メッセージ " ; " 請求書を作成しました " ］
```

　請求書を作成後、作業用のウィンドウを閉じ、作成した請求書を表示します。作成した請求書を表示するために、全置換で使用した「請求書::シリアルNo」のフィールド値（$billSerial）で検索をします。最後に、カスタムダイアログで処理が終わった旨の通知をします。

　「レコードのインポート」と「フィールド内容の全置換」を適切な場面で実行することで、情報入力の二度手間を軽減することが可能になります。ただし、これらのスクリプトステップには、開発側が意図しないユーザ操作による、事故の危険性も常にはらんでいます。Chapter 3 の 06 の例外処理を思い出しながら、危険な処理が行われないようにレイアウトやスクリプトを設計しましょう。

06 既存システムに対する改修

案件の詳細画面に、関連する見積書と請求書の情報を表示できるように画面を改良しましょう。

複数の関連情報を見るために

最後に案件詳細画面に、関連する見積書と請求書の情報が表示できるように画面を改良します。また、選択した見積書・請求書の詳細画面へ移動できるようにします。

案件詳細／［営業活動の履歴］パネル

案件詳細／［受注情報］パネル

案件詳細／［見積書］パネル

案件詳細／［請求書］パネル

案件詳細レイアウトの改修

現在、案件詳細レイアウトには、主に3つの情報を表示しています。

- 案件の基本情報 - 案件のシリアルNo, 案件名, 顧客, 営業担当者, 案件内容
- 営業活動の履歴（関連テーブル）- 営業日, ランク, 活動内容
- 受注情報（関連テーブル）- 受注日, 読み確度, 受注金額, 支払条件

すでに案件詳細レイアウトは情報を多く表示しており、これ以上の情報を配置すると、スクロールする必要が出てしまいます。利便性が低下するほか、画面内で注目すべき箇所が分散してしまいます。限られた画面スペースで、効率的な情報を配置するには「タブコントロール」の利用を検討しましょう。

タブコントロールとは、複数のタブパネルからなるレイアウトオブジェクトの1つです。パネルの中には、レイアウトと同様、複数のオブジェクトを配置できます。

タブの個数や、タブの名称、タブのサイズは［タブコントロール設定］ダイアログで管理します。タブコントロールを活用することで、限られた画面スペースに複数の情報を効率良く配置することが可能です。利用者は自分に必要な情報を見るときだけ、タブを切り替えて使用します。

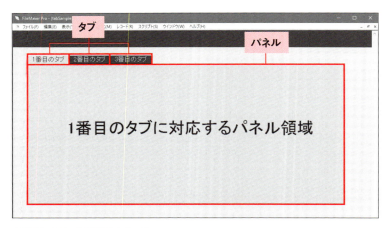

タブコントロールの表示イメージ

タブコントロールの設定

案件詳細レイアウトの画面上に配置する情報の位置を再設計し、タブコントロールを使用できるようにしてみましょう。4つのタブを作成し、営業活動の履歴、受注情報、見積書、請求書をそれぞれのパネルに配置します。

> **☑ POINT**
> **常時表示したい情報はタブの外側に**
>
> 案件の基本情報は常に表示しておきたい情報なので、タブコントロールの外側に配置します。

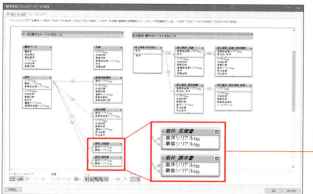

① 顧客管理システム.fmp12を開く

② [データベースの管理] ダイアログを開き、[リレーションシップ]タブでリレーションシップグラフに必要なテーブルオカレンスを配置する

テーブルオカレンス名	使用するテーブル
案件_見積書	顧客管理_データ:見積書
案件_請求書	顧客管理_データ:請求書

テーブルオカレンスの配置

③ 案件詳細レイアウトを表示し、レイアウトモードに切り替える

④ メニューより [挿入] → [タブコントロール] をクリックして [タブコントロール設定] ダイアログを開く

⑤ 「タブ名」に「営業活動の履歴」と入力する

⑥ [作成] ボタンをクリックして、タブを追加する

⑦ ⑤～⑥の手順で [受注情報] [見積書] [請求書] タブも作成したら [OK] ボタンをクリックして、タブコントロールオブジェクトをレイアウト上に追加する

✓ POINT タブの並び順

タブの並び順を変更したい場合は、タブの一覧に表示されている ⇵ をドラッグ＆ドロップします。追加したタブの名称を変更したい場合は、タブを選択後、タブ名を変更して [名前変更] ボタンをクリックします。タブを削除したい場合は、タブを選択して [削除] ボタンをクリックします。

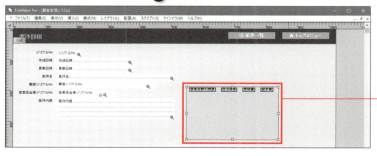

⑧ ほかのオブジェクト同様、マウスのドラッグ＆ドロップ操作でサイズを調整する

ポータルの再配置

タブコントロールのパネルには、レイアウトと同様、フィールドやポータル、Webビューアオブジェクトを配置できます。案件詳細レイアウトに配置されていた既存のポータルオブジェクトをパネル上に再配置しましょう。

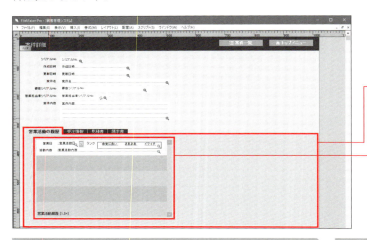

❶ 案件詳細レイアウトを開き、レイアウトモードに切り替える

❷ [営業活動の履歴]タブをクリックして、[営業活動の履歴]パネルを最前面に表示させる

❸ Chapter 5の03で作成した、営業活動の履歴に関するポータルオブジェクト一式をドラッグして選択する。[営業活動の履歴]パネル内に収まるように移動する

> **MEMO 作例のレイアウト**
>
> 作例では、受注情報のポータルを一時的にずらして、タブコントロールを下部に配置。営業活動の履歴に関するポータルオブジェクト一式を、[営業活動の履歴]パネルに移動しました。見出し「営業活動の履歴」「受注情報」はタブのラベルで判別できるようになるため、削除しています。

> **MEMO オブジェクトがパネル内に収まらない場合**
>
> パネル内に収まらない場合は、ポータルオブジェクトのサイズや、タブコントロールのサイズを調整します。

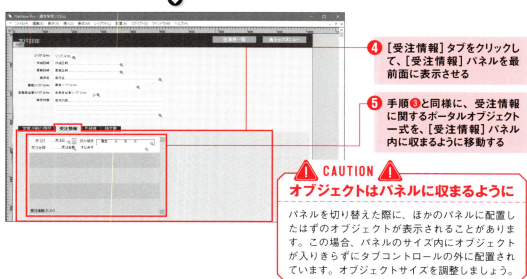

❹ [受注情報]タブをクリックして、[受注情報]パネルを最前面に表示させる

❺ 手順❸と同様に、受注情報に関するポータルオブジェクト一式を、[受注情報]パネル内に収まるように移動する

> **⚠ CAUTION ⚠ オブジェクトはパネルに収まるように**
>
> パネルを切り替えた際に、ほかのパネルに配置したはずのオブジェクトが表示されることがあります。この場合、パネルのサイズ内にオブジェクトが入りきらずにタブコントロールの外に配置されています。オブジェクトサイズを調整しましょう。

見積書・請求書ポータルの作成

タブコントロールに見積書と請求書のポータルをそれぞれ配置します。

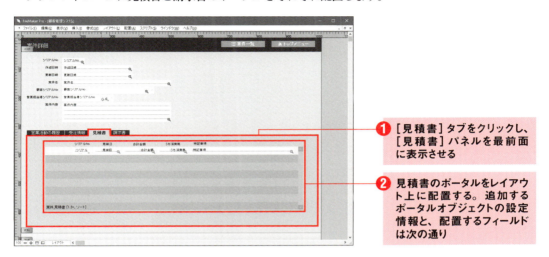

❶ [見積書] タブをクリックし、[見積書] パネルを最前面に表示させる

❷ 見積書のポータルをレイアウト上に配置する。追加するポータルオブジェクトの設定情報と、配置するフィールドは次の通り

関連付けるテーブルオカレンス	案件_見積書
ソート	降順:見積日
その他の設定	垂直スクロールを許可、最初の行:1、行数:8、代替の行状態を使用、アクティブな行状態を使用

ポータル設定

テーブルオカレンス名	フィールド名
案件_見積書	シリアルNo
案件_見積書	見積日
案件_見積書	合計金額
案件_見積書	うち消費税
案件_見積書	特記事項

ポータル内に配置するフィールド

❸ [請求書] タブをクリックして、[請求書] パネルを最前面に表示させる

❹ 請求書のポータルをレイアウト上に配置する。追加するポータルオブジェクトの設定情報と、配置するフィールドは次の通り

関連付けるテーブルオカレンス	案件_請求書
ソート	降順:請求日
その他の設定	垂直スクロールを許可、最初の行:1、行数:8、代替の行状態を使用、アクティブな行状態を使用

ポータル設定

テーブルオカレンス名	フィールド名
案件_請求書	シリアルNo
案件_請求書	請求日
案件_請求書	合計金額
案件_請求書	うち消費税
案件_請求書	特記事項

ポータル内に配置するフィールド

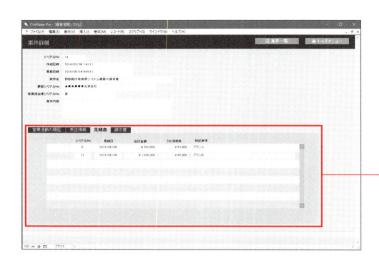

❺ インスペクタを使用し、下表の通りスタイルを調整する

❻ ブラウズモードに切り替え、動作を確認する。タブの名称部分をクリックすると、パネルが切り替わる

フィールド	コントロールスタイル	値一覧	フィールド入力	行揃え	データの書式設定
見積シリアルNo	編集ボックス	―	ブラウズモードでの入力不可	中央寄せ	一般
見積日	編集ボックス	―	ブラウズモードでの入力不可	中央寄せ	入力モードそのまま
合計金額	編集ボックス	―	ブラウズモードでの入力不可	右寄せ	通貨、3桁区切りを使用
うち消費税	編集ボックス	―	ブラウズモードでの入力不可	右寄せ	通貨、3桁区切りを使用
特記事項	編集ボックス	―	ブラウズモードでの入力不可	左寄せ	入力モードそのまま

［見積書］パネル

フィールド	コントロールスタイル	値一覧	フィールド入力	行揃え	データの書式設定
請求シリアルNo	編集ボックス	―	ブラウズモードでの入力不可	中央寄せ	一般
請求日	編集ボックス	―	ブラウズモードでの入力不可	中央寄せ	入力モードそのまま
合計金額	編集ボックス	―	ブラウズモードでの入力不可	右寄せ	通貨、3桁区切りを使用
うち消費税	編集ボックス	―	ブラウズモードでの入力不可	右寄せ	通貨、3桁区切りを使用
特記事項	編集ボックス	―	ブラウズモードでの入力不可	左寄せ	入力モードそのまま

［請求書］パネル

MEMO スライドコントロール

類似の機能でタブコントロールをiOS向けのUIに特化させたものとして「スライドコントロール」があります。スライドコントロールは、タブと同様、複数のパネルで構成されています。パネルの下にパネルを切り替えるためのドットが表示され、ドットをクリックしてパネルを切り替えます。FileMaker Goでは、スワイプでパネルを切り替えることが可能です。タブコントロールに比べてタブがないぶん、UIをすっきりさせられます。反面、パネルに配置している情報の名称をタブに表示できないため、使用する際はユーザビリティの低下を招かないよう注意する必要があります。

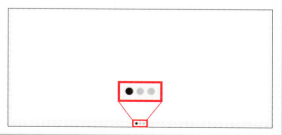

スライドコントロール

案件からの見積書・請求書作成

案件詳細のレイアウトから、見積書・請求書が作成できるようにスクリプトとボタンを作成します。

❶ スクリプトワークスペースを開く

❷ 見積書を作るためのスクリプトを新規に作成する。スクリプト名は「見積書の作成」としている

```
エラー処理 [ オン ]
If [ Get ( ウインドウモード ) ≠ 0 ]
    現在のスクリプト終了 [ テキスト結果: ]
End If
If [ IsEmpty ( 案件::顧客シリアルNo ) ]
    カスタムダイアログを表示 [ "確認"; "案件に顧客情報を設定してください。" ]
    現在のスクリプト終了 [ テキスト結果: ]
End If
カスタムダイアログを表示 [ "確認"; "見積書を作成します。¶よろしいですか?" ]
If [ Get ( 最終メッセージ選択 ) = 1 ]
    現在のスクリプト終了 [ テキスト結果: ]
End If
変数を設定 [ $prjSerial; 値:案件::シリアルNo ]
変数を設定 [ $clientSerial; 値:案件::顧客シリアルNo ]
変数を設定 [ $salesSerial; 値:案件::営業担当者シリアルNo ]
レイアウト切り替え [ 「見積書」(見積書) ]
新規レコード/検索条件
フィールド設定 [ 見積書::案件シリアルNo; $prjSerial ]
フィールド設定 [ 見積書::顧客シリアルNo; $clientSerial ]
フィールド設定 [ 見積書::営業担当者シリアルNo; $salesSerial ]
フィールド設定 [ 見積書::見積日; Get ( 日付 ) ]
レコード/検索条件確定 [ ダイアログあり:オフ ]
```

❸ 手順❷で作ったスクリプトをコピーして「請求書の作成」という名前に変更する

❹ スクリプト内の見積書・見積日を使用している部分を請求書・請求日に変更する

❺ 案件詳細レイアウトの対応するパネル上に、ボタンオブジェクトを配置して、次ページの上表のように設定する

❻ ブラウズモードに切り替え、動作を確認する。[見積書の作成]または[請求書の作成]ボタンをクリックすると見積書/請求書レコードを作成するかどうかの[確認]ダイアログが表示される

ボタンをクリックしたときの動作	スクリプト実行 [「見積書の作成」]
オプション	現在のスクリプト:終了
ボタンラベル	見積書の作成

［見積書］パネル

ボタンをクリックしたときの動作	スクリプト実行 [「請求書の作成」]
オプション	現在のスクリプト:終了
ボタンラベル	請求書の作成

［請求書］パネル

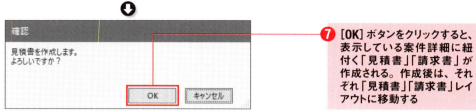

❼ [OK]ボタンをクリックすると、表示している案件詳細に紐付く「見積書」「請求書」が作成される。作成後は、それぞれ「見積書」「請求書」レイアウトに移動する

見積書の作成スクリプトの解説

このスクリプト（P.297参照）では、案件レコードに入力されている「シリアルNo」「顧客シリアルNo」「営業担当者シリアルNo」を元に、見積書を作成します。

案件に顧客シリアルNoがない場合は、作成処理を中止

案件テーブルオカレンスと見積書テーブルオカレンスは、次のようなリレーショナルシップを設定しています。

案件テーブル	条件	見積書テーブル
シリアルNo	=	案件シリアルNo
顧客シリアルNo	=	顧客シリアルNo

リレーションシップ条件

案件テーブルのシリアルNoは自動採番をしているため、意図的に値が消されない限りは空欄になることはありません。顧客シリアルNoは案件レコードを作成してからユーザが任意に入力するため、「案件に顧客情報を入力しないまま、見積書を作成する」可能性があります。この動作を防ぐため、スクリプト中に「顧客シリアルNoが入力されていない場合は、処理を中止する」構文を記述します。

```
If [ IsEmpty ( 案件::顧客シリアルNo ) ]
  (中略)
End If
```

「If…End If」スクリプトステップで、条件分岐を行います。「If」スクリプトステップの計算式で用いられているIsEmptyは、値が空欄かどうかを確認する関数です。

「If」スクリプトステップの計算式はIsEmpty (案件::顧客シリアルNo)となっています。案件テーブルの顧客シリアルNoが空欄の場合、「If…End If」スクリプトステップのブロック内のスクリプトを実行します。ブロック内は確認のダイアログを表示し、スクリプトを中止するようになっています。

> **MEMO　Round関数**
>
> Round関数
>
> ```
> IsEmpty（フィールド名）
> ```
>
> IsEmpty関数では、指定したフィールドが空欄の場合、関連フィールド、関連テーブル、リレーションシップエラーが生じた場合は1を返します。それ以外の場合は0を返します。

案件レコードの情報を取得し、変数に保存

```
変数を設定 [ $prjSerial; 値：案件::シリアルNo ]
変数を設定 [ $clientSerial; 値：案件::顧客シリアルNo ]
変数を設定 [ $salesSerial; 値：案件::営業担当者シリアルNo ]
```

変数を宣言します。それぞれの変数は、最終的に次のフィールドに設定します。

変数名	変数の内容を設定するフィールド
prjSerial	案件シリアルNo
clientSerial	顧客シリアルNo
salesSerial	営業担当者シリアルNo

変数とフィールド

レコード作成

```
レイアウト切り替え [「見積書」（見積書）]
（中略）
レコード/検索条件確定 [ ダイアログあり：オフ ]
```

　見積書詳細レイアウトに移動し、変数に保存した情報を使用してレコードを作成します。見積書の「案件シリアルNo」「顧客シリアルNo」「営業担当者シリアルNo」には、変数に保存した値を使用します。見積日は、現在の日付を入力するようにGet（日付）関数を使用します。フィールド設定後、レコードを確定します。
　なお、「請求書の作成」スクリプトは、対象テーブルが請求書の点以外は基本的に「見積書の作成」スクリプトと同じ処理を行います。

　タブオブジェクトを用いることで、限られた画面領域に効率良く関連するデータを簡単に配置することができるようになります。タブオブジェクトの外側に配置する情報、タブオブジェクトの内側に配置する情報の優先度や動線を検討し、ユーザがストレスを感じない画面レイアウトを設計しましょう。

案件から見積書・請求書へ移動

案件詳細のタブパネルに配置された見積書・請求書ポータルから、見積書・請求書に移動できるようにボタンを作成します。

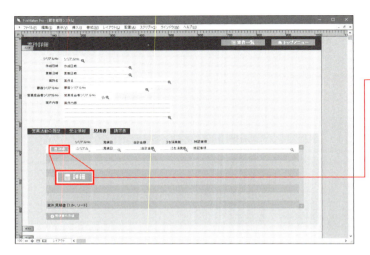

❶ 見積書ポータルの内に、ボタンオブジェクトを配置する。ボタン設定内容は次の通り

ボタンをクリックしたときの動作	関連レコードへ移動 [関連レコードのみを表示;テーブル:「案件_見積書」;使用するレイアウト:「見積書」(見積書)]
オプション	現在のスクリプト:終了
ボタンラベル	詳細

ボタン設定

❷ 同様にして、請求書ポータル内に、右のボタンオブジェクトを作成する

ボタンをクリックしたときの動作	関連レコードへ移動 [関連レコードのみを表示;テーブル:「案件_請求書」;使用するレイアウト:「請求書」(請求書)]
オプション	現在のスクリプト:終了
ボタンラベル	詳細

ボタン設定

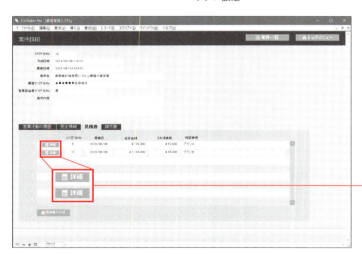

❸ ブラウズモードに切り替え、動作を確認する。見積書ポータルの[詳細]ボタンをクリックすると、見積書詳細レイアウトに移動する。請求書ポータルの[詳細]ボタンをクリックすると、請求書詳細レイアウトに移動する

❹ ❷の要領で、見積書詳細レイアウトと請求書詳細レイアウトに案件詳細レイアウトに移動するためのボタンを配置する

「関連レコードへ移動」ステップを有効に活用することで、テーブルオカレンスグループをまたいだレコードの移動が実現できます。テーブルオカレンスをいくつもつなげるのではなく、データの用途ごとに分類をして、常に美しいデータ構造とリレーショナルシップグラフを維持するように心がけましょう。

index

数字・アルファベット

5W1H	025
ABC評価	138
FileMaker Pro	016, 058
FileMaker Pro Advanced	016
FileMaker Server	016, 088
FileMaker ProとServerの違い	092
FileMakerのイベント	075
FileMakerの画面構成	062, 065
FileMaker Go	016
FileMaker Goの使い方	201
FileMaker Goで開く	202
FileMaker GoとProの違い	211
FileMaker Goの画面構成	205
FileMaker Goの機能	196
FileMakerホスト	202
fmpプロトコル	228
GetAsURLEncoded関数	225
GetValue関数	224
Google Maps	130, 221
Google Maps Embed API	133
GPS座標	219
HTML生成	231
If/Else/End If	127
iOSアプリケーションとの連携	229
iOSデバイス	192
iOSヒューマンインターフェイスガイドライン	196
iPhone/iPad	195
iTunesで転送	204
JavaScript	132
KJ法	035
Let関数	224
LocationValues関数	219, 224
Location関数	219
MECE	026
ODBC/JDBC	087, 089
PHP	089
RASIS	038, 072
Round関数	261
Starter Solution	058
SVG埋め込み	231
UIの改良	157
URLエンコード	225
URLスキーム	227
WebDirect	088
Webビューア	063, 130
Webビューアの設定	133
Webビューアの注意点	226
Webビューアの追加	131
Webビューアの計算式	224

あ

アジャイルモデル	030
値一覧	162
アニメーションGIF埋め込み	232
暗号化	093
イベント	074
インスペクタ	158
ウォーターフォールモデル	029
内税	237
営業活動管理システム	136
オブジェクト	063

か

開発フロー	029
拡張子	104

カスタムWeb公開	089
画面遷移	081, 143, 246
画面遷移図	145, 246
キーとなるフィールド	069
起動センター	058
業務分析	044
グラフ	063, 182
グラフィックオブジェクト	063
グローバルフィールド	056
計算フィールド	054
権限情報	076
検索の種類	107
工数の算出法	033
合理化	022
効率化	021, 022
互換性	104
顧客管理システム	096
コントロールスタイル	161

さ

削除ボタン	255
識別子	053
思考ツール	025, 027
システムのライフタイム	033
システム実装	029, 032
実績	138
自動サイズ調整機能	198
集計機能	171
集計フィールド	055
定規	196
消費税の計算	236
省力化	022
スクリプト	071, 123
スクリプトステップオプション	125
スクリプトトリガ	055, 071, 128

スクリプト名の編集	125
スライドコントロール	063, 296
正規化	051, 053, 244
請求書管理	234, 242, 275
税率	235
外税	237

た

タイムスタンプ	111
タブコントロール	063, 292
単一テーブル	099
帳票レイアウト	265
追加ボタン	255
データ	048
データURLスキーム	134
データ整理	029, 032
データ連携	020
テーブル	062
テーブルオカレンス	071
テーブルの分離	118
テストケース	033
ドロップダウンカレンダー	167

な

ネットワーク共有	087, 090

は

端数処理	238
バックアップ	094
ヒアリング	029, 031
非課税	237
表記ゆれ	102
表示形式	104
表示モード	104
ピラミッドストラクチャ	027

ファイル共有	087		

ファイル共有 …… 087
ファイルサイズ …… 078
ファイルの転送 …… 203
ファイルの分離 …… 076, 118
ファンクションポイント法 …… 033
フィールドオブジェクト …… 063
フィールドの配置 …… 122
フィールドの初期値設定 …… 109
フィールドの追加 …… 108
フィールドピッカー …… 109, 122
フォーカス …… 106
ブラウズモード …… 065, 105
フラグ管理 …… 245
ブレインストーミング …… 034
分析 …… 029, 031
ポータル …… 063
ポータルの再配置 …… 294
ポータルの配置 …… 153
ボタン …… 063
ポップオーバーボタン …… 063

ま

マージフィールド …… 267
マージ変数 …… 282
マスク付き編集ボックス …… 162
マニュアル …… 134
マルチバイト文字 …… 225
見積書管理 …… 234, 242
メディアファイル …… 213
文字コード …… 104
モバイル関数 …… 219

や

要件定義 …… 029, 032
予算 …… 137

ら

ライセンス代 …… 018
リード管理 …… 138
リリースサイクル …… 033
リレーション …… 066
レイアウト …… 062
レイアウトの改修 …… 292
レイアウトの作成 …… 119, 150
レイアウトのテーマ …… 083, 121
レイアウトパート …… 064
レイアウトモード …… 064, 065, 105
例外処理 …… 084
[レコードのインポート]スクリプトステップ …… 284
ロジックツリー …… 025

著者プロフィール

富田宏昭（とみだ・ひろあき）

1987年生まれ。株式会社キクミミ所属。FileMakerとオープンソースデータベース、シェルスクリプトなどを活用したWebアプリ開発に従事。一方で、個人的にオープンソースソフトウェアやFileMakerの記事執筆活動に携わる。
好きなツールはzsh、vim、mawk。趣味は横乗り系スポーツ、美術館めぐり、高速ジャンクション鑑賞。
FileMaker Japan Excellence Award 2011 PR Driver of the Year。

- 連載『FileMaker×PHPで作る、簡単・便利なWebアプリ』全116回（マイナビ）
  URL http://news.mynavi.jp/column/fmxphp/index.html

装丁・本文デザイン	FANTAGRAPH
人形作成	朝隈俊男
人形撮影	ディス・ワン　清水タケシ
背景写真	株式会社アフロ
編集	渡辺陽子
DTP	BUCH$^+$

小さな会社のFileMaker（ファイルメーカー）データベース作成・運用ガイド Pro 15/14対応

2016年9月8日　初版第1刷発行

著者　富田宏昭（とみだ・ひろあき）
発行人　佐々木幹夫
発行所　株式会社翔泳社（http://www.shoeisha.co.jp）
印刷・製本　株式会社廣済堂

©2016 Hiroaki Tomida

＊本書は著作権法上の保護を受けています。本書の一部または全部について（ソフトウェアおよびプログラムを含む）、株式会社翔泳社から文書による許諾を得ずに、いかなる方法においても無断で複写、複製することは禁じられています。
＊本書へのお問い合わせについては、2ページに記載の内容をお読みください。
＊落丁・乱丁はお取り替えいたします。03-5362-3705までご連絡ください。

ISBN978-4-7981-4453-5　　Printed in Japan